普通高等教育"十二五"规划教材

高职高专专业基础课教材系列

分析化学实训

王安群 主编

科学出版社

北京

内 容 简 介

　　本书为普通高等教育"十二五"规划教材。全书分为分析化学实验室的一般常识、定量化学分析仪器使用及基本技能、化学分析实训、化验室仪器分析基本操作和维护、仪器分析实训和分析化学综合实训六大模块。具有教学适用性强、内容实用、结构合理、使用灵活等特点。

　　本书可作为化工、轻工、煤炭、食品、环保、医药等高等职业院校相关的专业用书，也可作为分析检验工作者的参考资料。

图书在版编目（CIP）数据

分析化学实训/王安群主编. —北京：科学出版社，2011
（普通高等教育"十二五"规划教材·高职高专专业基础课教材系列）
ISBN 978-7-03-031847-3

Ⅰ.①分… Ⅱ.①王… Ⅲ.①分析化学-高等职业教育-教材 Ⅳ.①065

中国版本图书馆 CIP 数据核字（2011）第 137952 号

责任编辑：沈力匀 / 责任校对：耿 耘
责任印制：吕春珉 / 封面设计：东方人华平面设计部

科 学 出 版 社 出版
北京东黄城根北街 16 号
邮政编码：100717
http://www.sciencep.com

北京鑫丰华彩印有限公司印刷
科学出版社发行　　各地新华书店经销
*
2011 年 7 月第 一 版　　开本：787×1092 1/16
2018 年 6 月第八次印刷　　印张：17 1/2
字数：420 000
定价：38.00 元
（如有印装质量问题，我社负责调换（鑫丰华））
销售部电话 010-62134988　编辑部电话 010-62135235（VP04）

前　言

本书是高职高专分析化学课程的实训教材。

全书实训项目按模块化设计，包括分析化学实验室的一般常识、定量化学分析仪器使用及基本技能、化学分析实训、化验室仪器分析基本操作和维护、仪器分析实训和分析化学综合实训六方面内容，并根据国家高等教育对高职高专培养学生的目标和要求，突出以下特点：

（1）涵盖了分析化学实验人员所必需的化学分析和仪器分析基本技能和基本知识，设置了单项实训、综合实训、独立设计方案等，由浅入深包含了专业群的实践通用能力，以及自主创新能力，为后续专业课程学习打下基础。

（2）同项归类，模块化整合。把化学分析实训和仪器分析实训进行归类。化学实训通过天平的原理、操作、四大滴定方法以及重量分析归为一个模块，包含了化学分析的基本技能。仪器分析部分，介绍了实验室常用分析仪器的操作、维护和保养，并且在电、光、色谱仪器中选择了与高职高专培养目标要求匹配的实训内容。

（3）内容上实用、全面、新颖。从培养严谨、整洁、实事求是的科学态度出发，新增了化验室的一些基本常识，以便了解实验室的分类、布局和性质；实训项目中有学生看得见、摸得着的项目"原子吸收法测定人发中 Zn 含量"，综合设计有"用酸碱滴定、配位滴定和氧化还原滴定方法测定蛋壳中钙的含量"，还设计了社会关心的食品问题项目"高效液相色谱测定奶粉中三聚氰胺的含量"等，既能激发学生的动手热情，又将前面所学的知识得到综合总结和提高。

全书由王安群担任主编，方晖、张建辉担任副主编，王安群负责统稿，编写分工如下：绪论、模块一中的项目一、模块六以及模块五中的项目三由王安群编写，模块一中的项目二和模块三由张建辉编写，模块三中的项目一、项目二和项目三、项目四和项目五分别由罗玲、陈岚、吴江丽编写，模块三中的项目六和模块五中项目二由黄淑芳编写，模块四、模块五中的项目一和项目四由尹艳凤编写。全书由李倦生主审，王安群、欧阳文进行了校改。

本书引用了国内各专家、学者的资料，在此特致谢意。

虽然编者在本书的完整性和实用性等方面尽了最大努力，但由于水平及经验有限，书中不足之处在所难免，诚望批评指正。

目　录

绪　　论

任务一　课程目标

在分析化学课程的学习过程中，实训是分析化学课程的重要组成部分，也是高等职业院校中化学、化工、轻工、食品、环境监测等专业的主要专业基础课。通过实训，应该完成以下学习目标：

（1）了解实验室的分类、布局和性质，以及实验室的安全知识、管理知识、常用试剂知识和常用仪器设备知识等。

（2）培养实事求是的科学态度，认真、细致、严谨、整洁等良好的实训作风，科学的思维方法，敬业、一丝不苟和团队协作的工作精神。

（3）熟练掌握实训操作中的基本技能，能正确使用化学分析和仪器分析中各种常见仪器。培养学生独立准备和进行实训的能力，并学会分析误差来源、对误差进行表征，初步学会实验数据的统计处理方法，写出正确的分析结果。

（4）通过典型分析任务的操作训练，使学生深入理解分析化学的基础知识、分析方法的基本原理，从而使之逐步具备分析测试人员应有的素质与能力，最终能运用化学分析、仪器分析的理论和操作技术独立完成分析任务。

任务二　课程的基本要求

实训过程是学生手脑并用的实践过程，为了通过训练达到熟练掌握基本操作技术，并能完成实际分析任务的目的，对学习本门课程提出以下要求：

（1）做好实训预习。预习的内容包括：

① 阅读实训教材和教科书中的相关内容，必要时参阅有关资料。

② 明确实训的目的和要求，透彻理解实训的基本原理。

③ 明确实训的内容及步骤、操作过程和实训时应当注意的事项。

④ 认真思考实验前应准备的问题，并能从理论上加以解决。

⑤ 查阅有关教材、参考书、手册，获得该实验所需的有关化学反应方程式、常数等。

⑥ 通过自己对本实验的理解，在记录本上简要地写好实验预习报告。

（2）在实训过程中，要手脑并用。注意不断修正自己的操作，使实训操作规范化，提高实训技能。同时，要积极思考实训每一步操作的目的，要知其然，也要知其所以然。

（3）认真操作，细心观察。对每一步操作的目的、作用以及可能出现的问题进行认真的探究，并把观察到的现象，如实、详细地记录下来。实训数据应及时、真实地记录在实验记录本上，出现误记或需改正应遵循数据更改规则，不得随意涂改。

（4）深入思考。如果发现观察到的实验现象和理论不符合，先要尊重实验事实，然后加以分析，认真检查其原因，并细心地重做实验。必要时可做对照实验、空白实验或自行设计的实验来核对，直到从中得出正确的结论。实验中遇到疑难问题和异常现象而自己难以辨析时，可请实验指导老师解答。

（5）科学严谨、实事求是。绝不能弄虚作假，随意修改数据。若定量实验失败或产生的误差较大，应努力寻找原因，并经实验指导教师同意，重做实验。

实训后要认真总结：对实训现象和取得的数据要进行实事求是地归纳、总结和计算；并且应运用误差理论正确地处理和评价数据，对于误差较大的数据应加以讨论，找出产生原因，作为以后工作的借鉴。

（6）实训课的学习成绩可按以下五方面进行综合考核：

① 对实训原理和实训中的主要环节的理解程度。

② 实训的工作效率和实训操作的正确性。

③ 良好的实训习惯的养成。

④ 工作作风是否实事求是。

⑤ 实训报告（包括数据的准确度与精密度是否合格，总结讨论是否认真深入等）。

模块一 分析化学实验室的一般常识

项目一 化验室的建设、管理和安全常识

任务一 化验室的分类及设计要求

一、化验室的分类及职责

化验室也就是分析检验实验室，在学校、工厂、科研院所有其不同的性质。

学校的化验室一类是为学生进行分析化学实验用的教学基地，另一类是为科研服务的亦兼有科研性质的分析化学研究室。

工厂设中央化验室、车间化验室等。车间化验室主要担负生产过程中成品、半成品的控制分析。中央化验室主要担负原料分析、产品质量检验任务，并担负分析方法研究、改进、推广任务及车间化验室所用的标准溶液的配制、标定等工作任务。

科研院所的化验室除为科学研究课题担负测试任务外，也进行分析化学的研究工作。

二、化验室的布局和设计要求

根据化验任务的需要，化验室要配置相应的贵重精密仪器和各种化学药品，其中包括易燃及腐蚀性药品。另外，在操作中也会产生有害的气体或蒸气。因此，化验室对房屋结构、环境、室内设施等有其特殊的要求，在筹建新化验室或改建原有化验室时都应考虑。

化验室用房大致分为三类：精密仪器实验室、化学分析实验室、辅助室（办公室、贮藏室、钢瓶室等）。

化验室要求设置在远离灰尘、烟雾、噪声和震动源的环境中（车间化验室除外）。一般应为南北方向。

1. 精密仪器室

精密仪器室要求具有防火、防震、防电磁干扰、防噪声、防潮、防腐蚀、防尘、防有害气体侵入的功能，室温尽可能保持恒定。为保持一般仪器良好的使用性能，温度应在 $15\sim30℃$，有条件的最好控制在 $18\sim25℃$。湿度在 $60\%\sim70\%$，需要恒温的仪器室可装双层门窗及空调装置。

大型精密仪器室的供电电压应稳定，一般允许电压波动范围为 $\pm10\%$。应设计专用地线，接地极电阻小于 4Ω。对容量超过 $20A$ 的仪器设备来说，仪器电源线一般不配插头而用闸刀开关。应在有关平面图上标出闸刀开关的位置、离地面的高度、是三相还是

单相电源、电压及容量、接地规格等。

气相色谱室及原子吸收分析室因要用到高压钢瓶，最好设在就近室外能建钢瓶室（方向朝北）的位置。放仪器用的实验台与墙距离 50cm，便于操作与维修。室内要有良好的通风。原子吸收仪器上方设局部排气罩。

计算机和计算机控制的精密仪器对供电电压和频率有一定要求。为防止电压瞬变、瞬时停电、电压不足等影响仪器工作，可根据需要选用不间断电源（UPS）。

在设计专用的仪器分析室的同时，就近配套设计相应的化学处理室。这在保护仪器和加强管理上是非常必要的。

仪器分析室中常安装空调机用以换气、调温、去湿，安装时也需采取减震措施。

1）天平室

分析天平应安放在专门的天平室内，天平室以面北底层房间为宜。室内应干燥洁净，室内应宽敞、整洁，并杜绝有害于天平的气体和蒸气进入室内，窗上设置帷帘。天平室应尽可能远离街道、铁路及空气锤等机械，以避免震动。

天平应安放钢筋混凝土结构天平台上。台上最好设有防震、防碰撞和防冲击的专用装置，一般化验室在分析天平的玻璃罩内应附一个盛放蓝色硅胶的干燥杯以保持天平箱的干燥。硅胶吸湿后成玫瑰红色，可于 $110 \sim 130 ℃$ 时烘干脱水再用。对称量准确度要求极高的化验室，玻璃罩内则不宜放置干燥剂。

2）仪器分析室

随着科学技术的迅猛发展，分析仪器越来越向自动化、微型化、智能化方向发展。仪器越精密，对环境的要求也就越高。所以，仪器分析室原则上应和化学分析室隔离，也应和加热区域（如置放高温电炉、水浴设备）、有振动的区域（如置放离心设备和真空泵设备）相隔离。总的要求是稳固、安静、清洁、避光。

分析人员进入仪器分析室应做好自身的清洁卫生工作，特别是进行一些精密测量更应沐浴，更换工作服，以免将灰尘等微小杂质带入分析室。使用分析仪器应严格按操作规程进行。每次操作都应有认真的记录，有条件的单位最好是有专门的人员操作专门的仪器，这样做无论是对于提高分析的准确度，还是对延长仪器的使用寿命都有好处，也有利于分析人员熟悉和熟练掌握仪器特定的性能。

2. 化学分析室

在化学分析室中进行样品的化学处理和分析测定，工作中常使用一些小型的电器设备及各种化学试剂；如操作不慎也具有一定的危险性。针对这些使用特点，在化学分析室设计上应注意以下要求：

化验室的建筑应耐火或用不易燃烧的材料建成，隔断和顶棚也要考虑到防火性能。窗户要能防尘，室内采光要好。门应向外开，大实验室应设两个出口，以利于发生意外时人员的撤离。

供水要保证必需的水压、水质和水量应满足仪器设备正常运行的需要。室内总阀门应设在易操作的显著位置。下水道应采用耐酸碱腐蚀的材料，地面应有地漏。

由于化验工作中常常产生有毒或易燃的气体，因此化验室要有良好的通风条件，通风设施一般有三种：

（1）全室通风。采用排气扇或通风竖井，换气次数一般为 5 次/时。

（2）局部排气罩。一般安装在大型仪器发生有害气体部位的上方。在教学实验室中产生有害气体的上方，设置局部排气罩以减少室内空气的污染。

（3）通风柜。这是实验室常用的一种局部排风设备。内有加热源、水源、照明等装置。可采用防火防爆的金属材料制作通风柜，内涂防腐涂料，通风管道要能耐酸碱气体腐蚀。风机可安装在顶层机房内，并应有减少震动和噪声的装置，排气管应高于屋顶 2m 以上。

通风橱的排气系统的效率，可用风速计测试气体的流速来表示。也可用烟雾发生器，将它放在通风橱内的不同位置，把通风橱前面的上下拉门开启成不同大小，来测试通风橱的效率。

化验室的电源分照明用电和设备用电。化验桌旁的电源插座容量一般不大于 10A，设备用电中，24h 运行的电器如冰箱应单独供电，其余电器设备均由总开关控制，烘箱、高温炉等电热设备应有专用插座、开关及熔断器。

实验台主要由台面、台下的支架和器皿柜组成。为方便操作，台上可设置药品架，台的两端可安装水槽。

台面常用塑料或水磨石预制板等制成。理想的台面应平整、不易碎裂、耐酸碱及溶剂腐蚀，耐热，不易碰碎玻璃仪器等。加热设备可置于砖砌底座的水泥台面上，高度为 500～700mm。

3. 辅助用室

1）药品贮藏室

由于很多化学试剂属于易燃、易爆、有毒或腐蚀性物品，故不要购置过多。贮藏室仅用于存放少量近期要用的化学药品，且要符合危险品存放安全要求。要具有防明火、防潮湿、防高温、防日光直射、防雷电的功能。药品贮藏室房间应干燥、通风良好，门窗应设遮阳板。门应朝外开。易燃液体贮藏室室温一般不许超过 28℃，爆炸品不许超过 30℃。少量危险品可用铁板柜或水泥柜分类隔离贮存。室内设排气降温风扇，采用防爆型照明灯具。备有消防器材。亦可以符合上述条件的半地下室为药品贮藏室。

2）钢瓶室

易燃或助燃气体钢瓶要求安放在室外的钢瓶室内。钢瓶室要求远离热源、火源及可燃物仓库。钢瓶室要用非燃或难燃材料构造，墙壁用防爆墙，轻质顶盖，门朝外开。要避免阳光照射，并有良好的通风条件。钢瓶距明火热源 10m 以上，室内设有直立稳固的铁架用于放置钢瓶。

任务二　化验室工作要求和安全守则

一、化验室工作要求

（1）每一位分析工作者，应该有严肃认真的工作态度，精密细微的观察操作和整齐清洁的实验习惯。

(2) 工作前后应打扫实验卫生，包括个人卫生，养成工作前后洗手的习惯。

(3) 工作应有计划，做好必需的准备，有条不紊地进行。实验仪器应放置整齐，实验台面及地面应保持干净整洁，不得向地上甩水，实验告一段落应及时进行整理。滤纸等应放在专设的废物箱内，不能随易乱扔或倒入下水道。

(4) 工作服应经常洗换。不得在非工作时穿用，以防有害物质扩散，严禁在实验室内吸烟、吃饭。不得用器皿盛装食物。

(5) 要养成一切用品用完以后放回原处的习惯。

(6) 使用的玻璃量器必须带有 ⒨Ⓒ 标志。

(7) 实验记录应记在专门的实验记录本或实验记录报告纸上，记录要求是：真实、及时、齐全、清楚、整洁、规格化。应该用钢笔或签字笔记录。如有错之处，要在作废数据从左上角画一条斜线至右下角，将正确数据填写在上方，加盖更改人印章和签字。

(8) 实验室记录及结果报告单应由从事化验工作 5 年以上的专业人员校核签字，根据本单位的规定保留一定的年限。以备查考。

二、化验室的一般安全守则

(1) 所用药品、标样、溶液都有应有标签。绝对不能在容器内装入和标签不相符的物品。

(2) 禁止在化验室内吸烟、进食、喝茶饮水。不能用实验器皿盛放食物，不能在化验室的冰箱存放食物。

(3) 化验人员必须认真学习化验操作规程和有关的安全技术规程，了解仪器设备的性能及操作中可能发生事故的原因，掌握预防和处理事故的方法。

(4) 开启易挥发液试剂之前，先将试剂放在自来水流中冷却几分钟。开启时瓶口不要对人，最好在通风柜中进行。

(5) 易燃溶剂加热时，必须在水浴上或沙浴上加热，避免明火。

(6) 装有强腐蚀性、可燃性、有毒或易爆炸物品的器皿，应由操作者亲手洗净。

(7) 移动、开启大瓶液体药品时，不能将瓶直接放在水泥地板上，最好用橡皮垫或草垫垫好，若为石膏包封的可用水泡软后打开，严禁锤砸、敲打，以防破裂。

(8) 取下正在沸腾的溶液时，应用坩埚钳夹住先轻摇动以后取下，以免溅出伤人。

(9) 将玻璃棒、玻璃管、温度计等插入或拔出胶塞、胶管时应均垫有棉布，且不可强行插入或拔出以免折断或伤人。

(10) 开启高压气瓶时，应该缓慢，不得将口对着人。不得将燃气钢瓶存放室内。

(11) 配制药品或实验中放出 HCN、NO_2、H_2S、Br_2、NH_3 及其他有毒和腐蚀性气体时应在通风柜中进行。

(12) 用电遵守安全用电规程。

(13) 化验室中应备有急救药品、消防器材和防护用品。

(14) 化验室严禁喧哗打闹，保持化验室秩序井然。工作时应穿工作服，长头发要扎起来戴上帽子，不能光着脚或穿拖鞋进实验室。不能穿实验工作服到食堂等公共场所。

进行有危险性工作时要佩戴防护用具，如防护眼镜、防护手套、防护口罩，甚至防护面具等。

（15）进行危险性操作时，如危险物料的现场取样、易燃易爆物的处理、加热易燃易爆物、焚烧废液、使用极毒物质等均应有第二者陪伴。陪伴者应能清楚地看到操作地点，并观察操作的全过程。

（16）要建立安全总制度和安全登记本，健全岗位责任制，每天下班前应检查水电、煤气、阀门等。

（17）与化验无关的人员不应在化验室久留。也不允许化验人员在化验室干别的与化验无关的事。

任务三　化验室管理

一、化验室仪器设备的管理

1. 玻璃仪器及器具的管理

玻璃仪器应建立领用、破损登记制度。

玻璃仪器的存放应分门别类、放置有序。用于要求较高的分析要全部用滤纸包上，以防玷污。滴定管用完后放出管内溶液，洗净后注满水、上口盖上玻璃短试管或倒置夹在滴定管夹上。比色皿用完后洗净，倒置在垫有滤纸的小瓷盘中，晾干后放回比色盒中。带磨口塞的仪器如容量瓶、比色管、分液漏斗用细线绳或皮筋套把塞子拴在管口，以免打破塞子或互相弄混。长期保存的磨口仪器要在磨口处垫上纸条，以防日久黏合，不易打开。成套的仪器，不要拆散放乱，以防丢失。

带刻度的玻璃仪器，使用前必须经过校正。校正不合格，校正过期都不能使用。

2. 精密仪器的管理

系统管理是对仪器运行的全过程，包括仪器的选购、验收、安装、调试、使用、维护、检验、改造、报废、进行全面的管理。

精密仪器应按其性质、精密度和灵敏度的要求、精密度固定房间及位置。精密仪器应与化验处理隔开，以防腐蚀性气体和水气腐蚀仪器，注意天平等仪器的防震、防潮、防晒、防腐蚀。较大的仪器应固定位置，不得任意搬动，并罩上仪器罩。

应定期对仪器性能进行检查，对各项技术指标加以校核，检查结果记录在仪器技术管理卡片上。较复杂及较大型的精密仪器应建立"技术档案"，装入全部技术资料：说明书、线路图、装箱单、安装调试试验记录、使用记录、检修记录等，建立使用登记记录。

二、化验室药品的管理

化验室需要用到各种化学试剂，除日常使用外，还需要贮存一定量的化学药品。大部分化学药品都有一定的毒性，有的是易燃易爆危险品。因此必须了解一些易爆化学试剂的性质及保管方法。

1. 试剂的保存

药品必须妥善保存以防变质。变质试剂是导致分析误差的主要原因之一。遇到下列情况易出现试剂药品的变质。

1) 空气的影响

空气中的氧易使还原性试剂氧化而破坏。强碱性试剂易吸收二氧化碳而变成碳酸盐；水分可以使某些试剂潮解、结块；纤维、灰尘能使某些试剂还原、变色等。故化学试剂应密贮于容器内，开启取用后随即盖严。

2) 温度的影响

试剂变质的速度与温度有关。夏季高温会加快不稳定试剂的分解；冬季严寒会促使甲醛聚合而沉淀变质。

3) 光的影响

日光中的紫外线能加速某些试剂的化学反应而使其变质（例如银盐、汞盐、溴和碘的钾、钠、铵盐和某些酚类试剂）。这些试剂中属于一般要求避光的只要装在棕色试剂瓶中；属于必须避光的在棕色瓶外还应包上一层黑纸。贮存时应在避光的试剂柜内。

4) 杂质的影响

不稳定试剂的纯净与否、对其变质情况的影响不容忽视。例如纯净的溴化汞实际上不受光的影响，而含有微量溴化亚汞或有机物杂质的溴化汞遇光易变黑。对于这些试剂应尽量使用纯度级别较高者，并在取用和贮存时特别注意严防杂质污染。

5) 贮存期的影响

不稳定试剂在长期贮存后可能发生歧化聚合、分解或沉淀等变化。对这类试剂应少量分次采购贮存。注意外观和出厂日期。对怀疑者应检查合格后再使用。

2. 试剂的管理

化学试剂及危险品的管理：较大量的化学药品应放在药品室中专人管理。

(1) 所有试剂、溶液以及样品的包装标签完整清晰。

(2) 试剂存放应分类，以便于使用。例如：

无机试剂可按酸类、碱类、盐类及氧化物类等分类。

盐类可按阳离子分类：钾盐、钠盐、铵盐、镁盐、钙盐等。

有机物按官能团分类：烃类、醇类、醛类、酸类等。

指示剂可按用途分类：酸碱指示剂、氧化还原指示剂、配位指示剂。

(3) 固体试剂一般存放在易于取用的广口瓶内，配制的溶液装在有塞的细口瓶中，需要滴加的装在滴瓶中；见光易分解的（如 $AgNO_3$、$KMnO_4$、饱和 Cl_2 水等）装在棕色瓶中。试剂瓶的瓶盖一般都是磨口的，但盛强碱性试剂（如 $NaOH$、KOH）及 $NaSiO_3$溶液的瓶塞应换成橡皮塞，以免长期放置互相粘连。贴上的标签大小应该与瓶子相称；标签书写要工正，写明名称、浓度、配制日期等。长期使用的试剂，标签上可涂一层蜡，以防腐蚀、磨损。一般试剂溶液可按一般分类和浓度大小排列，专用试剂溶液可按分析项目分组存放。

（4）如属于样品，则标签上应标明送样单位、送样人、送样日期等项目。

（5）危险品的管理。危险品是指受热、光、空气、水、撞击等外界因素的影响，可能引起燃烧、爆炸的药品，或具有强腐蚀性、剧毒性的药品。常见危险品按危害性质可分为五类：

① 爆炸品。如硝酸铵、苦味酸、三硝基甲苯。遇高热、摩擦、撞击等，会引起剧烈化学反应，放出大量气体和热量，产生猛烈爆炸。应存在放阴凉、低下处，轻拿轻放。

② 易燃品。

易燃液体：丙酮、乙醚、甲醇、乙醇、苯等有机物。沸点低、易挥发、遇火则燃烧，甚至引起爆炸。应存放在阴凉处，远离热源，使用时注意通风。

易燃固体：如赤磷、硫、萘、硝化纤维。燃点低、受热、摩擦、撞击或与氧化剂，可引起剧烈连续燃烧、爆炸。存放条件同易燃液体。

易燃气体：H_2、CH_4、C_2H_4。遇撞击、受热可引起燃烧。与空气按一定比例混合则会爆炸。使用时注意通风，如钢气瓶不应在实验室存放。

遇水燃烧品：如钠、钾应保存在煤油中。

自燃物品：黄磷、硝化纤维。在适当温度下被空气氧化、放热，此反应会引起燃烧。应保存在水中。

③ 氧化剂：H_2O_2、KNO_3、$KClO_3$、Na_2O_2、$KMnO_4$。具有强氧化性，遇酸、受热、与有机物、易燃品、还原剂等混合时，因反应引起燃烧或爆炸，不得与易燃品爆炸品放在一起。

④ 剧毒品：KCN、AsO_3、六六六、汞等应有专人保管，现用现领，用后的剩余量不论是固体还是液体都应交回保管人，并有使用登记。

⑤ 腐蚀性药品：强酸、氟化氢、强碱、溴、酚。具有强腐蚀性，触及物品可造成腐蚀、破坏，触及人体皮肤可引起化学灼伤。不要与氧化剂、易燃品、爆炸品放在一起。

3. 化学试液的管理

试液是指化验室自己配制一系列标准滴定溶液、标准溶液、指示液、缓冲溶液等。

（1）影响试液质量的因素。试液的质量除主要受试剂质量的影响以外还会受其他多种因素的影响。

① 试液的稳定性。稳定性较好的试剂配成溶液后，其稳定性可能变差。因而，试液都应标明配制日期，并根据需要定期检查，如发现试液变色、沉淀、分解等变质迹象，即应弃去重配。不稳定试液应分次少量配制，并区别情况采取特殊贮存方法，如避光、冷藏、加入不干扰测定的稳定剂等。

② 试液的贮存期。一般浓溶液在贮存期内变化不大，而稀溶液则随贮存时间的延长，其浓度多会发生变化。溶液的浓度越低，有效使用期限越短。

③ 容器的耐蚀性。玻璃容器的耐碱性都较差，玻璃被碱腐蚀后可释放出某些杂质污染试液，所以，应采用聚乙烯瓶盛放碱性试液。软质玻璃的耐酸性和耐水性也较差，不应采用此种玻璃制成的容器长期贮存试液。

④ 容器的密闭性。试剂瓶的磨口塞必须能与瓶口密合，以防杂质侵入和溶剂或溶质挥发逸出。

（2）试液的使用与保存。

① 盛有试液的试剂瓶应放在药品柜内，放在架上的试剂和溶液要避光、避热。

② 试液瓶附近勿放置发热设备如电炉等，以免促使试液变质。

③ 试液瓶内液面以上的内壁常凝聚着水珠，用前应振摇以混匀水珠和试液。

④ 每次取用试液后应随即盖好瓶塞，不应为了省事而让试液瓶口在整个分析操作过程中长时间敞开。

⑤ 吸取吸液的吸管应预先洗净和晾干。每次用后应妥善存放避免污染，不允许裸露平放在桌面上或插在试液瓶内。

⑥ 同时取用相同容器盛装的几种试液，特别是几个人在同一台面上操作时，应注意勿将瓶塞盖错而造成交叉污染。

⑦ 当测定同一批样品并需对分析结果进行比较时，应使用同一批号试剂配制的试液。

⑧ 已经变质、污染或失效的试液应随即倒掉，以免与新配试液混淆而被误用。

⑨ 标液的使用时，不能直接用移液管取，应倒在小烧杯中再取，用完的不能倒入原来的标液中。

三、化验室检验工作的管理

为保证质量监督检验工作顺利进行，出具准确可靠的数据，除按质量监督保证体系的规定管理外，化验室具体技术工作还必须进行科学管理，做出有关规定。

分析室资料应齐全：

（1）备有负责检验样品的标准文本，有关的基础标准、方法标准。

（2）所用仪器的使用说明书齐全，所有仪器的操作规程齐全。

（3）各种规章制度齐全，本岗位的工作职责、各室各类人员工作标准、程序文件齐全。

（4）本室所承当的分析样品的名称、频度控制项目应列成表格挂在墙上。

（5）本岗位所用的分析原始记录、质量报告单齐全，格式、内容符合要求。

原始记录与检验报告的管理规定如下。

1. 原始记录

它是通过一定的表格形式对质量检验各程序最初数据和文字的记载。它是计量测试数据准确、可靠、公正的主要依据。对原始记录应做如下规定：

（1）检验原始记录要有一定格式，内容齐全。一般包括编号、品名、来源、批号、代表量、采样日期、检验日期、标准号、检测项目、实测数据、计算公式、检验结论、检验者、复核者。

（2）原始记录必须直接真实地填写，不得转抄，不得用铅笔书写。字迹端正，清晰，数字处理准确。

（3）对于容易丢失的单篇记录，例如记录图、自动数据记录器记录结果等必须保存在正式的参考文件或工作手册中，也可以按日装订好。

（4）如测试数据用微机处理，测试结果应以"硬性复制"，例如数据存贮以纸带、磁带或磁盘提供时，必须在原始记录和存贮数据之间互相做出标记，以便清楚地辨认。

（5）检验记录必须有量程的记载，以便能够确定可能的误差源，而且必要时能够在原来条件下进行重复测定。

（6）质量检验机构所属单位的其他人员。如确因工作需要，查阅原始记录时，应征求领导同意履行批准手续，方向查阅。

（7）原始记录涂改率应≤1%，记录人应在更改处划一横线并盖章。

（8）原始记录应建立档案，由资料室负责保存，保存期一般为三年。

2. 检验报告管理规定

检验报告分内部检验报告和外部检验报告。如企业中，内部检验报告是指控制分析向生产车间报告的分析结果。对于质检处是分析班组向检查组报的分析结果。外部检验报告是指质检处出厂产品的检验报告。

检验报告是检验机构计量测试工作的最终成果，其检验质量直接体现了一个质量检验机构工作质量的好坏。为此对检验报告做如下规定：

（1）检验报告必须符有一定格式，其内容包括：产品名称、生产日期、取样日期、分析日期、代表量、检验项目、控制指标、实测数据、检验结论、标准代号、分析人、复核人、审核人。

中控检验报告可根据需要制定格式及其内容。

（2）检验报告所有项目应填写齐全，不空项。应无差错，不得涂改。

（3）检验报告的填写要符合以下要求：

① 报出的数值一般应保持与标准指标数字有效数值位数一致。

② 对于杂质的测定，如果在规定的仪器精度和试验方法的情况下没有检测出数据，只能以"未检出"的字样报出结果，绝不能报"0"或"无"，也可以报小于指标。

③ 如果检测出杂质的含量远离指标界线时（指小于），报出结果可保留一位有效数字。例如，工业合成乙醇中的甲醇含量指标≤0.02%、测定结果为0.0035%、报出值为0.004%。

（4）检验数值报出的注意事项如下所述：

① 平行测定的结果超过标准规定的误差，此平均值不能报出。

② 平行测定的结果如果其中一个测定值与极限值相比较为合格，而另一个为不合格时，此测定结果的平均值不能报出。在这种情况下应增加测定次数，多次测定的结果按有关数据处理规定进行。

③ 数字进行修约时要注意，国家标准局有规定：凡产品检测数值在界限数字时，不允许采用修约法；对超出标准中规定允许偏差数值，也不允许修约。例如，规定产品的质量界限为不大于0.03%，可测得的数据为0.032%，此时也是判定产品为不合格。

④ 检验报告必须实行审查制度，内部报告实行二级复核制，即化验室分析工复核和技术员复核制。（不包括原料质量证明）出厂的产品实行三级复核制：分析室技术员复核、检查员复核和质监处处长复核。加盖专用章后方可出厂。

⑤ 检验报告是重要的技术文件，应作为质监处技术档案的一部分由技术室按年、月装订好，保存期为三年。

四、化验室资料档案的管理

1. 有关标准和分析规程

（1）本企业所有的产品，原料技术标准及其与标准有关的分析方法标准。

（2）中控分析规程和工艺规程。

（3）国家颁布的基础标准、采样标准、化验室用水标准、有效数字修约标准等。

（4）与本厂产品有关的其他厂家同类产品的标准及有关资料，包括国外同类产品的标准国内企业的企业标准。这些标准、资料对衡量企业产品水平、产品升级、提高产品质量有极其重要的作用。

（5）本企业产品的沿革标准。这对于研究产品质量的变化有帮助。

2. 制定、修订标准资料

（1）参加制定、修订国家标准方面资料，其内容包括召开各次会议的材料、会议纪要、试验方法研制报告、送审稿等。

（2）企业标准制定、修订有关资料，其中包括走访用户意见、与有关部门协商内容、试验方法验证报告、积累的数据、有关领导指示等。

（3）审批标准的有关手续。

（4）贯彻标准方面资料，其中包括有关领导批示、方法验证报告、产品实测数据积累情况。

还有上级有关文件、法规、国家质量法、计量法、商检法等文件。以及要经常收集新的产品标准和方法标准，避免使用过期的标准，防止发生技术事故。

任务四　化验室"三废"的处理

分析过程中产生的废气、废液、废渣大多数是有毒物质，有些是剧毒物质或致癌物质，必须经过处理才能排放。

少量有毒气体可以通过排风设备排出室外，被空气稀释。毒气量大时要经过吸收处理后排出。氧化氮、二氧化硫等酸性气体可用碱液吸收。可燃性有机毒物于燃烧炉中借氧气可完全燃烧。

较纯的有机溶剂废液可回收再用。含酚、氰、汞、铬、砷的废液要经过处理达到"三废"排放标准才能排放。低浓度含酚废液加次氯酸钠或漂白粉可使酚氧化为二氧化碳和水。高浓度含酚废水可用乙酸丁酯萃取，重蒸馏回收酚。

含氰化物的废液可用氢氧化钠调至 pH10 以上，再加入 3% 的高锰酸钾使 CN^- 氧化分解，CN^- 含量高的废液可用碱性氯化法处理，即在 pH10 以上加入次氯酸钠使 CN^- 氧化分解。

含汞盐的废液先调至 pH8～10，加入过量硫化钠，使其生成硫化汞沉淀，再加入共沉淀剂硫酸亚铁，生成的硫化铁将水中的悬浮物硫化汞微粒吸附而共沉淀。排出清液，残渣可用焙烧法回收汞或再制成汞盐。

铬酸洗液失效，浓缩冷却后可加高锰酸钾粉末氧化，用砂芯漏斗滤去二氧化锰后即可重新使用。废洗液用废铁屑可还原残留的 Cr(IV) 到 Cr(III)，再用废碱或石灰中和成低毒的 $Cr(OH)_3$ 沉淀。

含砷废液可加入氧化钙，调节 pH 为 8，生成砷酸钙和亚砷酸钙沉淀。或调节 pH10 以上，加入硫化钠与砷反应，可生成难溶、低毒的硫化物沉淀。

含铅、镉废液，可用消石灰将 pH 调至 8～10，使 Pb^{2+}、Cd^{2+} 生成 $Pb(OH)_2$ 和 $Cd(OH)_2$ 沉淀，再加入硫酸亚铁作为共沉淀剂。

混合废液可用铁粉法处理，调节 pH 为 3～4，加入铁粉，搅拌 0.5h，加碱调 pH 至 9 左右，继续搅拌 10min，加入高分子混凝剂，混凝后沉淀，清液排放，沉淀物以废渣处理。

任务五 化验室的安全常识

一、防火常识

（1）化验室内应备有灭火消防器材、急救箱和个人防护器材。化验室工作人员应熟知这些器材的位置及使用方法。

（2）禁止用火焰检查可燃气体（如煤气、氢气、乙炔气）泄漏的地方。应该用肥皂水来检查其管道、阀门是否漏气。禁止把地线接在煤气管道上。

（3）操作、倾倒易燃液体时，应远离火源。加热易燃液体必须在水浴上或密封电热板上进行，严禁用火焰或电炉直接加热。

（4）使用酒精灯时，酒精切勿装满，应不超过其容量的 2/3。灯内酒精不足 1/4 容量时，应灭火后添加酒精。燃着的酒精灯焰应用灯帽盖灭，不可用嘴吹灭，以防引起灯内酒精起燃。

（5）蒸馏可燃液体时，操作人不能离开去做别的事，要注意仪器和冷凝器的正常运行。需往蒸馏器内补充液体时，应先停止加热，放冷后再进行。

（6）易燃液体的废液应设置专门容器收集，不得倒入下水道，以免引起爆炸事故。

（7）不能在木制可燃台面上使用较大功率的电器，如电炉、电热板等，也不能长时间使用煤气灯与酒精灯。

（8）同时使用多台较大功率的电器（如马弗炉、烘箱、电炉、电热板）时，要注意线路与电闸能承受的功率。最好是将较大功率的电热设备分流安装于不同电路上。

（9）可燃性气体的高压气瓶应安放在实验楼外专门建造的气瓶室。

（10）身上、手上、台面、地上沾有易燃液体时，不得靠近火源，同时应立即清理干净。

（11）化验室对易燃易爆物品应限量、分类、低温存放，远离火源。加热含有高氯酸或高氯酸盐的溶液，防止蒸干和引进有机物，以免产生爆炸。

（12）易发生爆炸的操作不得对着人进行，必要时操作人员戴保护面罩或用防护挡板。

（13）进行易燃易爆实验时，应有两人以上在场，万一出了事故可以相互照应。

二、灭火常识

1. 扑灭火源

一旦发生火情，实验室人员应临危不惧，冷静沉着，及时采取灭火措施，防止火势的扩展。应立即切断电源，关闭煤气阀门，移走可燃物，用湿布或石棉布覆盖火源灭火。若火势较猛，应根据具体情况，选用适当的灭火器进行灭火，并立即与有关部门联系，请求救援。若衣服着火时，不可慌张乱跑，应立即用湿布或石棉布灭火；如果燃烧面积较大，可躺在地上打滚。

2. 火源（火灾）的分类

火源（火灾）的分类及可使用的灭火器见表 1-1。

表 1-1　火灾的分类及可使用的灭火器

分　类	燃烧物质	可使用的灭火器	注意事项
A 类	木材、纸张、棉花	水、酸碱式和泡沫式灭火器	—
B 类	可燃性液体如石油化工产品、食品油脂	泡沫灭火器、二氧化碳灭火器、干粉灭火器、"1211"灭火器①	—
C 类	可燃性气体如煤气、石油液化气	"1211"灭火器①、干粉灭火器	用水、酸碱灭火器、泡沫灭火器均无作用
D 类	可燃性金属如钾、钠、钙、镁等	干沙土 7150 灭火剂②	禁止用水及酸碱式、泡沫式灭火器。二氧化碳灭火器、干粉灭火器、"1211"灭火器均无效

注：① 四氯化碳、"1211"均属卤代烷灭火剂，遇高温时可形成剧毒的光气，使用时要注意防毒。但它们有绝缘性能好、灭火后在燃烧物上不留痕迹、不损坏仪器设备等特点，适用于扑灭精密仪器、贵重图书资料和电线等的火情。

② 7150 灭火剂主要成分三甲氧基硼氧六环受热分解，吸收大量热，并在可燃物表面形成氧化硼保护膜，隔绝空气，使火窒息。

3. 正确使用灭火器

常见的灭火器有：泡沫灭火器、干粉灭火器、"1211"灭火器和二氧化碳灭火器。下面分别介绍这几种灭火器的使用方法。

（1）泡沫灭火器。泡沫灭火器喷出的是一种体积较小、相对密度较轻的泡沫群，它的相对密度远远小于一般的易燃液体，它可以漂浮在液体表面，使燃烧物与空气隔开，达到窒息灭火的目的。因此，它最适应于扑救固体火灾。因为泡沫有一定的黏性，能粘在固体表面，所以对扑救固体火灾也有一定的效果。使用泡沫灭火器时，首先要检查喷嘴是否被异物堵塞，如有，要用铁丝捅通，然后用手指捂住喷嘴将筒身上下颠倒几次，将喷嘴对着火点就会有泡沫喷出。应当注意的是不可将筒底、筒盖对着人体，以防止万一发生爆炸时伤人。

（2）干粉灭火器。干粉灭火器是以二氧化碳为动力，将粉沫喷出扑救火灾的。由于筒内的干粉是一种细而轻的泡沫，所以能覆盖在燃烧的物体上，隔绝燃烧体与空气而达到灭火。因为干粉不导电，又无毒，无腐蚀作用，因而可用于扑救带电设备的火灾，也可用于扑救贵重、档案资料和燃烧体的火灾。使用干粉灭火器时，首先要拆除铅封，拔掉安全销，手提灭火器喷射体，用力紧握压把启开阀门，储存在钠瓶内的干粉即从喷嘴猛力喷出。

（3）"1211"灭火器。"1211"灭火器是利用装在筒内的高压氮气将"1211"灭火剂喷出进行灭火的。它属于储压式的一种，是我国目前使用最广的一种卤代烷二氟一氯一溴甲烷（CF_2ClBr）灭火剂。"1211"灭火剂是一种低沸点的气体，具有毒性小，灭火效率高，久储不变质的特点，适应于扑救各种易燃可燃气体、固体及带电设备的火灾。使用"1211"灭火器时，首先要拆除铅封，拔掉安全销，将喷嘴对准着火点，用力紧握压把启开阀门，使储压在钢瓶内的灭火剂从喷嘴处猛力喷出。

（4）"1301"灭火器。内部充入的灭火剂为三氟一溴甲烷，分子式为CF_3Br，该灭火剂是无色透明状液体，但它的沸点较低，蒸气压力较高，因此"1301"灭火器筒体受压较大，其壁厚也较厚，尤其应注意不能将"1301"灭火剂充灌到"1211"灭火器筒体内，否则极易发生爆炸危险。使用时，首先拔掉安全销，然后握紧压把进行喷射。

（5）二氧化碳灭火器。二氧化碳灭火器是利用其内部所充装的高压液态二氧化碳喷出灭火的。由于二氧化碳灭火剂具有绝缘性好，灭火后不留痕迹的特点，因此，适用于扑救贵重仪器和设备、图书资料、仪器仪表及 600V 以下的带电设备的初起火灾。使用二氧化碳灭火器很简单，只要一手拿好喇叭筒对准火源，另一手打开开关即可。各种灭火器存放都要取拿方便。冬季要注意防冻保温，防止喷口的阻塞，真正做到有备无患。

三、外伤

化验室常见的外伤有切割引起的外伤，加热灼烧引起的烫伤，化学药品等引起的腐蚀、灼烧性伤害，爆炸引起的炸伤等。

1. 割伤

切割引起的外伤，若有玻璃碎屑混入伤口的，能自行取出的，必须立即取出。将伤口清理干净后，可在伤口上涂抹红药水或龙胆紫药水。再用消毒纱布包扎，或送医院就医。

2. 烫伤

烫伤如果不重时，可擦上苦味酸溶液或烫伤药膏，或用酒精棉花包裹伤口处，若伤势严重应立即送医院就医，注意切勿用水冲洗，更不能把烫起的水泡戳破。

3. 化学灼伤

化学灼伤时，应迅速解脱衣服，清除皮肤上的化学药品，并用大量干净的水冲洗。再用清除这种有害药品的特种溶剂、溶液或药剂仔细处理（表 1-2），严重的应送医院治疗。

表 1-2　化学灼伤的急救或治疗

单质和化合物	急救或治疗方法
碱 类：KOH、NaOH、NH_3CaO、Na_2CO_3、K_2CO_3	立即用大量的水洗涤，然后用醋酸溶液（20g/L 冲洗或撒硼酸粉。CaO 的灼烧，可用任一植物油洗涤伤口
碱金属氰化物、氢氰酸	先用 $KMnO_4$ 溶液洗，再用 $(NH_4)_2S$ 溶液漂洗
溴	用 1 体积 25％的氨水＋10 体积松节油＋10 体积 95％乙醇混合液处理
铬酸	先用水大量冲洗，然后用 $(NH_4)_2S$ 溶液漂洗
氢氟酸	先用大量冷水冲洗至伤口表面发红，然后用 50g/L 的 $NaHCO_3$ 溶液洗，再以 2：1 甘油和氧化镁悬浮剂涂抹，并用消毒纱布包扎
磷	不可将创伤面暴露于空气或用油质类涂抹。应先用 10g/L $CuSO_4$ 溶液洗净残余的磷，再用 (1＋1000) $KMnO_4$ 湿敷，外涂以保护剂，再绷带包扎
苯粉	先用大量水冲，再用 4 体积 70％乙醇和 1 体积氯化铁（0.3moL/L）的混合液洗
氯化锌、硝酸银	先用水冲，再用 50g/L $NaHCO_3$ 漂洗，涂油膏及磺胺粉
酸类：H_2SO_4、HCl、HNO_3、H_3PO_4、HAc、甲酸、草酸、苦味酸	用大量水冲洗。然后用 $NaHCO_3$ 的饱和溶液冲洗

假如是眼睛受到化学灼伤，最好的方法是立即用洗涤器的水流洗涤，洗涤时要避免水流直射眼球，也不要揉搓眼睛。在用大量的细水流洗涤后，如果是碱灼伤，再用 20％硼酸溶液淋洗；如果是酸灼伤，则用 3％碳酸氢钠溶液淋洗。

四、中毒

化验工作中接触到的化学药品，很多是对人体有毒的。有些气体、蒸气、烟雾及粉尘能通过呼吸道进入人体，如 CO、HCN、Cl_2、酸雾、NH_3 等。有些则可经未洗净的手，在饮水、进食时经消化道进入人体，如氰化物、汞盐、砷化物等。有些是触及皮肤及五官黏膜而进入人体，如汞、SO_2、SO_3、氮的氧化物、苯胺等。有些化学药品可由几种途径进入人体。有些毒物对人体的毒害可能是慢性的、积累性的，例如汞、砷、铅、苯、酚、卤代烃等，当它们起初进入人体时，量很少，症状不明显，往往被忽视，直到长期接触以后，才出现中毒的症状，因此必须加以足够的重视。

对于急性中毒者的抢救，主要是在送往医院或医生来到之前，立即将中毒者从中毒区域救出，并设法排除其体内的毒物，将中毒者移离中毒现场至空气新鲜场所给予吸氧，脱除污染的衣物，用流动清水及时冲洗皮肤，对于可能引起化学性烧伤或能经皮肤吸收中毒的毒物更要充分冲洗，时间一般不少于 20min，并考虑选择适当中和剂中和处理；眼睛有毒物溅入或引起灼伤时要优先迅速冲洗。

必须保护中毒者的呼吸道通畅，防止梗阻。密切观察中毒者意识、瞳孔、血压、呼吸、脉搏等生命体征，发现异常立即处理。

有毒气体中毒时，应将中毒者移至空气流通的地方，进行人工呼吸、输氧；若二氧化硫、氯气刺激眼部，应用 2%～3% 的 $NaHCO_3$ 溶液充分洗涤；咽喉中毒可用 2%～3% 的 $NaHCO_3$ 溶液漱口，并饮牛奶或 1.5% 的氧化镁悬浮液。

误吞毒物时应立即给中毒者先服催吐剂，如肥皂水、芥末和水、面粉和水、鸡蛋白、牛奶和食用油等缓和刺激，然后用手指伸入喉部使其引起呕吐。对磷中毒者不能喝牛奶，可用 5～10mL 1% 的硫酸铜溶液加入 1 杯温水后内服，以促使其呕吐，然后送医院治疗。

有毒物质落在皮肤上，可参照化学灼伤的处理方法予以处理后送医院治疗。

五、触电

在化验室使用各种电器设备时，要注意安全用电，以避免触电和用电事故。因此，必须遵守以下注意事项：

使用新电气仪器设备之前，首先应了解使用方法和注意事项，不要盲目接电源。使用搁置时间长的电气仪器，应预先仔细检查其绝缘情况，发现有损坏的地方，应及时修理，不得勉强使用。

湿手（有水或出汗）不可接触带电体，也不允许把电器、导线置于潮湿的地方，否则容易触电。

电气仪器上的开关必须要控制火线，以使开关切断电源线后电器设备不再带电；如果开关安装在地线上，虽然开关处于切断状态，电器设备仍带电，因而仍有触电的危险。活动的电器仪器设备，除关去开关外，还应把插头拔下，以防开关失灵而长期通电，损坏电器。

遇到触电事故，首先应该使触电者迅速脱离电源。可拉下电源开关或用绝缘物将电源线拨开。不能徒手去拉触电者，以免抢救者自己被电流击倒。

触电者脱离电源后，应抬至空气新鲜处，如情况不严重，能在短期内自行恢复知觉。若已停止呼吸，应立即解开上衣，进行人工呼吸或同时给氧。抢救要有耐心，有时需连续进行数小时。抢救触电者，不应注射强心兴奋剂。

项目练习题

1. 选择题

（1）实验室安全守则中规定，严禁任何（　　）入口或接触伤口，不能用（　　）代替水杯。

A. 食品、烧杯　　　B. 药品、玻璃器皿　　　C. 药品、烧杯　　　D. 食品、玻璃器皿

（2）有关汞的处理错误的是（　　）。

A. 汞盐废液先调节 pH 至 8～10 加入过量 Na_2S 后再加入 $FeSO_4$ 生成 HgS、FeS 共沉淀再做回收处理

B. 洒落在地上的汞可用硫磺粉盖上，干后清扫

C. 实验台上的汞可采用适当措施收集在有水的烧杯

D. 散落过汞的地面可喷洒 20%$FeCl_2$ 水溶液，干后清扫

（3）应该放在远离有机物及还原物质的地方，使用时不能戴橡皮手套的是（　　）。

A. 浓硫酸 　　　　 B. 浓盐酸 　　　　 C. 浓硝酸 　　　　 D. 浓高氯酸

（4）化学烧伤中，酸的蚀伤，应用大量的水冲洗，然后用（　　）冲洗，再用水冲洗。

A. 0.3mol/LHAc 溶液 　　　　　　　　 B. 2%$NaHCO_3$ 溶液

C. 0.3mol/LHCl 溶液 　　　　　　　　 D. 2%NaOH 溶液

（5）有关电器设备防护知识不正确的是（　　）。

A. 电线上洒有腐蚀性药品，应及时处理 　　 B. 电器设备电线不宜通过潮湿的地方

C. 能升华的物质都可以放入烘箱内烘干 　　 D. 电器仪器应按说明书规定进行操作

（6）若电器仪器着火不宜选用（　　）灭火。

A. "1211" 灭火器 　　 B. 泡沫灭火器 　　 C. 二氧化碳灭火器 　　 D. 干粉灭火器

（7）下列中毒急救方法错误的是（　　）。

A. 呼吸系统急性中毒性，应使中毒者离开现场，使其呼吸新鲜空气或做抗休处理

B. H_2S 中毒立即进行洗胃，使之呕吐

C. 误食了重金属盐溶液立即洗胃，使之呕吐

D. 皮肤、眼、鼻受毒物侵害时立即用大量自来水冲洗

（8）制备好的试样应贮存于（　　）中，并贴上标签。

A. 广口瓶 　　　　 B. 烧杯 　　　　 C. 称量瓶 　　　　 D. 干燥器

（9）有关用电操作正确的是（　　）。

A. 人体直接触及电器设备带电体

B. 用湿手接触电源

C. 使用正超过电器设备额定电压的电源供电

D. 电器设备安装良好的外壳接地线

（10）由化学物品引起的火灾，能用水灭火的物质是（　　）。

A. 金属钠 　　　　 B. 五氧化二磷 　　　　 C. 过氧化物 　　　　 D. 三氧化二铝

（11）在实验室中发生化学灼伤时下列哪个方法是正确的？（　　）

A. 被强碱灼伤时用强酸洗涤

B. 被强酸灼伤时用强碱洗涤

C. 先清除皮肤上的化学药品再用大量干净的水冲洗

D. 清除药品立即贴上"创口贴"

（12）下列有关贮藏危险品方法不正确的是（　　）。

A. 危险品贮藏室应干燥、朝北、通风良好

B. 门窗应坚固，门应朝外开

C. 门窗应坚固，门应朝内开

D. 贮藏室应设在四周不靠建筑物的地方

（13）打开浓盐酸、浓硝酸、浓氨水等试剂瓶塞时，应在（　　）中进行。

A. 冷水浴   B. 走廊   C. 通风橱   D. 药品库

(14) 实验中，敞口的器皿发生燃烧，正确灭火的方法是（   ）。

A. 把容器移走   B. 用水扑灭

C. 用湿布扑救   D. 切断加热源，再扑救

(15) 含无机酸的废液可采用（   ）处理。

A. 沉淀法   B. 萃取法   C. 中和法   D. 氧化还原法

(16) 蒸馏易燃液体可以用（   ）蒸馏。

A. 酒精灯   B. 煤气灯   C. 管式电炉   D. 封闭电炉

(17) 证明计量器具已经过检定，并获得满意结果的文件是（   ）。

A. 检定证书   B. 检定结果通知书   C. 检定报告   D. 检测证书

(18) 在实验中，电器着火应采取的措施是（   ）。

A. 用水灭火   B. 用沙土灭火

C. 及时切断电源用 CCl_4 灭火器灭火   D. 用 CO_2 灭火器灭火

(19) 下面有关废渣的处理正确的是（   ）。

A. 毒性小稳定，难溶的废渣可深埋地下   B. 汞盐沉淀残渣可用焙烧法回收汞

C. 有机物废渣可倒掉   D. $AgCl$ 废渣可送国家回收银部门

(20) 下列有关毒物特性的描述正确的是（   ）。

A. 越易溶于水的毒物其危害性也就越大   B. 毒物颗粒越小、危害性越大

C. 挥发性越小、危害性越大   D. 沸点越低、危害性越大

(21) 下列正确的是（   ）。

A. 实验人员必须熟悉仪器、设备性能和使用方法，按规定要求进行操作

B. 不准把食物、食具带进实验室

C. 不使用无标签（或标志）容器盛放的试剂、试样

D. 实验中产生的废液、废物应集中处理，不得任意排放

2. 判断题

(1) （   ）化验室的安全包括：防火、防爆、防中毒、防腐蚀、防烫伤、保证压力容器和气瓶的安全、电器的安全以及防止环境污染等。

(2) （   ）产品标准的实施一定要和计量工作、质量管理工作紧密结合起来。

(3) （   ）国标中的强制性标准，企业必须执行，而推荐性标准，国家鼓励企业自愿采用。

(4) （   ）实验情况及数据记录要用钢笔或签字笔，如有错误，应划掉重写，不要涂改。

(5) （   ）检验报告应内容完整，计量单位和名词术语正确，结论判定正确，字迹端正清晰不得涂改和更改，严格执行复核、审核制度。

(6) （   ）应当根据仪器设备的功率、所需电源电压指标来配置合适的插头、插座、开关和保险丝，并接好地线。

(7) （   ）国际单位就是我国的法定计量单位。

(8) （   ）化验室内可以用干净的器皿处理食物。

(9)（　　）安全电压一般规定为 50V。

(10)（　　）药品贮藏室最好向阳，以保证室内要干燥、通风。

(11)（　　）使用二氧化碳灭火器灭火时，应注意勿顺风使用。

(12)（　　）钡盐接触人的伤口也会使人中毒。

(13)（　　）在使用氢氟酸时，为预防烧伤可套上纱布手套或线手套。

(14)（　　）腐蚀性中毒是通过皮肤进入皮下组织，不一定立即引起表面的灼伤。

(15)（　　）在实验室里，倾注和使用易燃、易爆物时，附近不得有明火。

(16)（　　）灭火时必须根据火源类型选择合适的灭火器材。

(17)（　　）当皮肤被硫酸腐蚀时，应立即在受伤部位加碱性溶液，以中和硫酸。

(18)（　　）配制硫酸、磷酸、硝酸、盐酸等溶液时，都应把酸倒入水中。

答案

1. 选择题

(1) A　(2) D　(3) D　(4) B　(5) C　(6) B　(7) B　(8) A　(9) D　(10) D

(11) C　(12) C　(13) C　(14) D　(15) C　(16) D　(17) A　(18) C　(19) ABD

(20) ABD　(21) ABCD

2. 判断题

(1) √　(2) √　(3) √　(4) √　(5) √　(6) √　(7) ×　(8) ×　(9) ×

(10) ×　(11) ×　(12) √　(13) ×　(14) ×　(15) √　(16) √　(17) ×

(18) √

项目二　化验室常用试剂和设备

任务一　分析用水

在分析工作中经常要用到水，如洗涤仪器、溶解样品、配制溶液等。天然水因含许多杂质，主要有各种盐类、有机物、颗粒物质和微生物等，一般在实验中很少应用。经初步处理后的自来水含有较多的可溶性盐类杂质，在实验中常用做粗洗仪器用水、实验室冷却用水及水浴用水等。作为分析用水，必须经一定的方法净化达到国家规定。实验室用水规格，应根据分析任务和要求的不同，采用不同纯度的水。

我国已建立了分析实验室用水规格的国家标准（GB/T 6682—1992），标准中规定了实验室用水的技术指标、制备方法及检验方法。这一基础标准的制定对规范我国分析实验室的分析用水、提高分析方法的准确度起了重要的作用。

一、分析用水的级别和用途

国家标准规定的实验室用水分为三级。

1. 一级水

一级水用于有严格要求的分析试验，包括对颗粒有要求的试验。如高压液相色谱分析用水。一级水可用二级水经过石英设备蒸馏或离子交换混合床处理后，再经 $0.2\mu m$ 微孔滤膜过滤来制取。

2. 二级水

二级水用于无机痕量分析等试验，如原子吸收光谱分析用水。二级水可用多次蒸馏或离子交换等方法制取。

3. 三级水

三级水用于一般化学分析试验。三级水可用蒸馏方法或离子交换等方法制取。

二、分析用水的规格

分析实验室用水规格见表 1-3，在实际工作中，有些实验对水还有特殊要求，要检查相关项目，例如 Cl^-、Fe^{3+}、Cu^{2+}、Zn^{2+}、Pb^{2+}、Ca^{2+}、Mg^{2+} 等。

表 1-3　分析实验室用水的级别及主要技术指标

指标名称		一　级	二　级	三　级
pH 范围		—	—	5.0~7.5
电导率（25℃）/(mS/m)	≤	0.01	0.10	0.50
可氧化物质（以 O 计）/(mg/L)	≤	—	0.08	0.4
吸光度（254nm，1cm 光程）	≤	0.001	0.01	—
蒸发残渣（105℃＋2℃）/(mg/L)	≤	—	1.0	2.0
可溶性硅（以 SiO₂ 计）/(mg/L)	≤	0.01	0.02	—

注：① 由于在一级水、二级水的纯度下，难于测定其真实的 pH，因此，对一级水、二级水的 pH 范围不做规定。
② 一级水、二级水的电导率需用新制备的水"在线"测定。
③ 由于在一级水的纯度下，难于测定可氧化物质和蒸发残渣，对其限量不做规定。可用其他条件和制备方法来保证一级水的质量。

三、分析用水的制备方法

分析用水由源水净化制得，源水应当是比较纯净的水，如有污染，则必须进行预处理。纯水常用以下四种方法制备。

1. 蒸馏法

蒸馏法制备纯水是根据水与杂质的沸点不同，将自来水用蒸馏器蒸馏而得到的。采用这种方法制备纯水操作简单，成本低，能除去水中非蒸发性杂质，但不能除去易溶于水的气体。目前使用的蒸馏器有玻璃、铜、石英等材料制作成的，由于蒸馏器的材质不同，带入蒸馏水中的杂质也不同，用玻璃蒸馏器制得的蒸馏水中会有 Na^+、SiO_3^{2-} 等；铜蒸馏器制得的蒸馏水中通常含有 Cu^{2+} 等，故蒸馏一次所得蒸馏水只能用于定性分析或一般的工业分析。

2. 离子交换法

离子交换法是利用称为离子交换树脂的具有特殊网状结构的人工合成有机高分子化合物净化水的一种方法。常用于处理水的离子交换树脂有两种，一种是强酸性阳离子交换树脂，另一种是强碱性阴离子交换树脂。当水流过两种离子交换树脂时，阳离子和阴离子交换树脂分别将水中的杂质阳离子和阴离子交换为 H^+ 和 OH^-，从而达到净化水的目的。使用一段时间后，离子交换树脂的交换能力会有所下降，此时可分别用 5%～10% 的 HCl 和 NaOH 溶液处理阳离子和阴离子交换树脂，使其恢复离子交换能力，这叫做离子交换树脂的再生。再生后的离子交换树脂可以重复使用，因为离子交换法方便有效且较经济，故在化工、冶金、环保、医药、食品等行业得到广泛应用。

与蒸馏法相比，离子交换法生产设备简单，节约燃料和冷却水，且水质化学纯度高。但此法也不能完全除去有机物和非电解质。

3. 电渗析法

电渗析是常用的脱盐技术之一，由于其能耗低，常作为离子交换法的前处理步骤。该法利用外加直流电场，使阴阳离子交换膜分别选择性的允许阴阳离子透过，则一部分离子透过离子交换膜迁移到另一部分水中去，使得一部分水纯化，另一部分水浓缩。产出水的纯度能满足一般工业用水的需要。

4. 反渗透法

其生成的原理是让水分子在压力的作用下，通过反渗透膜成为纯水，水中的杂质被反渗透膜截留排出。反渗水克服了蒸馏水和去离子水的许多缺点，利用反渗透技术可以有效的去除水中的溶解盐、胶体、细菌、病毒、细菌内毒素和大部分有机物等杂质。

四、分析用水的检验方法

为保证纯水的质量符合分析工作的要求，对于所制备的每一批纯水，都必须进行质量检查。

1. pH 的测定

普通纯水 pH 应在 5.0～7.5 之间，可用精密 pH 试纸或酸碱指示剂检验。对甲基红不显红色，对溴百里酚蓝不呈蓝色。用酸度计测定纯水的 pH 时，先用 pH 为 5.0～8.0 的标准缓冲溶液校正酸度计后再测定。

2. 电导率的测定

一级水、二级水电导率极低，通常只测三级水。测量三级水电导率时，将 300mL 三级水置于烧杯中，用电导仪测定其电导率。注意取样后要立即测定，避免空气中的 CO_2 溶于水中使水的电导率增大。

3. 吸光度的测定

三级水可不测吸光度。一级水和二级水测吸光度时，将水样分别置于 1cm 和 2cm 的比色皿中，用紫外可见分光光度计于波长 254nm 处，以 1cm 比色皿中水为参比，测定 2cm 比色皿中水的吸光度。一级水的吸光度应≤0.001，二级水的吸光度应≤0.01，即符合要求。

4. SiO_2 的测定

一级水、二级水中 SiO_2 的可按 GB/T 6682—1992 方法中的规定测定。通常三级水可测定水中的硅酸盐，测定时取 30mL 水于小烧杯中，加入 5mL 4mol/L HNO_3、5mL 5%$(NH_4)_2MoO_4$ 溶液，室温下放置 5min 后，加入 5mL 10%$NaSO_4$ 溶液，观察是否出现蓝色。如出现蓝色，则不合格。

5. 可氧化物的限度试验

于烧杯中量取 100mL 二级水或三级水，然后加入 10.0mL 1mol/L H_2SO_4 溶液和新配制的 1.0mL 0.002mol/L $KMnO_4$ 溶液，盖上表面皿，将其煮沸并保持 5min，与放入另一相同容器中不加试剂的等体积的水样做比较。此时溶液呈淡粉色，如未完全褪尽，则符合可氧化物限度实验，如完全褪尽则不符合可氧化物限度实验。

在实际分析中，有时还要对水中的阳离子和氯离子进行检验。

阳离子的检验：取水样 10mL 于试管中，加入 2～3 滴氨缓冲液（pH10）、少许铬黑 T 指示剂，如呈蓝色，表明无金属阳离子。

氯离子的检验：取水样 10mL 于试管中，用 4mol/LHNO_4 酸化，再加入数滴 1% 的 $AgNO_3$ 溶液，摇匀后未见浑浊，则为合格。

五、分析用水的贮存

分析用水的贮存影响到分析用水的质量。各级分析用水均应使用密闭的专用聚乙烯容器。三级水也可使用密闭的专用玻璃容器。新容器使用前，需要用 20% 盐酸溶液浸泡 2～3d，再用待贮存的水反复冲洗，然后注满，浸泡 6h 以上方可使用。

各级分析用水在贮存期间，其污染主要来源于聚乙烯容器可溶成分的溶解及空气中 CO_2 和其他杂质，故一级水不可贮存，使用前制备；二级水、三级水可适量制备，分别贮存于符合要求的容器中。

任务二　化学试剂

化学试剂的种类很多，世界各国对化学试剂的分类和分级的标准不尽相同，各国都有自己国家标准及其他标准（如行业标准、学会标准等）。我国化学试剂有国家标准（GB）、化工部标准（HG）及行业标准（QB）三级。

一、化学试剂的分类

化学试剂产品已有数千种,有分析试剂、仪器分析专用试剂、指示剂、有机合成试剂、生化试剂、电子工业专用试剂、医用试剂等。随着科学技术和生产的发展,新的试剂种类还将不断产生。常用的化学试剂的分类方法有:按试剂用途和组成分类;按试剂用途和学科分类;按试剂包装和标志分类;按化学试剂的标准分类等。现将化学试剂分为标准试剂、一般试剂、高纯试剂、专用试剂四大类,简单介绍如下。

1. 标准试剂

标准试剂是用于衡量其他(欲测)物质化学量的标准物质。标准试剂的特点是主体含量高,而且准确可靠,其产品一般由大型试剂厂生产,并严格按国家标准检验。

2. 一般试剂

一般试剂是实验室普遍使用的试剂,指示剂也属一般试剂,一般可分为四个等级及生化试剂等。一般试剂按级别、名称、标志、适用范围及标签颜色列于表 1-4 中。

表 1-4　一般试剂的规格和适用范围

级　别	中文名称	英文符号	适用范围	标签颜色
一级	优级纯 (保证试剂)	G. R.	纯度很高,适用于精密分析工作和科学研究工作	绿色
二级	分析纯 (分析试剂)	A. R.	纯度仅次于一级品,适用于多数分析工作和科学研究工作	红色
三级	化学纯	C. P.	适用于一般分析工作	蓝色
四级	实验试剂	L. R.	纯度较低,适用作实验辅助试剂	棕色或其他颜色
生化试剂	生化试剂 (生物染色剂)	B. R. 或 C. R.	生化化学及医用化学实验	咖啡色或其他颜色

3. 高纯试剂

高纯试剂的特点是杂质含量低(比优级纯基准试剂杂质含量低),主体含量与优级纯试剂相当,而且规定检测的杂质项目比同种优级纯或基准试剂多。高纯试剂主要用于微量分析中试样的分解及试液的制备。

高纯试剂多属于通用试剂,如 HCl,$HClO_4$,Na_2CO_3,H_3BO_3,$NH_3 \cdot H_2O$ 等。

4. 专用试剂

专用试剂是指具有特殊用途的试剂,如仪器分析中色谱分析标准试剂、气相色谱担体及固定液、液相色谱填料、紫外及红外光谱纯试剂、核磁共振分析用试剂等。它与高纯试剂相似之处是专用试剂不仅主体含量高,而且杂质含量很低。与高纯试剂的区别是,在特定的用途中有干扰的杂质成分只需控制在不致产生明显干扰的限度以下。

二、化学试剂的选用

化学试剂的纯度越高，其生产或提纯的过程越复杂，且价格越高，如基准试剂和高纯试剂的价格要比普通试剂高数倍甚至数十倍。故应根据所做实验的具体情况，如分析方法的灵敏度和选择性、分析对象的含量及分析结果准确度要求，合理选用不同级别的试剂。

化学试剂选用的原则是在满足实验要求的前提下，选择试剂的级别应就低而不就高，注意节约。通常滴定分析配制标准溶液时用分析纯试剂，仪器分析一般使用专用试剂或优级纯试剂，而微量、超微量分析应选用高纯试剂。

任务三 实验室常用化学分析器皿介绍

进入化学分析室，作为分析工作者的基本工具首先就是玻璃仪器。玻璃是多种硅酸盐、铝硅酸盐、硼酸盐和二氧化硅等物质的复杂混熔体，具有良好的透明度、相当好的化学稳定性（氢氟酸除外）、较强的耐热性、价格低廉、加工方便、适用面广等一系列优点。因此，分析化学实验中大量使用的仪器是玻璃仪器，定量分析用一般玻璃仪器和量器类玻璃仪器化学成分见表1-5。

表1-5 一般玻璃仪器和量器类化学成分

化学成分（质量分数）/% 项目	SiO_2	Al_2O_3	B_2O_3	R_2O (Na_2O+K_2O)	CaO	ZnO
一般玻璃仪器	74	4.5	4.5	12	3.3	1.7
量器类	73	5	4.5	13.2	3.8	0.5

这类仪器均为软质玻璃，具有良好的透明度，一定的机械强度和良好的绝缘性能。与硬质玻璃比较（SiO_2 79.1%，B_2O_3 12.5%），热稳定性、耐腐蚀性能差。

一、实验室常用玻璃仪器

1. 烧杯类（表1-6）

表1-6 烧杯类

仪 器	规 格	主要用途	注意事项
烧杯	以容积表示，如50mL、100mL、500mL等	常温或加热条件下用作反应物量大时的反应容器，还可用来配制溶液	加热时将杯壁擦干并放置在石棉网上，使受热均匀；可以加热至高温

续表

仪 器	规 格	主要用途	注意事项
锥形瓶	以容积表示，如 100mL、250mL、500mL 等	反应容器，振荡方便，适用于滴定操作或做接受器	盛液体不能太多，加热时底部须垫石棉网，使其受热均匀
烧瓶	常用的有圆底烧瓶和平底烧瓶，规格有 150mL、250mL、500mL、1000mL、2000mL、3000mL 等	液体和固体或液体间的反应器；装配气体反应发生器（常温、加热）；蒸馏或分馏液体（带支管烧瓶又称蒸馏烧瓶）	注入的液体不超过其容积的 2/3；加热时使用石棉网，使均匀受热；蒸馏或分馏要与胶塞、导管、冷凝器等配套使用

2. 量器类（表 1-7）

表 1-7　量器类

仪 器	规 格	主要用途	注意事项
量筒和量杯	以最大容积表示，如 10mL、50mL、100mL 等	量取一定体积的液体用	不能直接加热
移液管和吸量管	以其最大容积表示，如 1mL、2mL、5mL 及 10mL、25mL、50mL 等	准确量取一定体积的液体用	不能加热，与容量瓶配合使用
容量瓶	以容积表示，如 50mL、250mL、1000mL 等	用来配制准确浓度的溶液或将溶液按一定比例准确稀释	不能直接加热，不能在其中溶解固体，一般与移液管配合使用

3. 瓶类

常用的瓶类有：称量瓶、试剂瓶、滴瓶和洗瓶等，如表1-8所示。

表1-8　瓶类

仪　器	规　格	主要用途	注意事项
称量瓶	有扁形和高形，以外径（mm）×高（mm）表示，如25mm×40mm等	扁形用做测定水分或干燥基准物质；高形用于称量基准物质或样品	不可盖紧磨口塞烘烤，瓶塞和瓶要配套，不可互换
试剂瓶	玻璃或塑料材质，有无色和棕色、广口和细口。以容积表示，如50mL、100mL、500mL等	广口瓶盛装固体试剂，细口瓶盛装液体试剂，下口瓶主要用于盛放大体积的液体试剂或溶液	不能加热。取用试剂时瓶盖倒放在桌上；碱性物质要用橡皮塞或塑料瓶；见光易分解的物质用棕色瓶；盛放溶液后，瓶内应留有一定的空间
滴瓶	有无色、棕色之分，以容积表示，如30mL、60mL等	用于盛装少量液体试剂	见光易分解的试剂应用棕色瓶，碱性试剂应用带橡皮塞的滴瓶
洗瓶	以容积表示，如250mL、500mL等	盛装蒸馏水用以洗涤	不能加热

4. 其他常用玻璃器皿（表1-9）

表1-9　其他常用玻璃器皿

仪　器	规　格	主要用途	注意事项
试管　离心试管	分硬质试管、软质试管、普通试管和离心试管 普通试管以试管口外径（mm）×长度（mm）表示，离心试管以其容积（mL）表示	普通试管用做少量试剂的反应器，便于操作和观察 离心试管还可用做定性中沉淀的分离	可以加热至高温（硬质的），但不能骤冷；加热时管口不能对人，且要不断移动试管，使其受热均匀。所盛溶液不能超过其容量的1/2

仪　器	规　格	主要用途	注意事项
漏斗	以口径大小表示，如40mm、30mm、60mm等	用于过滤操作	不能直接加热
滴液漏斗和分液漏斗	以容积表示，如50mL、100mL等	用于分离互不相溶的液体；或用做发生气体装置中的加液漏斗	不得加热，活塞与漏斗配套，不能互换
表面皿	以口径大小表示，如90mm、75mm、45mm等	盖在烧杯上防止液体溅出或作其他用途	不能用火直接加热，直径要略大于所盖容器
干燥器	以直径（mm）大小表示，分普通干燥器和真空干燥器，内放干燥剂	存放物品，保持干燥	热的物品稍冷后才能放入，盖的磨口处涂适量凡士林，干燥剂要及时更换
蛇形　球形　直形　冷凝管	直形：规格有（外套管有效冷凝长度，单位：mm）150、200、300、400　球形（单位：mm）：规格有200、300、400、500　蛇形（单位：mm）：规格有300、400、500、600	冷凝管主要用于在回流、蒸馏等过程中将受热挥发的气体冷凝为液体　蛇形冷凝管冷凝效率最高，适用于冷凝低沸点的液体蒸气，直形冷凝管冷凝效率最差，适用于冷凝高沸点的液体蒸气。球形冷凝管的冷凝效率稍好于直形冷凝管	直形冷凝管可直立或倾斜使用，球形冷凝管较适宜直立使用，蛇形冷凝管只能直立使用；不可骤冷骤热；应从下支管进冷凝水，从上支管出冷凝水

5. 瓷器皿及常用辅助设备（表1-10）

表1-10 瓷器皿及常用辅助设备

仪 器	规 格	主要用途	注意事项
蒸发皿	以口径大小表示，如90mm、75mm、45mm等	用于蒸发溶液	能耐高温，但不能骤冷；蒸发溶液时一般放在石棉网上，也可直接用火加热
布氏漏斗和吸滤瓶	布氏漏斗为瓷质，以直径表示，如4cm、6cm、8cm等。吸滤瓶为玻璃制品，以容积表示，如250mL、500mL等	用于减压过滤	不能直接加热，滤纸要略小于漏斗的内径。使用时先开抽气泵，后过滤；过滤完毕，先拔掉抽滤瓶接管，后关抽气泵
泥三角	有不同大小	用于承放坩埚和蒸发皿	高温时不能骤冷
点滴板	瓷质，分白色、黑色，六穴、九穴、十二穴等	用于点滴反应，尤其是显色反应	白色沉淀用黑色板，有色沉淀或者溶液用白色板
研钵	有瓷、玻璃、玛瑙等材质，以口径大小表示	用于研磨固体物质	不能直接加热，大块的物质只能压碎，不能敲击
石棉网	以边长表示，如10cm×10cm、20cm×20cm	支撑受热容器，使受热均匀	不能与水接触

仪　器	规　格	主要用途	注意事项
铁架台	—	用于固定反应容器	可以根据情况适当调整铁圈、铁夹高度
漏斗架	木制或铁制	过滤时承放漏斗	漏斗板高度可调节

二、实验室常用坩埚（表 1-11）

表 1-11　实验室常用坩埚

坩　埚	适用范围	使用注意事项
铂坩埚	铂熔点约为 1770℃，化学性质稳定，在空气中灼烧不发生化学变化，不吸收水分，大多数化学试剂对它无侵蚀作用，耐氢氟酸性能好，能耐熔融的碱金属的碳酸盐。常用于沉淀灼烧称重、氢氟酸熔样以及碳酸盐的熔融处理	铂质软，使用时不要用手捏，以防变形，不能用玻璃棒捣刮铂坩埚内壁，以防损。铂坩埚的加热和灼烧，均应在垫有石棉板或陶瓷板的电炉或电热板上进行，或在煤气灯的氧化焰上进行，不能与电炉丝、铁板及还原焰接触。易被还原的金属、非金属及其化合物不能在铂坩埚内灼烧或熔融；组分不明的试样不能使用铂坩埚加热或熔融。铂坩埚内、外壁应保持清洁和光亮。使用过的铂坩埚可用 1∶1HCl 溶液煮沸清洗
镍坩埚	镍具有良好的抗碱性物质侵蚀的性能，故常用镍坩埚熔融铁合金、矿渣、黏土、耐火材料等。适用于 NaOH、Na_2O_2、Na_2CO_3、$NaHCO_3$ 以及含有 KNO_3 的碱性溶剂熔融样品，不适用于 $KHSO_4$ 或 $NaHSO_4$、$K_2S_2O_7$ 或 $Na_2S_2O_7$ 等酸性溶剂以及含硫的碱性硫化物溶剂熔融样品，熔融状态的 Al、Zn、Pb、Sn、Hg 等金属盐，都能使镍坩埚变脆。硼砂也不能在镍坩埚中熔融	镍的熔点为 1455℃，在空气中灼烧易被氧化，所以镍坩埚不能用于灼烧和称量沉淀。用镍坩埚熔样温度不宜超过 700℃。镍坩埚中常含有微量铬，使用时应注意
石英坩埚	石英坩埚适于用 $K_2S_2O_7$、$KHSO_4$ 作溶剂熔融样品和用 $Na_2S_2O_7$ 作溶剂处理样品。不能和 HF 接触，高温时，极易和苛性碱及碱金属的碳酸盐作用	石英坩埚可在 1700℃ 以下灼烧，但灼烧温度高于 1100℃ 石英会变成不透明，故熔融温度不应超过 800℃。石英质脆，易破，使用时要注意。除 HF 外，普通稀无机酸可用做清洗液

坩埚	适用范围	使用注意事项
瓷坩埚	瓷坩埚可耐热 1200℃左右，适用于 $K_2S_2O_7$ 等酸性物质熔融样品。一般不能用于以 NaOH、Na_2O_2、Na_2CO_3 等碱性物质作溶剂熔融，以免腐蚀瓷坩埚。 可耐高温灼烧，加热至 1200℃，灼烧后其质量变化很小，故常用于灼烧与称量沉淀	瓷坩埚不能和 HF 接触。 瓷坩埚一般可用稀 HCl 煮沸清洗
银坩埚	银坩埚适用于 NaOH 作溶剂熔融样品，不能用于以 Na_2CO_3 作溶剂熔融样品。 银坩埚的质量经烧灼会变化，故不适宜于沉淀的称量	银的熔点 960℃，加热温度不应超过 750℃。红热的银坩埚不能用水骤冷，以免产生裂纹。 清洗银坩埚时，可用微沸的 1＋5 盐酸，但不宜将银坩埚放在酸内长时间加热
聚四氟乙烯坩埚	能耐酸、耐碱，不受 HF 侵蚀，主要用于以氢氟酸作溶剂熔样，如 $HF-HClO_4$ 等。用于以 $HF-H_2SO_4$ 作溶剂时不能冒烟，否则损坏坩埚	聚四氟乙烯耐热近 400℃，但一般控制在 200℃左右使用，最高不要超过 280℃。 在 415℃以上急剧分解，并放出有毒的全氟异丁烯气体

任务四　常用干燥剂、制冷剂与加热载体的基本知识

一、干燥剂

物质在进行定性或定量分析前经常须预先干燥；许多反应也要求在无水条件下进行，如格氏试剂的制备，要求卤代烃和乙醚不能含水；有些液体有机物在蒸馏前必须干燥，以免水与有机物形成共沸物或发生反应影响产品的纯度。因此，在分析化学实验中，试剂和产品的干燥具有十分重要的意义。

干燥方法可分为物理方法和化学方法。物理方法有加热、真空干燥、冷冻分馏、共沸蒸馏及吸附等。化学方法是利用干燥剂来进行脱水。实验室常用干燥剂主要有无机干燥剂与分子筛干燥剂两类。选择干燥剂时应注意，所选干燥剂不与被干燥物发生任何化学反应，包括溶解、配位、缔合等，干燥速度快，吸水能力强，价格便宜。表 1-12 和表 1-13 列出了经常使用的无机干燥剂。

表 1-12　用于气体的无机干燥剂

干燥剂	适用干燥的气体	干燥剂	适用干燥的气体
CaO	NH_3、胺类	H_2SO_4	H_2、CO_2、CO、N_2、Cl_2、烷烃
$CaCl_2$	H_2、O_2、HCl、CO_2、N_2、SO_2、CH_4、乙醚、烯烃、氯代烃、烷烃	KOH	NH_3、胺类
		Al_2O_3	多数气体
P_2O_5	H_2、O_2、CO_2、CO、SO_2、N_2、CH_4、C_2H_4、烷烃	硅胶	NH_3、胺类、O_2、N_2
		碱石灰	NH_3、胺类、O_2、N_2

表 1-13　用于液体的无机干燥剂

干燥剂	适用干燥的液体	不适用干燥的液体	干燥剂	适用干燥的液体	不适用干燥的液体
P_2O_5	烃、卤代烃、CS_2	碱、酮、易聚合物	K_2CO_3	碱、卤代烃、酮	脂肪酸、酯
H_2SO_4	饱和烃、卤代烃	碱、酮、醇、酚	$CuSO_4$	醚、醇	甲醇
KOH	碱	酮、醛、脂肪酸、酸	Na	醚、饱和烃	醇、胺、酯
$CaCl_2$	醚、脂、卤代烃	醇、酮、胺、酚、脂肪酸	Na_2SO_4	普通物质	—

二、制冷剂

某些化学反应需要在低温条件下进行，另一些反应需要传递出产生的热量；有的制备操作如结晶、液态物质的凝固等也需要低温冷却，可根据所要求的温度条件选择不同的制冷剂。

常用制冷剂及其最低制冷温度见表 1-14。

表 1-14　实验室常用制冷剂及其最低制冷温度

制冷剂	最低温度/℃	制冷剂	最低温度/℃
冰-水	0	$CaCl_2 \cdot 6H_2O$-冰（1∶1）	−29
NaCl-碎冰（1∶3）	−20	$CaCl_2 \cdot 6H_2O$-冰（1.25∶1）	−40.3
NaCl-碎冰（1∶1）	−22	液氨	−33
NH_4Cl-冰（1∶4）	−15	干冰	−78.5
NH_4Cl-冰（1∶2）	−17	液氮	−196

使用液态气体时，为了防止低温冻伤事故发生，必须戴皮（或棉）手套和防护眼镜。一般低温冷浴也不要用手直接触摸制冷剂（可戴橡皮手套）。

应当注意，测量−38℃以下的低温时不能使用水银温度计，应使用低温酒精温度计等。

三、加热载体

实验室经常用到的电加热设备有电炉、电加热套、管式炉、马弗炉、电热板等。

1）电炉和电加热套

电炉（图 1-1）按功率大小有 500W、800W、1000W 等规格，可代替酒精灯或煤气灯加热盛于容器（烧杯或蒸发皿等）中的液体或固体。使用时容器和电炉之间要隔石棉网，保证其受热均匀。温度的高低可通过调节电阻来控制。还应注意不要把加热的药品溅在电炉丝上，以免电炉丝损坏。

电加热套（图 1-2）是玻璃纤维包裹着电炉丝织成的"碗状"电加热器，温度高低由控温装置调节，最高温度可达 400℃左右。它的容积大小一般与烧瓶的容积相匹配，从 50mL 起，各种规格都有。加热时，由于不是明火，因此具有不易引起火灾的优点，热效率也高。

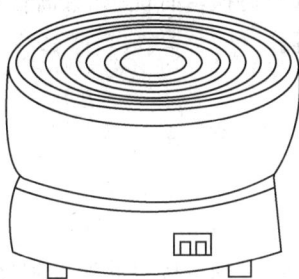

图 1-1 电炉

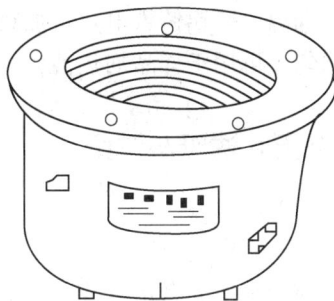

图 1-2 电加热套

2）管式炉和马弗炉

管式炉（图 1-3）和马弗炉（图 1-4）都属于高温电炉，主要用于高温灼烧或进行高温反应，它们的外形不同，但组成类似，均由炉体和电炉温度控制器两部分组成。加热元件为电热丝或硅炭棒，用电热丝加热时，最高使用温度为 950℃左右；用硅炭棒加热时，最高使用温度可达 1300℃左右。测量如此高的温度不能使用普通温度计，而应使用高温计，它是由热电偶和毫伏表所组成。只要把热电偶和温度控制器连接起来，待炉温升到所需温度时，控制器就自动切断电源，炉温停止上升。炉温刚稍低于所需温度时，控制器又自动接通，使炉温上升。如此不断交替，就可以把炉温控制在某一温度附近。

图 1-3 管式炉

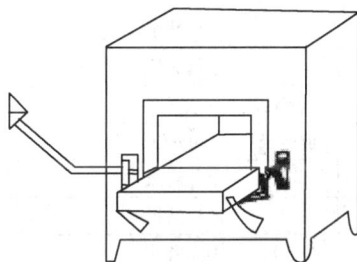

图 1-4 马弗炉

管式炉内部为管状炉膛，炉膛内可插入一根耐高温的瓷管或石英管，瓷管或石英管中再放入盛有反应物的瓷舟或石英舟。较高温度的恒温部分位于炉膛中部，反应物可在空气或在其他气体中受热。

马弗炉的炉膛是长方体，有一炉门，打开炉门就可以很容易地放入要加热的坩埚或其他耐高温的器皿。在马弗炉内不允许加热液体和其他易挥发的腐蚀性物质。如果要灰化滤纸或有机物成分，在加热过程中应打开几次炉门通空气进去。

3）电热板

电热板是用电热合金丝作发热材料，用云母软板作绝缘材料，外包以薄金属板（铝板、不锈钢板等）进行加热的设备。根据电热板的结构组成来分，可将其分为不锈钢电热板、陶瓷电热板、铸铝铸铁电热板等。不锈钢调温电热板选材不锈钢，有优越的抗腐蚀性能，广泛应用于样品的烘干、干燥和作其他温度试验。陶瓷电热板具有辐射率高，整体性好，热稳定性好，绝缘强度高等优点，可配用各种烧瓶、烧杯等，常用于各种液体的加热或保温。铸铝铸铁电热板加热器工作面板选材铸铁，有优越的抗腐蚀性能，工作面温度均匀，可用于样品加热消解、蒸干、煮沸等。

任务五　滤纸与试纸

一、滤纸

化学实验中常用的有定量分析滤纸和定性分析滤纸两种，按过滤速度和分离性能的不同，又分为快速、中速和慢速三种。滤纸外形有圆形和方形两种。常用圆形滤纸有直径为 7cm、9cm、11cm 等规格，滤纸盒上贴有滤速标签。方形滤纸都是定性滤纸，有 60cm×60cm、30cm×30cm 等规格。在实验过程中，应当根据沉淀的性质和数量，合理选用滤纸。

我国国家标准《化学分析滤纸》（GB/1914—2007）对定量滤纸和定性滤纸产品的分类、型号和技术指标以及实验方法等都有规定。滤纸产品按质量分为 A 等、B 等、C 等。表 1-15 列出了 A 等产品的技术指标。

表 1-15　定量与定性滤纸 A 等产品的主要技术指标及规格

指标名称		快　速	中　速	慢　速
过滤速度[①]/s		≤35	≤70	≤140
型号	定性滤纸	101	102	103
	定量滤纸	201	202	203
分离性能（沉淀物）		氢氧化铁	碳酸锌	硫酸钡（热）
湿耐破度/mmH$_2$O		≥130	≥150	≥200
灰分	定性滤纸	≤0.13%		
	定量滤纸	≤0.009%		
铁含量（定性滤纸）		≤0.003%		
定量[②]/（g/m^2）		80.0±4.0		
圆形纸直径/cm		5.5、7、9、11、12.5、15、18、23、27		
方形纸尺寸/cm		60×60、30×30		

注：① 过滤速度是指：把滤纸折成 60°角的圆锥形，将滤纸完全浸湿，取 15mL 水进行过滤，开始滤出 3mL 不计时，然后用秒表计量滤出 6mL 水所需要的时间。

② 定量是指：规定面积内滤纸的质量。

③ 1mmH$_2$O=9.806Pa。

定量滤纸又称"无灰滤纸"，一般在灼烧后，每张滤纸的灰分不超过 0.1mg（小于或等于常量分析天平的感量），重量分析法中可以忽略不计。各类定量滤纸在滤纸盒上用白带（快速）、蓝带（中速）、红带（慢速）作为标志分类。

二、试纸

实验中使用的试纸主要分为两大类：检验溶液酸碱性的试纸和检验气体的试纸。

1）检验溶液酸碱性的试纸

pH 试纸常用来检验溶液的酸碱性。pH 试纸是将试纸用多种酸碱指示剂的混合溶液浸透后经晾干制成。它对不同 pH 的溶液能显示不同的颜色即色阶，可以快速检验溶液的酸碱性。

pH 试纸分为两类：一类是广泛 pH 试纸，其变色范围为 pH1～14，用来粗略测定溶液的 pH；另一类为精密 pH 试纸，用于比较精确地检验溶液的 pH。精密试纸的种类很多，应根据不同的需求选用。广泛 pH 试纸的变化为 1 个 pH 单位，而精密 pH 试纸变化小于 1 个 pH 单位。

使用 pH 试纸测定溶液 pH 的方法：将一小块 pH 试纸放在洁净而干燥的点滴板或表面皿上，用干净的玻璃棒蘸取少许待测溶液，滴在 pH 试纸上，然后观察试纸的颜色变化（不能将试纸浸入待测溶液中试验），将 pH 试纸呈现的颜色与标准色板颜色比对，即可知道溶液的 pH。

2）检验气体的试纸

不同的试纸检验的气体不同。

常用石蕊试纸检验反应所产生气体的酸碱性。用蒸馏水润湿试纸并黏附在干净玻璃棒的尖端，将试纸放在试管口上方（不能接触试管），观察试纸颜色的变化。

醋酸铅试纸可用来检验反应中产生的 H_2S 气体。当 H_2S 气体接触到湿润的醋酸铅试纸时，立即生成黑色的 PbS 沉淀，使试纸变成棕黑色。

淀粉-碘化钾试纸常用来检验反应中产生的氧化性气体，如 Cl_2、Br_2 等。当湿润的淀粉-碘化钾试纸与氧化性气体接触时，碘化钾中的碘离子被氧化为碘单质，碘单质与淀粉溶液作用呈现蓝紫色。

项目练习题

1. 选择题

（1）下列关于铂坩埚的说法不正确的是（　　）。

A. 可用于沉淀灼烧称重

B. 可用于氢氟酸熔样以及碳酸盐的熔融处理

C. 可用于易被还原的金属、非金属及其化合物的灼烧或熔融

D. 铂质软，使用时不能用玻璃棒捣刮铂坩埚内壁

（2）分析纯试剂的标签颜色是（　　）。

A. 绿色　　　　　　B. 红色　　　　　　C. 蓝色　　　　　　D. 棕色

（3）配制标准溶液的试剂纯度不得低于（　　）。

A. 基准试剂　　　　B. 化学纯试剂　　　C. 分析纯试剂　　　D. 优级纯试剂

（4）定量滤纸又称"无灰滤纸"，一般在灼烧后，每张滤纸的灰分不超过（　　）。

A. 0.1mg　　　　　B. 0.01mg　　　　　C. 0.2mg　　　　　D. 0.02mg

（5）分析用三级水的电导率应小于（　　）。

A. 6.0μS/cm　　　B. 5.5μS/cm　　　C. 5.0μS/cm　　　D. 4.5μS/cm

（6）优级纯、分析纯、化学纯试剂的英文缩写依次为（　　）。

A. G. R.、A. R.、C. P.　　　　　　　　B. A. R.、G. R.、C. P.

C. C.P.、G.R.、A.R.　　　　　　　　D. G.R.、C.P.、A.R.

(7) 分析化学实验室常用的去离子水中，加入1～2滴酚酞指示剂、则应呈现（　　　）。

A. 蓝色　　　　　　B. 紫色　　　　　　C. 红色　　　　　　D. 无色

(8) 分析用水的质量要求中，不用进行检验的指标是（　　　）。

A. 阳离子　　　　　B. 密度　　　　　　C. 电导率　　　　　D. pH

(9) 用于配制标准溶液的水最低要求为（　　　）。

A. 一级水　　　　　B. 二级水　　　　　C. 三级水　　　　　D. 无要求

(10) 有关称量瓶的使用错误的是（　　　）。

A. 不可作反应器　　　　　　　　　　　B. 不用时要盖紧盖子

C. 盖子要配套使用　　　　　　　　　　D. 用后要洗净

(11) 下列可以用于称量分析中灼烧和称量沉淀使用的坩埚是（　　　）。

A. 铂坩埚　　　　　B. 银坩埚　　　　　C. 镍坩埚　　　　　D. 都可以

(12) 下列可直接加热的玻璃器皿是（　　　）。

A. 量筒　　　　　　B. 量杯　　　　　　C. 烧杯　　　　　　D. 表面皿

(13) 滤纸的过滤速度是指：把滤纸折成 60° 角的圆锥形，将滤纸完全浸湿，取 15mL 水进行过滤，开始滤出 3mL 不计时，然后用秒表计量滤出 6mL 水所需要的时间。快速滤纸的过滤速度（　　　）。

A. ≤20s　　　　　B. ≤35s　　　　　C. ≤70s　　　　　D. ≤140s

(14) 中速滤纸在滤纸盒上的标志为（　　　）。

A. 白带　　　　　　B. 蓝带　　　　　　C. 红带　　　　　　D. 绿带

(15) 检验反应中产生的 H_2S 气体，可用（　　　）试纸。

A. 淀粉-碘化钾试纸　　　　　　　　　B. 醋酸铅试纸

C. pH 试纸　　　　　　　　　　　　　D. 石蕊试纸

2. 判断题

(1) (　　) 一般实验用水可用蒸馏、反渗透或去离子法制备。

(2) (　　) 选择用化学试剂时，级别越高越好。

(3) (　　) 对水中的阳离子进行检测，取水样 10mL，加入 2～3 滴氨缓冲液（pH10）、少许铬黑 T 指示剂，如呈蓝色，则表明无金属阳离子。

(4) (　　) 实验室三级水 pH 的测定应在 4.0～6.0 之间，可用精密 pH 试纸或酸碱指示剂检验。

(5) (　　) 国家标准规定的实验室用水分为三级，三级水用于一般化学分析试验。

(6) (　　) 镍坩埚可用于沉淀灼烧称重。

(7) (　　) 测量−38℃以下的低温时不能使用水银温度计，可使用低温酒精温度计。

(8) (　　) 快速定量滤纸在滤纸盒上用蓝带作为标志。

(9) (　　) 铂坩埚在空气中灼烧不发生化学变化，所以组分不明的试样可使用铂坩埚加热或熔融。

(10) (　　) 瓷坩埚可耐高温灼烧，加热至 1200℃，灼烧后其质量变化很小，故常用于灼烧与称量沉淀。

（11）（　　）指示剂属于一般试剂。

（12）（　　）标准试剂是用于衡量其他物质化学量的标准物质，其特点是主体成分含量高而且准确可靠。

（13）（　　）实验室三级水须经过多次蒸馏或离子交换等方法制取。

（14）（　　）配制溶液和分析试验中所用的纯水，要求其纯度越高越好。

（15）（　　）使用 pH 试纸测定溶液 pH 时，应将试纸浸入待测溶液中试验。

答案

1. 选择题

（1）C　（2）B　（3）C　（4）A　（5）C　（6）A　（7）D　（8）B　（9）C　（10）B

（11）A　（12）C　（13）B　（14）B　（15）B

2. 判断题

（1）√　（2）×　（3）√　（4）×　（5）√　（6）×　（7）√　（8）×　（9）×

（10）√　（11）√　（12）√　（13）×　（14）×　（15）×

模块二 定量化学分析仪器使用及基本技能

任务一 常用玻璃仪器的洗涤和干燥

在实验前后，都必须将所用玻璃仪器洗干净。玻璃仪器是否洗净，对实验结果的准确性和精密度有直接影响。因此，洗涤玻璃仪器，是实验室工作中的一个重要环节。仪器洗涤，要求掌握洗涤的一般步骤、洗净标准、洗涤剂种类、配制及选用。

一、洗涤剂种类及选用

1. 常用洗涤剂及使用范围

实验室常用去污粉、洗衣粉、洗液、稀盐酸-乙醇、有机溶剂等洗涤玻璃仪器。对于水溶性污物，一般可以直接用自来水冲洗干净后，再用蒸馏水洗 3 次即可。对于沾有污物用水洗不掉时，要根据污物的性质，选用不同的洗涤剂。

(1) 肥皂、皂液、去污粉等用于毛刷直接刷洗的仪器。洗涤剂直接刷洗如烧杯、锥形瓶、试剂瓶等形状简单的仪器，毛刷可以刷到的仪器，大部分是分析测定中用的非计量仪器。

(2) 洗液（酸性或碱性）多用于不便用毛刷或不能用毛刷洗刷的仪器，如滴定管、移液管、容量瓶、比色管、比色皿等和计量有关的仪器。如油污可用无铬洗液、铬酸洗液、碱性高锰酸钾洗液及丙酮、乙醇等有机溶剂。碱性物质及大多数无机盐类可用 1+1 稀 HCl 洗涤。$KMnO_4$ 玷污留下的 MnO_2 污物可用草酸洗液洗净，而 $AgNO_3$ 留下的黑褐色 Ag_2O，可用碘化钾洗液洗净。

(3) 针对污物的类型不同，可选用不同的有机溶剂洗涤，如甲苯、二甲苯、氯仿、乙酸乙酯、汽油等。如果要除去洗净仪器上带的水分可以用乙醇、丙酮，最后再用乙醚。

2. 常见洗涤液的配制及使用方法（表 2-1）。

表 2-1 常见洗涤液的配制及使用

洗涤液及配制	使用方法
铬酸洗液（尽量不用）： 重铬酸钾 20g 溶于 40mL 水中，慢慢加入 360mL 浓硫酸。配好后放冷，盛装在有盖的玻璃器皿中备用	用于除去器壁残留油污，用少量洗液涮洗或浸泡，洗液可重复使用。重铬酸钾是致癌物，洗液废液经处理解毒方可排放
碱性高锰酸钾洗液： 取 4g 高锰酸钾和水溶解，加入 10％NaOH 100mL。或者 4gKMnO₄ 溶于 80mL 水，加入 50％NaOH 溶液至 100mL，后者更有利于高锰酸钾的快速溶解	高锰酸钾洗液有很强的氧化性，可清洗油污及有机物。析出的 MnO_2 可用草酸、浓盐酸、盐酸羟胺等还原剂除去

续表

洗涤液及配制	使用方法
碱性乙醇洗液： 用 25gKOH 溶于少量水中，再用工业纯的乙醇稀释至 1L 或 120gNaOH 溶液于 150mL 水中，用 95%乙醇稀释至 1L。用于洗涤玻璃器皿上的油污及某些有机物玷污	用于去油污及某些有机物玷污
纯酸洗液： （1+1）、（1+2）或（1+9）的盐酸或硝酸	用于除去微量的离子。 常法洗净的仪器浸泡于纯酸洗液中 24h
碱性洗液 纯碱洗液多采用 10g/100mL 浓度以上的 NaOH、KOH、Na_2CO_3	溶液加热（可煮沸）使用，其去油效果较好；注意，煮的时间不宜太长，否则会腐蚀玻璃
草酸洗液： 5～10g 草酸溶于 100mL 水中，加入少量浓盐酸	洗涤氧化性物质如洗涤高锰酸钾玷污留下的二氧化锰，必要时可加热使用
碘-碘化钾洗液： 1g 碘和 2gKI 溶于水中，加水稀释至 100mL	用于洗涤 $AgNO_3$ 玷污的器皿和白瓷水槽
乙醇-硝酸洗液（不可事先混合！）	对难于洗净的少量残留有机物，可先于容器中加入 2mL 乙醇，再加 4mL 浓 HNO_3，在通风柜中静置片刻，待激烈反应放出大量 NO_2 后，用水冲洗。注意用时混合，并注意安全操作
有机溶剂： 汽油、二甲苯、丙酮、乙醚、二氯乙烷等	可洗去油污及可溶于溶剂的有机物。使用这类溶剂时，注意其毒性及可燃性。有机溶剂价格较高，毒性较大。较大的器皿沾有大量有机物时，可先用废纸擦净，尽量采用碱性洗液或合成洗涤剂洗涤。只有无法使用毛刷洗刷的小型或特殊的器皿才用有机溶剂洗涤，如活塞内孔和滴定管夹头等
合成洗涤剂	高效、低毒，既能溶解油污，又能溶于水，对玻璃器皿的腐蚀性小，不会损坏玻璃，是洗涤玻璃器皿的最佳选择
洗消液： 在食品检验中经常使用的洗消液有：1%或 5%次氯酸钠（NaClO）溶液、20%HNO_3 和 2%$KMnO_4$ 溶液。 配法：取漂白粉 100g，加水 500mL，搅拌均匀，另将 80g Na_2CO_3 溶于温水 500mL 中，再将两液混合，搅拌，澄清后过滤，此滤液含 NaClO 为 2.5%；若用漂粉精配制，则 Na_2CO_3 的重量应加倍，所得溶液浓度约为 5%。如需要 1%NaClO 溶液，可将上述溶液按比例进行稀释	检验致癌性化学物质的器皿，为了防止对人体的侵害，在洗刷之前应使用对这些致癌性物质有破坏分解作用的洗消液进行浸泡，然后再进行洗涤。 1%或 5%NaClO 溶液对黄曲霉素有破坏作用：用 1%NaClO 溶液对污染的玻璃仪器浸泡半天或 5%NaClO 溶液浸泡片刻后，即可达到破坏黄曲霉素的作用。 20%HNO_3 溶液和 2%$KMnO_4$ 溶液对苯并（a）芘有破坏作用，被苯并（a）芘污染的玻璃仪器可用 20%HNO_3 浸泡 24h，取出后用自来水冲去残存酸液，再进行洗涤。被苯并（a）芘污染的乳胶手套及微量注射器等可用 2%$KMnO_4$ 溶液浸泡 2h 后，再进行洗涤

二、洗涤方法及几种定量分析仪器的洗涤

1. 常规玻璃仪器洗涤方法

首先用自来水冲洗 2～3 遍，除去可溶性物质的污垢，根据玷污的程度、性质分别采用去污粉、洗液洗涤或浸泡，用自来水冲洗 3～5 次冲去洗液，再用蒸馏水荡洗 3 次。称量瓶、容量瓶、碘量瓶、干燥器等具有磨口塞盖的器皿，在洗涤时应注意各自的配套，切勿"张冠李戴"，以免破坏磨口处的严密性。

蒸馏水荡洗时采用"少量多次"的原则，为此常使用洗瓶。挤压洗瓶使其喷出一股细蒸馏水流，均匀地喷射在仪器内壁上，并不断转动仪器再将水倒掉，如此反复几次即可。

2. 成套组合专用玻璃仪器洗涤方法

成套组合专用玻璃仪器如微量凯氏定氮仪，除洗净每个部件外，用前应将整个装置用热蒸汽处理 5min，以除去仪器中的空气。索氏脂肪提取器用乙烷、乙醚分别回流提取 3~4h。

3. 几种定量分析仪器的洗涤

1) 砂芯玻璃滤器的洗涤

(1) 新的滤器使用前应以热的盐酸或硝酸洗液边抽滤边清洗，再用蒸馏水洗净。洗涤砂芯玻璃滤器常用洗涤液如表 2-2 所示。

表 2-2　洗涤砂芯玻璃滤器常用洗涤液

沉淀物	洗涤液
AgCl	1:1 氨水或 10% $Na_2S_2O_3$ 水溶液
$BaSO_4$	100℃浓硫酸或 EDTA-NH_3 水溶液（3%EDTA-2Na 500mL 与浓氨水 100mL 混合）加热近沸点
汞渣	热浓硝酸
有机物质	铬酸洗液浸泡或温热洗液抽洗
脂肪	四氯化碳或其他适当的有机溶剂

(2) 针对不同的沉淀物，采用适当的洗涤剂先溶解沉淀，或反复用水抽洗沉淀物，再用蒸馏水冲洗干净，在 110℃烘箱中烘干，然后保存在无尘的柜内或有盖的容器内。若不然积存的灰尘和沉淀堵塞滤孔很难洗净。

2) 初用玻璃仪器的清洗

新购买的玻璃仪器表面常附着有游离的碱性物质，可先用 0.5% 的去污剂洗刷，再用自来水洗净，然后在 1%~2% 盐酸溶液中浸泡超过 4h，再用自来水冲洗，最后用无离子水冲洗 2 次，在 100~120℃烘箱内烘干备用。

3) 石英和玻璃比色皿的清洗

决不可用强碱清洗，因为强碱会侵蚀抛光的比色皿。只能先用洗液或 1%~2% 的去污剂浸泡，再用自来水冲洗，这时使用一支绸布包裹的小棒或棉花球棒刷洗，效果会更好，清洗干净的比色皿应内外壁均不挂水珠。

4) 塑料器皿的清洗

聚乙烯、聚丙烯等制成的塑料器皿，在生物、化学实验中已用得越来越多。第一次使用塑料器皿时，可先用 8mol/L 尿素（用浓盐酸调 pH1）清洗，接着依次用无离子水、1mol/LKOH 和无离子水清洗，然后用 10^{-3}mol/LEDTA 除去金属离子的污染，最后用无离子水彻底清洗，以后每次使用时，可只用 0.5% 的去污剂清洗，最后用自来水和无离子水洗净即可。

5) 特殊要求的洗涤方法

在用一般方法洗涤后用蒸汽洗涤是很有效的。有的实验要求用蒸汽洗涤，方法是烧瓶安装一个蒸汽导管，将要洗的容器倒置在上面用水蒸气吹洗。

某些测量痕量金属的分析对仪器要求很高，要求洗去微克级的杂质离子，洗净的仪器还要浸泡在1：1盐酸或1：1硝酸中数小时至24h，以免吸附无机离子，然后用纯水冲洗干净。有的仪器需要在几百摄氏度温度下烧净，以达到痕量分析的要求。

三、玻璃仪器的洗净标准

洗干净的玻璃仪器，当倒置时，应该以仪器内壁均匀地被水润湿而不黏附水珠为准。如果仍有水珠黏附内壁，说明仪器还未洗净，需进一步进行清洗。

四、玻璃仪器的干燥

不同实验对仪器是否干燥有不同的要求，一般定量分析中用的烧杯、锥形瓶等仪器洗净即可使用，而用于有机化学实验或有机分析的仪器很多是要求干燥的，有的要求没水迹，有的则要求无水。应根据不同的要求来干燥仪器。

1. 晾干

对于干燥程度要求不高而且不急需使用的仪器，洗净后倒置，控去水分，然后自然干燥。可用带有透气孔的玻璃柜放置仪器。

2. 烘干

洗净的仪器控去水分，放在电热恒温干燥箱（简称烘箱）内加热烘干。

电热恒温干燥箱是实验室常用的仪器，常用来干燥玻璃仪器或烘干无腐蚀性、热稳定性比较好的药品，但挥发性易燃品或刚用酒精、丙酮淋洗过的仪器切勿放入烘箱内，以免发生爆炸。

烘箱带有自动控温装置。使用时，先接通电源，开启加热开关后，再将控温旋钮由"0"位顺时针旋至所需温度，这时红色指示灯亮，烘箱处于升温状态，当温度升至所需温度时，红色指示灯灭，绿色指示灯亮，表明烘箱已处于该温度下的恒温状态，此时电加热丝已停止工作。过一段时间，由于散热等原因，里面温度变低后，它又自动切换到加热状态。这样交替地不断通电、断电，就可以保持恒定温度。烘箱的最高使用温度可达200℃，常用温度为100～120℃。

玻璃仪器干燥时，应先洗净并将水尽量倒干，放置时应注意平放或使仪器口朝上，带塞的瓶子应打开瓶塞，如果能将仪器放在托盘里则更好。一般在105～120℃烘1h左右即可。称量用的称量瓶等在烘干后要放在干燥器中冷却和保存。砂芯玻璃滤器、带实心玻璃塞的及厚壁的仪器烘干时，要注意慢慢升温，并且温度不可过高，以免烘裂。玻璃量器的烘干温度不得超过150℃，以免引起容积变化（GB 12810—1991）。

3. 吹干

急需干燥又不便于烘干的玻璃仪器，可以使用电吹风机吹干。

用少量乙醇、丙酮（或最后用乙醚）倒入仪器中润洗，流尽溶剂，再用电吹风机吹。开始先用冷风，然后吹入热风至干燥，再用冷风吹去残余的溶剂蒸气。此法要求通风好，要防止中毒，并要避免接触明火。

4. 烤干

一些构造简单、厚度均匀的硬质玻璃器皿，若需急用，可用小火烤干。例如，烧杯和蒸发皿可置于石棉网上用小火烤干；试管可直接用小火烤干，操作时应将试管口略向下倾斜，以防水蒸气凝聚后倒流使试管炸裂，并不时来回移动试管，防止局部过热，待水珠消失后，再将管口朝上，以便水气逸去。

任务二　化学试剂的取用和液体试剂的配制

一、化学试剂的取用

1. 固体试剂的取用

固体试剂装在广口瓶内。见光易分解的试剂，如 $AgNO_3$、$KMnO_4$ 等要装在棕色瓶中。试剂取用原则是既要质量准确又必须保证试剂不受污染。

使用干净的药品匙取固体试剂，药品匙不能混用。实验后洗净、晾干，下次再用，避免玷污药品。要严格按量取用药品。"少量"固体试剂对一般常量实验指半个黄豆粒大小的体积，对微型实验约为常量的 $1/10 \sim 1/5$ 体积。多取试剂不仅浪费，往往还影响实验效果。如果一旦取多，可放在指定容器内或给他人使用，一般不许倒回原试剂瓶中。

需要称量的固体试剂，可放在称量纸上称量；对于具有腐蚀性、强氧化性、易潮解的固体试剂要用小烧杯、称量瓶、表面皿等装载后进行称量。根据称量精确度的要求，可分别选择台秤和天平称量固体试剂。用称量瓶称量时，可用减量法操作。

2. 液体试剂的取用

1）从细口瓶中取用试剂的方法

取下瓶塞，左手拿住接收容器（试管、烧杯或量筒），右手握住试剂瓶，手心朝向贴有标签的一侧，将瓶口紧靠容器的边缘，缓慢倾斜瓶子或借助一根干净的玻璃棒引流，让试剂沿壁或玻璃棒缓缓流入，如图 2-1a、b、c。倾出所需要量的试剂后，慢慢竖

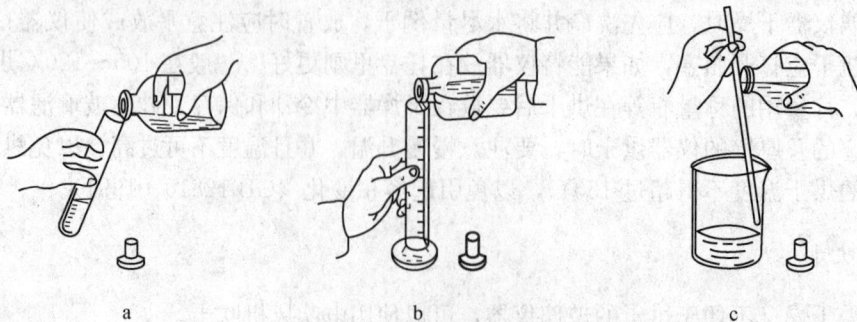

a　　　　　　　　　　b　　　　　　　　　　c

图 2-1　液体试剂的取用

起瓶子，稍加停留后，再离开容器或玻璃棒，使遗留在瓶口的试剂全部流回，以免弄脏试剂瓶的外壁。

2）从滴瓶中取用少量试剂的方法

先提起滴管，使管口离开液面，用手指捏紧滴管上部的橡皮头排去空气，再把滴管伸入试剂瓶中吸取试剂，如图 2-2 所示。切勿在滴瓶内驱气鼓泡，以免溶液变质。往试管中滴加试剂时，只能把滴管尖头放在试管口的上方滴加，如图 2-3 所示，严禁将滴管伸入到试管内。滴瓶中的滴管取完试剂后，应立即插回原来的滴瓶中，切忌"张冠李戴"，也不能把吸有液体药品的滴管横置或将滴管口向上斜放，以免液体流入滴管的橡皮头中而腐蚀橡皮和玷污溶液。

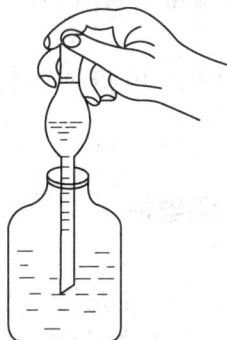

图 2-2　滴管吸液　　　　图 2-3　滴管放液操作

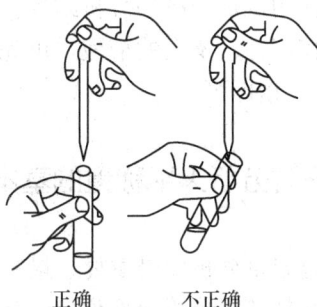

定量取用液体试剂时，根据要求可选用量筒或移液管等。

注意在取用试剂前，要核对标签，确认无误后才能取用。各种试剂瓶的瓶盖取下不能随意乱放，一般应倒立仰放在实验台上。取用试剂后要及时盖好瓶塞，注意不要盖错，并将试剂瓶放回原处，以免影响他人使用。

取用试剂要注意节约，用多少取多少，多余的试剂不应倒回原试剂瓶内，有回收价值的，可放入回收瓶中；有毒的应回收到废液缸中。

取用易挥发的试剂，如浓盐酸、浓硝酸、溴等，应在通风柜中操作，防止污染室内空气；取用剧毒及强腐蚀性药品要注意安全，不要碰到手上以免发生伤害事故。

二、液体试剂的配制

根据配制试剂纯度和浓度的要求，选用不同级别的化学试剂并计算溶质用量。配制饱和溶液时，所用溶质的量应多于计算量，加热使之溶解、冷却，待结晶析出后再用，这样可保证溶液的饱和。配好的溶液，应马上贴好标签，注明溶液的名称、浓度和配制日期。

溶液要用带塞的试剂瓶盛装，见光易分解的溶液要装于棕色瓶中，挥发性试剂如用有机溶剂配制的溶液，瓶塞要严密，见空气易变质及放出腐蚀性气体的溶液也要盖紧，长期存放时要用蜡封住。浓碱液应用塑料瓶盛装，如装在玻璃瓶中，要用橡皮塞塞紧，不能用玻璃磨口塞。

对于易水解的盐，在配制时，需加入适量的酸，再用水或稀酸稀释。对于易被氧化或还原的试剂，常在使用前临配制，或采取措施，防止其被氧化或还原。

配制硫酸、磷酸、硝酸、盐酸等溶液时，都应把酸倒入水中。对于溶解时放热较多的试剂，不可在试剂瓶中配制，以免炸裂。配制硫酸溶液时，应将浓硫酸慢慢倒入水中，边加边搅拌，必要时以冷水冷却烧杯外壁。

用有机溶剂配制溶液时（如配制指示剂溶液），有时有机物溶解较慢，应不时搅拌，可以在热水浴中温热溶液，不可直接加热。易燃溶剂使用时，要远离明火。绝大多数的有机溶剂有毒，应在通风柜内操作。应避免有机溶剂不必要的蒸发，烧杯应加盖。

配制溶液时，要注意合理选择试剂的级别。既不要超规格使用试剂，造成浪费；也不要降低规格使用试剂，影响分析结果。

对于经常使用并且量大的溶液，可先配制成浓度为所需 10 倍的贮备液，需要用时取贮备液稀释 10 倍即可。

任务三　分析天平称量的基本原理、操作和维护

分析天平是定量分析中最重要、最精密的衡量仪器之一。也是化学化工实验中常用的仪器，熟练掌握使用分析天平称量是分析者应具备的一项基本实验技能。

一、分析天平的构造原理及分类

1. 杠杆式机械天平的构造原理

杠杆式机械天平是基于杠杆原理制成的一种衡量用的精密仪器，即用已知质量的砝码来衡量被称物的质量。根据力学原理，设杠杆 ABC（图 2-4）的支点为 B，力点分别在两端 A 和 C 上。两端所受的力分别为 Q 和 P，m_Q 表示被称物的质量，m_P 表示砝码的质量，对于等臂天平，$L_1 = L_2$。当杠杆处于水平平衡状态时，支点两边的力矩相等，即

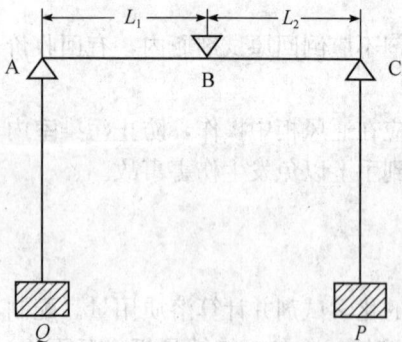

$$Q \times L_1 = P \times L_2$$

由于　　　　　　　　$L_1 = L_2$
所以　　　　　　　　$m_Q = m_P$

图 2-4　等臂天平的平衡原理

上式说明，当等臂天平处于平衡状态时，被称物体的质量等于砝码的质量，这就是等臂天平的称量原理。

等臂分析天平用三个玛瑙三棱体的锐利的棱边（刀口）作为支点 B（刀口朝下）和力点 A、C（刀口朝上），这三个刀口必须完全平行并且位于同一水平面上（图 2-5 中的虚线所示）。

2. 分析天平的灵敏度和级别

分析天平必须具有足够的灵敏度，对于机械杠杆式天平，天平的灵敏度是指在一个秤盘上增加一定质量时所引起指针偏转的程度，一般为分度（mg）表示，指针倾斜程度大表示天平的灵敏度高。设天平的臂长为 L，d 为天平横梁的重心与支点间的距离，m 为梁的质量，α 为在一个盘上加 1mg 质量时引起指针倾斜的角度，它们之间的关系为

$$\alpha = L/(m \cdot d)$$

α 即为天平的灵敏度，由上式可见，天平梁越轻，臂越长，支点与重心间的距离越短（即重心越高），则天平的灵敏度越高。

图 2-5　等臂天平的横梁

天平的灵敏度还可以用感量或分度值表示，它们之间的关系为

$$感量 = 分度值 = 1/灵敏度$$

根据天平计量检定规程行业标准 JJG98—2006 的有关规定，天平按其检定分度值 e 和检定标尺分度数 n（最大值与检定标尺分度值 e 之比）划分为特种准确度级（符号为 ①）和高准确度级（符号为 ⑪）。分析天平的分度数（n）与 ① 和 ⑪ 级别的对应关系如表 2-3 所示。

表 2-3　机械杠杆式天平准确度级别（数据引自 JJG98—2006）

准确度级别符号	检定标尺分度数 n	准确度级别符号	检定标尺分度数 n
①₁	$1 \times 10^7 \leqslant n$	①₆	$2 \times 10^5 \leqslant n < 5 \times 10^5$
①₂	$5 \times 10^6 \leqslant n < 1 \times 10^7$	①₇	$1 \times 10^5 \leqslant n < 2 \times 10^5$
①₃	$2 \times 10^6 \leqslant n < 5 \times 10^6$	⑪₈	$5 \times 10^4 \leqslant n < 1 \times 10^5$
①₄	$1 \times 10^6 \leqslant n < 2 \times 10^6$	⑪₉	$2 \times 10^4 \leqslant n < 5 \times 10^4$
①₅	$5 \times 10^5 \leqslant n < 1 \times 10^6$	⑪₁₀	$1 \times 10^4 \leqslant n < 2 \times 10^4$

例如，最大称量为 200g，分度值为 0.0001g 的天平，其分度数 $n = 200/0.0001 = 2 \times 10^6$，由表 2-3 查的准确度级别为 ①₃ 级。

3. 分析天平的分类

天平的分类有各种方法，如按天平结构分类，按天平精度分类，按用途或称量范围分类等。

（1）分析天平按结构分类如图 2-6 所示。

（2）分析天平按称量范围分类如图 2-7 所示。

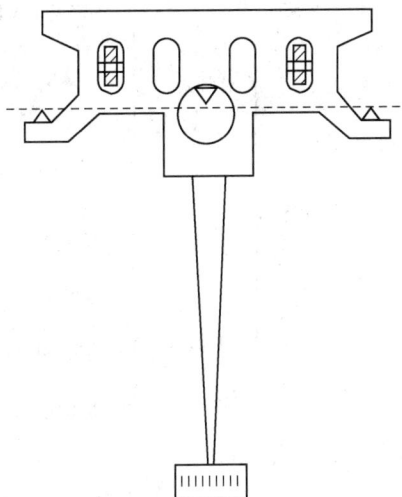

等臂天平（具有光学读数　机械加码装置）

扭幅天平（无阻尼器）

普通标牌天平

阻尼天平（有阻尼器）

等臂双盘天平

杠杆式

微分标牌天平（具有光学读数或全机械加码及阻尼装置）

结构分类

电感式

电容式

电子式

电磁感应式

电阻应变式

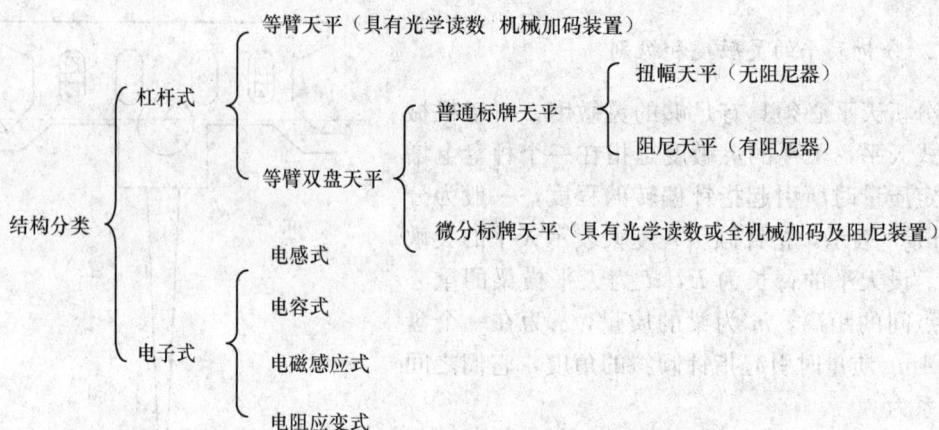

图 2-6　分析天平按结构分类

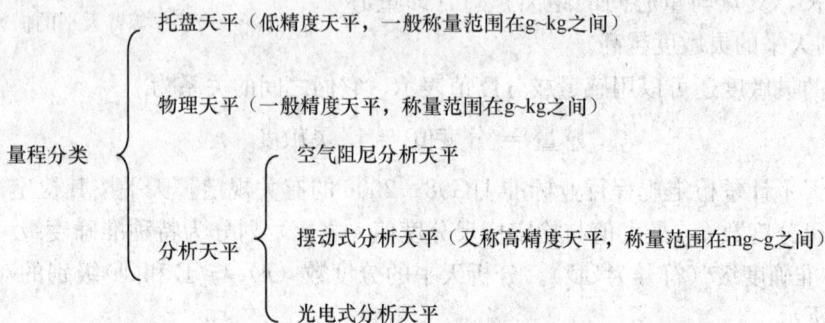

托盘天平（低精度天平，一般称量范围在 g~kg 之间）

物理天平（一般精度天平，称量范围在 g~kg 之间）

量程分类

空气阻尼分析天平

分析天平

摆动式分析天平（又称高精度天平，称量范围在 mg~g 之间）

光电式分析天平

图 2-7　分析天平按称量分类

常用的分析天平有双盘天平（全机械加码电光天平、半机械加码电光天平、微量）、单盘天平（单盘精密天平、单盘电光天平、单盘微量天平）和电子天平。

二、半机械加码分析天平

各种类型和规格的双盘等臂天平，其构造和使用方法大同小异，现以我国目前广泛使用的 TG-328B 型光电天平为例，其结构如图 2-8 所示。

1. 天平的结构

1）横梁

天平的横梁是"天平的心脏"。天平通过它的杠杆作用实现称量，多用质轻坚固，膨胀系数小的铝铜合金制成，起平衡和承载物体的作用。梁上装有 3 把三棱形的锐利的玛瑙刀。3 把刀口的锋利程度对天平的灵敏度有很大影响。刀口越锋利，和刀口相接触的刀承（玛瑙平板）越平滑，之间的摩擦越小，天平的灵敏度越高。长期使用后，由于摩擦，刀口逐渐变钝，灵敏度逐渐变低，故要保护刀口的锋利，减少刀口磨损。为此，在不使用天平时，在取放物体、加减砝码时，须把天平托起即关的状态，使刀口与刀承分开，以免磨损。

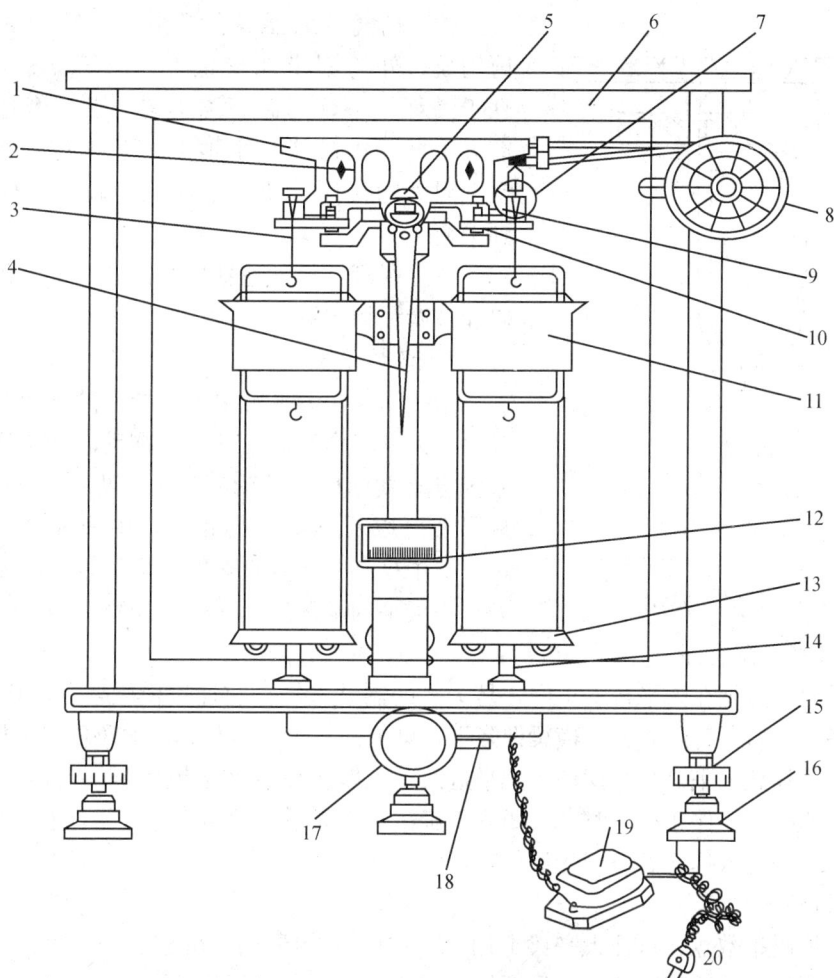

图 2-8　TG-328B 型半自动光电天平

1. 横梁；2. 平衡螺丝；3. 吊耳；4. 指针；5. 支点；6. 框罩；7. 圈码；8. 指数盘；9. 支柱；10. 梁托架；11. 阻尼器；12. 投影屏；13. 秤盘；14. 盘托；15. 螺旋脚；16. 脚垫；17. 开关旋钮；18. 零点微调杆；19. 变压器；20. 电源插头

　　梁的两边装有 2 个螺丝，用来调节横梁的平衡位置（即粗调零点，太正，往正旋，太负，往负旋）。若微调，可用天平箱下面的拨杆。梁的正中间装有垂直的指针，用以指示平衡位置。

　　2）立柱

　　立柱是"天平的脊梁"，它是空心柱体，垂直固定在底座上，是横梁的起落架。柱的上方嵌有玛瑙平板，并与梁的中刀接触，柱上部装有能升降的托梁架，在天平不摆动时托住天平梁，使刀口脱离接触，减少磨损。

　　3）悬挂系统

　　（1）吊耳（图 2-9）。两把边刀通过吊耳承受秤盘和砝码或被称量物体。吊耳中心面向下，嵌有玛瑙平板，并与梁二端的玛瑙刀口接触，使吊耳及挂盘能自由摆动。

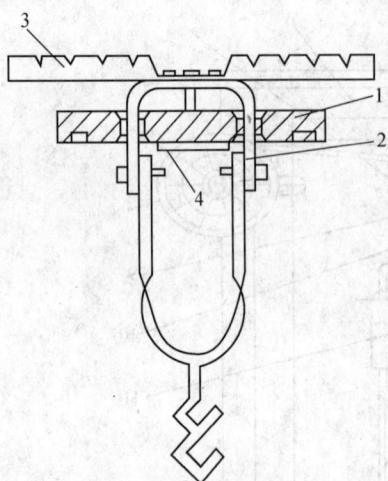

图 2-9　吊耳

1. 承重板；2. 十字头；3. 加码承重片；
4. 刀承边刀垫

（2）空气阻尼器。它是由两个特制的金属圆筒构成，外筒固定在支柱上。内筒比外筒略小，悬于吊耳钩下，两筒间隙均匀，没有摩擦。当启动天平时，内筒能自由地上、下移动。由于筒内空气阻力的作用，使天平横梁能较快地停摆而达到平衡。

（3）秤盘。秤盘是悬挂在吊耳钩上，供放置砝码和被衡量物体用。

4）读数系统

指针固定在天平梁中央，指针的下端装有缩微标尺。天平工作时，指针左右摆动。光源通过光学系统将缩微标尺上的刻度放大，再反射到光屏上。从屏上可以看到标尺的投影，中间为零，左负右正。屏中央有一条垂直刻线，标尺投影与刻线重合处即为天平的平衡位置（图 2-10）。

5）天平升降旋钮

天平的升降枢在天平台下正中，是天平的制动系统。它连接横梁架、盘托和光源。使用天平时，启开升降旋钮，横梁即降下，梁上的三个刀口与相应的玛瑙刀承接触，盘托下降，吊耳和天平盘自由摆动，天平进入了工作状态，同时也接通了光源，在屏幕上看到标尺的投影。停止称量时，关闭升降旋钮，则天平横梁与盘被托住，刀口与玛瑙平板离开，天平进入休止状态。光源切断，光屏变黑。

6）机械加码

转动加码指数盘，可往天平梁上加 10～990mg 的环码。机械加码使操作方便，并能减少因多次取放砝码而造成砝码磨损，也能减少因多次开关天平门而造成的气流影响（图 2-11）。

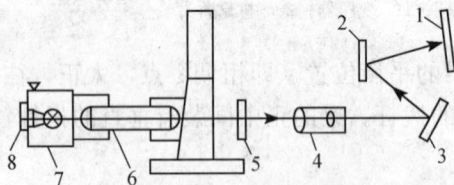

图 2-10　光学读数装置

1. 投影屏；2. 大反射镜；3. 小反射镜；4. 物镜筒；5. 指针；
6. 聚光镜；7. 照明筒；8. 灯座

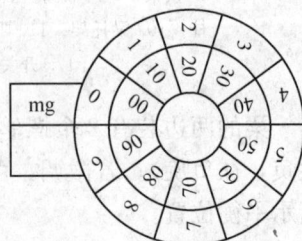

图 2-11　圈码指数盘

7）天平箱及水平调节脚

天平箱用以保护天平不受灰尘、热源、潮湿、气流等外界条件的影响。天平箱下装有 3 只脚，前面两只是供调节天平水平位置的螺旋脚，后面一只脚是固定的。

8）砝码

砝码是衡量质量的标准，它的精度如何直接影响称量的准确度。目前我国把砝码分为五等，其中一等和二等砝码主要是计量部门作为标准砝码使用，三等至五等为工作砝码。双盘分析天平一般用三等砝码。

TG-328B型半自动光电天平都附有一盒配套的砝码。盒内装有1g、2g、2g、5g、10g、20g、20g、50g、100g的三等砝码共9个，并按固定的顺序放在砝码盒中。由于面值相同的砝码间的重量仍有微小的差重，因此面值相同的砝码上其中一个打有"·"或"＊"标记以示区别。

砝码产品均附有质量检定证书，无质量检定证书或其他合格印记的砝码不能使用。砝码在使用日久之后其质量或多或少总有些改变，所以必须按使用的频繁程度定期（一般为1年）予以校准或送计量部门检定。

砝码在使用及存放过程中要保持清洁，三等及三等以上的砝码不得赤手拿取，要防止划伤或腐蚀砝码表面，应定期用无水乙醇或丙酮擦拭，擦拭时应使用真丝绸布或麂皮，要避免溶剂渗入砝码的调整腔。

2. 分析天平操作规则

分析天平是精密仪器，每一个分析工作者都必须十分细心地使用和保护分析天平，才能保持天平应有的准确度和灵敏度，延长其使用年限，以保证称量结果的准确性。天平除了要注意防震、防潮（天平箱内置硅胶）、防腐、防尘（罩天平罩）、隔热、避免阳光直射和保持清洁外，使用时必须严格遵守天平的操作规则，严禁违反。否则，称量不准甚至损坏天平。

1）水平调节

水平调节时，拿下天平罩，叠好放在天平箱右上方，检查天平是否正常，如天平是否水平（目视水准器，看气泡是否处于圆圈的中心，如偏离，则用手旋转天平底板下面的两个垫脚螺丝，调节天平两侧的高度直至达到水平为止。使用时不得随意挪动天平位置）；称盘是否洁净（用软毛刷把天平盘及天平箱打扫干净）；圈码指数盘是否在"000"位；圈码有无脱位；吊耳是否错位等。

2）零点调节

零点调节是指空载的天平处于平衡状态时指针所处的位置。

接通电源，打开旋钮（也叫升降旋钮），旋转升降旋钮时必须缓慢、轻，此时在光屏上可看到标尺在移动，当标尺稳定后，如果屏幕中央的刻线与标尺上的0.00位置不重合，可拨动投影屏调节杆，移动屏的位置，移到尽头仍调不到零点，则关闭天平，调节横梁上的平衡螺丝，再开启天平继续拨动投影屏调节杆，直至调定零点，然后关闭天平，准备称量。

3）称量

将欲称物体先放在药物天平粗称后，然后被称物放在天平左盘中央，并将与粗称数相符的砝码放在天平右盘中央。缓慢开动升降旋钮，观察投影屏上小标尺投影移动的方向：小标尺投影右移，则砝码重；应立即关闭升降旋钮，减少砝码重量后再称量。小标尺投影左移，则：a. 若小标尺投影稳定后于刻线重合的地方在 10.0mg 以内，即可读数。b. 若小标尺投影迅速左移，则砝码太轻；应立即关闭升降旋钮，增加圈码后再称量。

选取砝码时遵循"由大到小，中间截取，逐级试验"的原则，转动圈码指数盘时，动作要轻而缓慢，一挡一挡慢慢进行，防止砝码跳落或互撞。

4) 读数

标尺停稳后，即可读数，被称物的质量等于砝码总质量加标尺读数（均以 g 计），数据及时记在记录本上。轻轻地、缓慢地关上天平。

5) 复原

称量结束关闭天平后，取出被称物，将砝码夹回盒内并核对记录数据，圈码指数盘退回到"000"位，打扫天平盘，关好天平门，再完全打开天平观察屏中刻线，屏中刻线应在"0"线左右两格内，否则应重新称量。关闭天平，填好使用登记表，盖上天平罩。

3. 分析天平使用规则和注意事项

（1）称量前应检查天平是否正常，是否处于水平位置，秤盘及玻璃框内外是否清洁；硅胶（干燥剂）容器是否靠住秤盘；圈码指数盘是否在"000"位，吊耳是否脱落、圈码是否错位等。

（2）天平的前门不得随意打开，它主要供装卸、调节和维修用。称量过程中取放物体，加碱砝码只能打开天平的左门及右门。称量物和砝码要放在天平盘的中央，以防盘的摆动。

（3）称量物不能超过天平最大载荷，被称物大致质量应在台秤上粗称一下。化学试剂和试样不得直接放在盘上，必须盛在干净的容器中称量。对于具有腐蚀性气体或吸湿性的物质，必须放在称量瓶或适当密闭的容器中称量。

（4）称量的物体必须与天平箱内的温度一致，不得把热的或冷的物体放进天平称量。为了防潮，在天平箱内放有吸湿用的干燥剂（如硅胶等）。

（5）开启升降旋钮（开关旋钮）时，一定要轻放，以免损伤玛瑙刀口。

（6）每次加减砝码、圈码或取放称量物时，一定要先关升降旋钮（关闭天平），加完后，再开启旋钮（开启天平）。

（7）必须用砝码专用镊子按量值大小依次取换砝码，用镊子夹住砝码颈部，严禁用手直接拿取砝码。

（8）砝码除放在砝码盒内及天平秤盘上外，不得放在其他地方。不用时应"对号入座"地放回砝码盒空穴内（包括镊子），并随时关好盒盖，以防止灰尘落入。

（9）砝码和天平是配套检定的，同时，同一砝码盒中的各个砝码的质量，彼此间都保持一定的比例关系，因此，不能将不同砝码盒内的砝码相互调换。

（10）称量中应遵循"最少砝码个数"的原则。

（11）砝码应轻放在秤盘中央，大砝码在中心，小砝码在大砝码四周，不要侧放或堆叠在一起。应先根据砝码盒内的砝码空穴，记录称量结果（对于具有相同示值的两个砝码应以"·"或"*"号区别），然后从秤盘中按由大到小的次序将砝码取下，并直接放回盒中原位，同时与原记录进行核对，以免发生错误。同时应检查盒内砝码是否完整无缺。

（12）使用机械加码装置时，不要将箭头对着两个读数之间，指数盘可以按顺或反时针方向旋转，但决不可用力快速转动，以免造成圈码变形、互相重叠，圈码脱钩等。

（13）读数时，一定要将升降旋钮开关顺时针旋转到底，使天平完全开启；并应关闭天平的门，以免指针摆动受空气流动的影响。

（14）称量完毕，应检查天平梁是否托起，砝码是否已归位，指数盘是否转到"0"，电源是否切断，边门是否关好。

（15）天平使用完毕罩好天平，填写使用记录。

（16）同一化学试验中的所有称量，应自始至终使用同一架天平，使用不同天平会造成误差。

三、全机械加码分析天平

TG-328A 型分析天平系全机械加码电光天平，结构如图 2-12 所示。

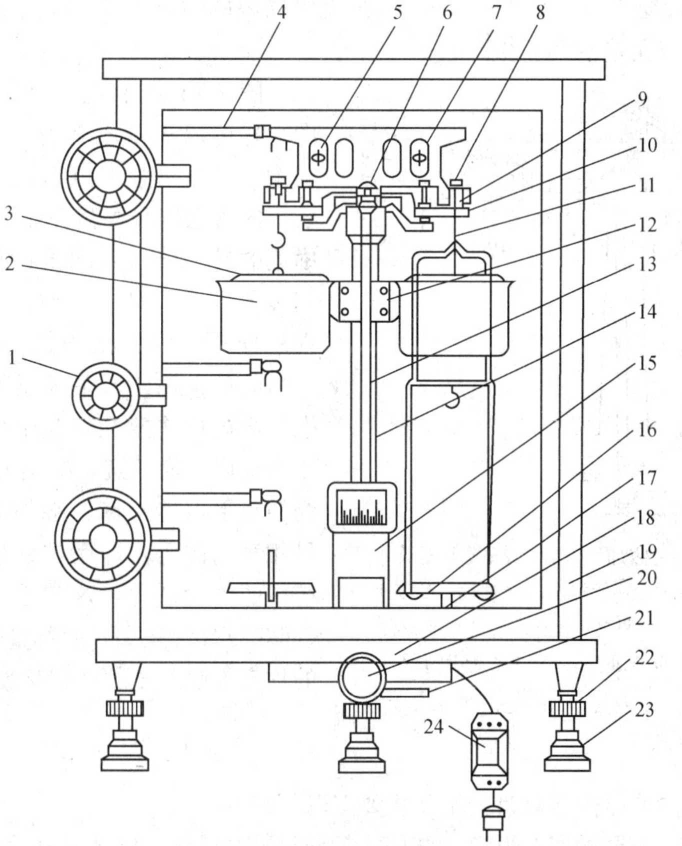

图 2-12 TG-328A 型全机械加码电光天平

1. 指数盘；2. 阻尼器外筒；3. 阻尼器内筒；4. 加码杆；5. 平衡调节螺丝；6. 中刀；
7. 横梁；8. 吊耳；9. 边刀盒；10. 托翼；11. 挂钩；12. 阻尼架；13. 指针；14. 立柱；
15. 投影屏座；16. 天平盘；17. 盘托；18. 底座；19. 框罩；20. 开关旋转；21. 调屏拉杆；22. 调水平旋转脚；23. 脚垫；24. 变压器

这种分析天平（如 TG-328A 型）的结构与半机械加码电光天平基本相似，不同之处在于所有的砝码都是用机械加码装置（一般设置在天平的左侧）。全部砝码分为三组（10g 以上；1～9g；10～990mg），装在三个机械加砝码转盘的挂钩上，10mg 以下也是从光幕标尺直接读数。目前工厂实验室多用这种天平，使用方便，称量速度快。

四、单盘电光天平

单盘电光天平分等臂和不等臂两种类型，它们的另一个"盘"被配重铊所代替，并隐藏在顶罩内后部，起杠杆平衡作用。为减少天平的外观尺寸，承载臂设计的长度一般短于配重力臂，故市售的单盘天平多为不等臂的天平。

1. 技术规格计构造与原理

DT-100 型是不等臂横梁、全机械减码式电光分析天平。精度级别为四级，最小分度值为 0.1mg，最大载荷为 100g，机械减码范围 0.1～99g，标尺显示范围是 −15～+110mg，微读窗口显示 0.0～1.0mg。毫克组砝码的组合误差不大于 0.2mg，克组及全量砝码的组合误差不大于 0.5mg。

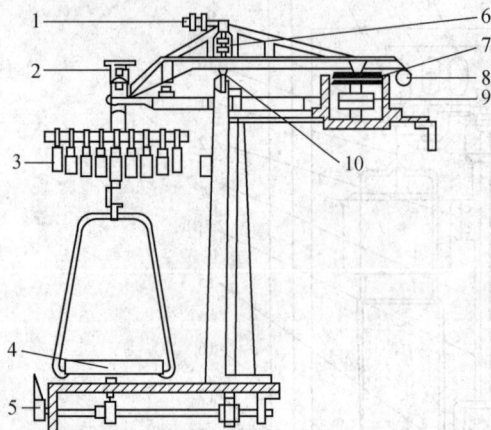

图 2-13　全机械加码单盘减码式电光天平

1. 平衡调节螺丝；2. 补偿挂钩；3. 砝码；4. 天平盘；5. 升降旋钮；6. 调重心螺丝；7. 空气阻尼片；8. 微分标尺；9. 配重铊；10. 支点刀及刀承

图 2-13 是单盘天平的主要部件示意图，它可以表示不等臂天平的称量原理。横梁上只有一个力点刀，用来承载悬挂系统，内含砝码和秤盘都在这一悬挂系统中。横梁的另一端挂有配重铊和阻尼活塞，并安装了微缩标尺。天平空载时，砝码都挂在悬挂系统中的砝码架上，开启天平后，合适的配重铊使天平横梁处于水平平衡状态，当被称物放在秤盘上后，悬挂系统由于增加质量而下沉，横梁失去原有的平衡，为使天平保持平衡，必须减去与被称物质量相当的砝码，即用被称物替代了悬挂系统中的内含砝码，这就是不等臂单盘天平（即双刀替代天平）的称量原理，这种天平的称量方法属于"替代称量法"。

2. 性能特点

单盘天平的性能优于双盘天平，主要有以下特点。

（1）感量（或灵敏度）恒定。杠杆式等臂天平的感量，空载时和重载时往往不完全一样，即随着横梁负载的改变而略有变化。而单盘天平在使用过程中横梁的负载是不变的，因此感量也是不变的。

（2）没有不等臂误差。双盘天平的两臂长度不完全相等，因此往往存在一定的不等臂误差。而单盘天平的砝码和被称物同在一个悬挂系统中，承重刀与支点刀之间的距离是一定的，所以不存在不等臂性误差。由于采用"替代称量法"，其称量误差主要来源于内含砝码，而这种天平的棒状砝码的精密度很高，优于二等砝码。

（3）称量速度快。天平设有半开机构，可以在半开状态下调整砝码，横梁在半开时可以轻微摆动，使光屏上的标尺投影能显示约 15 个分度，足以判断调整砝码的方向，明显的缩短了调整砝码的时间，又由于阻尼器（活塞式结构）效果好，使标尺平衡速度快（10～15s），所以，称量速度明显快于双盘天平。

3. 使用方法

天平的外形及操作机构见图 2-14 和图 2-15。

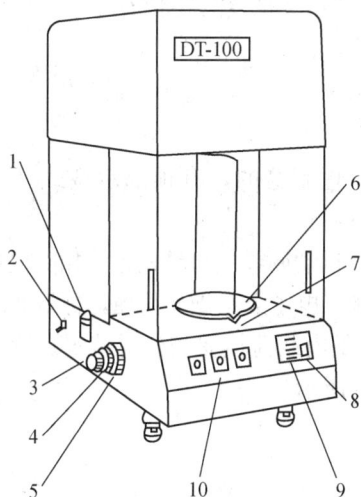

图 2-14　DT-100 型天平左侧外形
1. 停动手钮；2. 电源开关；3. 0.1～0.9g 减码手枪；4. 1～9g 减码手枪；5. 10～90g 减码手枪；6. 秤盘；7. 圆水准器；8. 微读数字窗口；9. 投影屏；10. 减码数字窗口

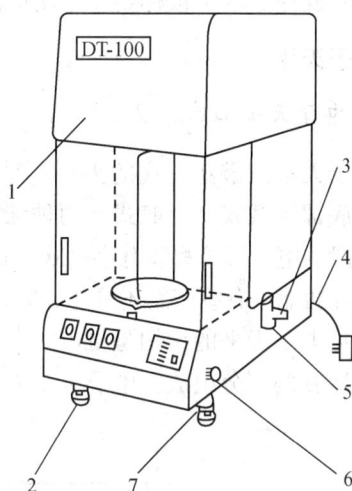

图 2-15　DT-100 型天平右侧外形
1. 顶罩；2. 减振脚垫；3. 零调手钮；4. 外接电源线；5. 停动手钮；6. 微读手钮；7. 调整脚螺丝

（1）准备工作。打开防尘罩，叠平后放在天平右上方；检查天平是否干净；检查圆水准器，如果气泡偏离中心，则缓慢移动左边或右边的调整脚螺丝，使气泡位于中心；如果砝码数字窗口不为"0"，则调节相应的减码手轮，使各窗口都显示"0"字；轻轻旋动微读手钮，使微读数字窗口也显示零位；将电源开关向上扳。

（2）校正天平零点。停动手钮是天平的总开关，它控制托梁架和光源开关，该手钮位于垂直状态时，天平处于关闭状态。将停动手钮缓慢向前转动约 90°（使尖端指向操作者），天平即呈开启状态，光屏上显示缓慢移动的标尺投影。当标尺平衡后，旋动天平右后方的零调手钮，使标尺上的"00"线位于光屏右边的夹线正中，即已调定零点，关闭天平。

（3）称量。推开天平侧门，放被称物于秤盘中心，关上侧门；将停动手钮向后（即操作者的前方）扳约 30°，天平即呈半开状态，横梁稍倾斜，光屏上显示 15mg 左右。半开状态仅供调整砝码使用；先顺时针转动 10～90g 减码手轮，同时观察光屏，当转动手轮至标尺向上移动并显负值时，随机退回一个数（例如最左边窗口的数字由 2 退为 1），此时即调定 10g 组的砝码；继续如此操作，依次转动 1～9g 组的减码手轮和 0.1～0.9g 组减码手轮，直至调定所有砝码；全开天平（天平由半开经过关闭再至全开状态，动作一定要缓慢），待标尺停稳后，再按顺时针方向转动微读手钮使标尺中离夹线最近的一条分度线移至夹线中央。可重复一次关、开天平，若标尺的平衡位置没有改变（或变动不超过 0.1mg）即可读数。标尺上每一分度为 1mg，微读手钮转动 10 个分度，则标尺准确移动 1 个分度，微读数字窗口中，只读取 1 位数。记录读数后，随即关闭天平。注意：不可将微读手钮向＜0 或＞10 的方向用力转动，否则，万一转动过度，只有拆开天平箱板才能复原。

（4）复原。取出被称物，关闭侧门，将各显示窗口均恢复为零位。

五、电子天平

1. 电子天平工作原理

电子天平是最新一代的天平，是基于电磁学原理制造的，有顶部承载式（吊挂单盘）和底部承载式（上皿式）两种结构。

一般的电子天平都装有小电脑，具有数字显示、自动调零、自动校正、扣除皮重、输出打印等功能，有些产品还具备数据贮存与处理功能。电子天平操作简便，称量速度快。

常见电子天平的结构是机电结合式，核心部分是由载荷接受与传递装置、测量及补偿控制装置两部分组成。电子天平的结构如图 2-16 所示。

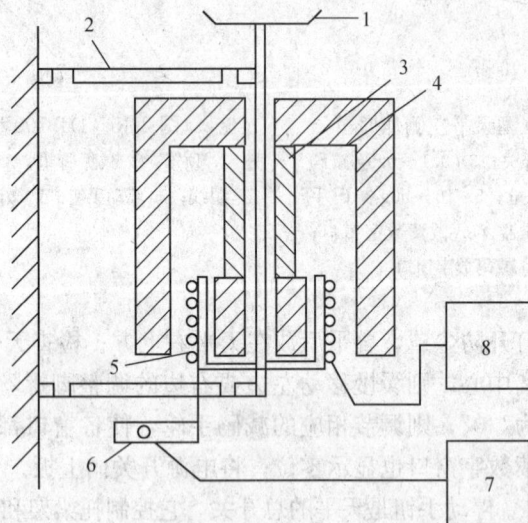

图 2-16　电子天平基本结构示意图（上皿式）
1. 称量盘；2. 簧片；3. 磁钢；4. 磁回路体；5. 线圈及线圈架；6. 位移传感器；
7. 放大器；8. 电流控制电络

我们知道，把通电导线放在磁场中，导线将产生电磁力，力的方向用左手定则判定。当磁场强度不变时，力的大小与流过线圈的电流强度成正比。如果使重物的重力方向向下，电磁力方向向上，并与之平衡，则通过导线的电流与被称物的质量成正比。

电子天平是将称盘通过支架与通电线圈相连接，置于磁场中，秤盘及被称物的重力通过连杆支架作用于线圈上，方向向下，线圈内有电流通过，产生一个向上的作用的电磁力，与重力大小相等方向相反。位移传感器处于预定的中心位置，当秤盘上的物体质量发生变化时，位移传感器检出位移信号，经调节器和放大器改变线圈的电流直至线圈回到中心位置为止。通过数字显示出物体质量。

2. 性能特点

（1）电子天平支撑点采用弹性簧片，没有机械天平的玛瑙刀，取消了升降框装置，采用数字显示方式代替指针刻度式显示，使用寿命长，性能稳定，灵敏度高，操作方便。

（2）电子天平采用电磁力平衡原理，称量时全量程不用砝码，放上被称物后，在几秒钟内即达到平衡，显示读数，称量速度快，精度高。

（3）有的电子天平具有称量范围和读数精度可变的功能，如瑞士的梅特勒 AE240 天平，在 0～205g 称量范围，读数精度为 0.1mg。在 0～41g 称量范围内，读数精度为 0.01mg，可以一机多用。

（4）分析及半微量电子天平一般具有内部校正功能。天平内部装有标准砝码，使用校准功能时，标准砝码被启用，天平的微处理器将标准砝码的质量值作为校准标准，以获得准确的称量数据。

（5）电子天平是高智能化的，可在全量程范围内实现去皮、累加、超载显示、故障报警等。

（6）电子天平具有质量电信号输出，这是机械天平无法做到的。它可以连接打印机、计算机，实现称量、记录和计算的自动化。同时也可以在生产、科研中作为称量、检测的手段，或组成各种新仪器。

3. 电子天平的安装和使用方法

1）仪器安装

（1）工作环境。电子天平为高精度测量仪器，故仪器安装位置应注意：安装平台稳定、平坦，避免震动；避免阳光直射和受热，避免在湿度大的环境工作；避免在空气直接流通的通道上。电子天平的外形和相关部件见图 2-17。

电子天平对天平室和天平台的要求与机械天平相同，同时应使天平远离带有磁性或能产生磁场的物体和设备。

（2）天平安装。严格按照仪器说明书操作。

2）天平使用

（1）调水平。天平开机前，应观察天平后部水平仪内的水泡是否位于圆环的中央，否则通过天平的地脚螺栓调节，左旋升高，右旋下降。

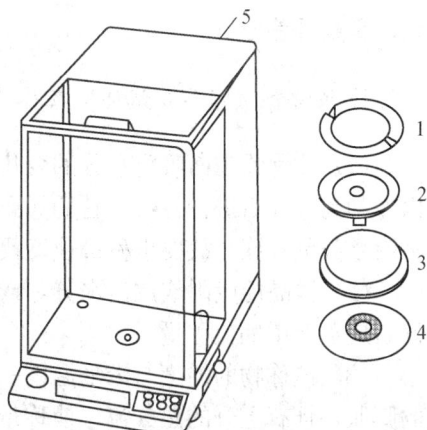

图 2-17 电子天平的外形及相关部件
1. 秤盘；2. 盘托；3. 防风环；
4. 防尘隔板；5. 外形

（2）预热。天平在初次接通电源或长时间断电后开机时，至少需要 30min 的预热时间。因此，实验室电子天平在通常情况下，不要经常切断电源。

（3）校准。首次使用天平必须校准。将天平从一地移到另一地使用时，或在使用一段时间（30d 左右），应该对天平重新校准，为使称量更为准确，亦可对天平随时校准，校准可按说明书内内装标准砝码或外部自备有修正值的标准砝码进行。

3）称量

（1）打开天平开关（按操纵杆或开关键），等待仪器自检，使天平处于零位，否则按"调零"键。

（2）当显示器显示零时，自检过程结束，天平可进行称量。

（3）轻轻放置称量器皿于秤盘上，待数字稳定后，读取数值并记录，在称量器皿中加所要称量的试剂称量，并记录；或者按显示屏的键去皮，待显示器显示零时，在称量器皿中加所要称量的试剂称量，并记录。例如用小烧杯称取样品时，可先将洁净干燥的小烧杯置于称盘中央，显示数字稳定后按"去皮"键，显示即恢复为零，再缓缓加样品至显示出所需样品的质量时，停止加样，直接记录称取样品的质量。短时间（例如 2h）内暂不使用天平，可不关闭天平电源开关，以免再使用时重新通电预热。如有打印机可按打印键完成。

（4）将器皿连同样品一起拿出。

（5）按天平去皮键清零，以备再用。

4. 注意事项

（1）天平在安装时已经过严格校准，故不可轻易移动天平，否则校准工作需重新进行。

（2）严禁在天平盘上直接称量！每次称量后，请清洁天平，避免对天平造成污染而影响称量精度，以及影响他人的工作。

六、称量误差分析

1. 被称物（容器或试样）在称量过程中条件发生变化

（1）被称物表面吸附水分的变化。烘干的称量瓶、灼烧过的坩埚等一般放在干燥器内冷却到室温后进行称量，它们暴露在空气中会因吸湿而使质量增加，空气湿度不同，吸附水分也不同，故要求称量速度要快。

（2）样品能吸附或放出水分，或具有挥发性，使称量质量变化，灼烧产物都有吸湿性，应盖上坩埚盖称量。

（3）被称物的温度与天平温度一致。如果被称物温度较高，能引起天平臂不同程度的膨胀，且有上升的热气流，使称量结果小于真实值。应将烘干或灼烧过的器皿在干燥器中冷却至室温后称量，但在干燥器中不是绝对不吸附水分，所以热的物品如坩埚等应保持相同的冷却时间后才易于恒重。

2. 容器包括加试剂的塑料勺表面由于摩擦带电可能引起较大误差

天平室湿度应保持在 $50\%\sim70\%$，过于干燥使摩擦而积聚的电不易耗散。称量时要注意，如擦拭被称物后应多放置一段时间再称量。

3. 天平和砝码的影响

应对天平和砝码定期进行计量检定。双盘天平横梁存在不等臂性，给称量带来误差，但如果在合格范围内，因称量试样的量很小，其带来的误差亦小，可以忽略。

砝码的标准值与真实值之间存在误差，在精密的分析中，可以使用砝码修正值。在一般分析中不使用修正值，但要注意这样一个问题，质量大的砝码其质量允差也大，在称量时如果更换克组较大的砝码，而称量的试样量又较小，带进的称样量误差就较大。

4. 称量操作不当

称量操作不当是初学称量者误差的主要来源，如天平未调整水平，称量前后零点变动，开启天平动作过重，以及吊耳脱落，天平摆动受阻未被发现等，其中以开启天平动作过重，转动刻度盘动作过重，造成称量前后零点变动为主要误差，因此在称量前后检查天平零点是否变化，是保证称量数据有效的一个简易方法。

另外如读错砝码，记录错误等虽属于不应有的过失，但也是初学者称量失误的主要原因。

5. 环境因素的影响

震动、气流、天平室温度太低或温度波动过大等，均使天平变动性增大。

6. 空气浮力的影响

一般分析工作中所称的物体其密度小于砝码的密度，其体积比相应质量砝码的体积大，在空气中的浮力也大，在精密的称量中要进行浮力校正，一般工作可忽略此项误差。

七、分析天平的安装调试

本书中只介绍双盘半机械加码电光天平的安装、调试和简单故障的排除方法。

1. 天平的安装

（1）安装要求。天平必须放在牢固不易震动的平台上，一般应设置专用天平室，要求室内干燥、门窗严密、温度保持在 $17\sim33℃$ 范围内，并应避免阳光直射，也不可靠近火炉、暖气设备和其他热源。

（2）安装前的准备。首先将整个天平做一次清洁工作，用软毛刷或丝绸布拂去灰尘，擦拭各零部件。刀刃及刀承必须用棉花浸以无水酒精轻抹，不可碰撞刀刃，以免损坏。反射镜面只能用软毛刷轻刷或擦镜纸轻轻擦拭，擦拭完毕后，旋转底板下的螺旋脚，使水准器的水泡移到圆圈中央。天平所有金属部件均不可直接用手接触，安装调试时，要用软纸衬垫或戴细纱手套操作。

（3）照明电器的安装。将聚光器装进天平底座的后面孔中，并将电源线安装好。将升降旋钮装在开关轴上，旋转升降旋钮，检查灯泡是否亮。

（4）校准水平后即可将内阻尼筒放入外阻尼筒中，放时先将托翼向上抬起，侧着放入内筒，并将标记"1"、"2"正对前方。

（5）横梁的安装。旋转升降旋钮放下托翼，用右手持指针小心地斜着将横梁放入托翼上并对准托翼上的支力销，同时逐渐关闭旋钮，使支力销平稳地托住横梁。在安装过程中应特别注意，切勿碰撞玛瑙刀口及微分标尺（图2-18）。

（6）阻尼器的安装。用左手的拇指与食指持左吊耳的前后两端，将下钩钩进内筒上面的钩子内，然后小心地将吊耳放在托翼的支力销上。用右手按同样的办法装好右吊耳和阻尼筒。

（7）天平盘的安装。安装天平盘，同时检查托盘是否合适，若不合适，可调节托盘上的螺丝使之恰好微微拖住盘，一般以天平盘摆动3～4次即能停止为度。

（8）圈码的安装。用镊子轻轻地夹起圈码，小心放在右边吊耳的承受架子钩子的旁边，然后旋转刻度盘，使这个钩子落下，再用镊子将圈码挂在钩子上。安装的次序从内向外。

2. 天平的调试

（1）零点调整。可借横梁上的平衡调节螺丝来调节，较小的零点调节可通过拨动底板下的调屏拉杆来进行。一般零点在±2个分度内即可。

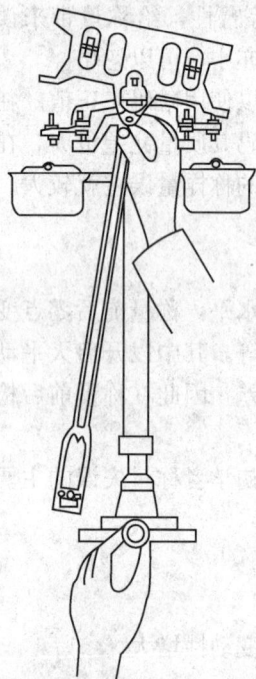

图2-18　天平横梁的安装

（2）灵敏度的调整。可结合天平的检定来进行。若检定结果表明灵敏度不符合要求，可旋转重心砣进行调整，但是旋转重心砣后必须重新调整天平零点。

（3）不等臂性的调整。天平出厂时一般经严格的检定，超差的情况很少。由于这一调整比较复杂，初学者不易掌握。若出现这一情况应报告老师。

（4）光学投影的调整。天平投影屏上显示的刻度应清晰明亮，亮度均匀。一般可进行如下几方面的调整：

① 若光源不强，可将灯罩上的定位螺丝旋松，前后移动或旋转灯罩，使光源处在光轴上，直至投影屏上亮度最大时为止，然后紧固定螺丝。

② 若影像不清晰，可松开物镜筒上的紧固螺丝，前后移动物镜筒，直至投影屏上的刻度清晰为止，然后旋紧紧固螺丝。

③ 若投影屏有黑影缺陷，可调整两片反光镜的相对位置和灯罩，直至投影屏无黑影为止。

④ 光源不亮一般由下列原因引起：变压器插孔差错，以致输出电压与灯泡电压不符，造成灯泡烧坏；插头内电线掉落，电源插头或变压器插孔接触不良以致电路不通；

附在开关轴上的电源开关失灵等。

（5）机械加码装置的调整。

① 加码器刻度太紧或太松，是由于弹簧的弹力太强或太弱。可用尖嘴钳把弹簧片按不同的方向弯曲，以减弱或增强它的弹力。

② 刻度盘的指数与实际不符。

③ 圈码挂错了位置，应取下调整。

④ 刻度盘的定位不正确。可转动刻度盘使全部加码杆抬起，松开刻度盘的固定螺丝，重新对准零位后再固定紧。

⑤ 加码杆的升降不到位

a. 凸轮发生位移。当刻度盘在零位时，加码杆应全部抬起并升至最高点；刻度盘在"990"时，加码杆应全部放下并降至最低点。若有某几个或某个加码杆的动作与上述不符，就表明与它对应的凸轮发生了位移，应取下外罩进行调整或更换已损坏的凸轮。

b. 加码杆的间隔挡板发生移位，阻挡了加码杆的升降或使加码杆歪斜，可纠正间隔板的位置。

八、天平简单故障的排除及日常维护

分析天平的操作和维护是一项复杂而又细致的工作，需要掌握专门的知识。若在操作过程中出现故障，在未掌握一定的技术之前，不能乱调乱动，如需检修应有专门的人员进行修理。但作为经常使用分析天平的分析人员也应会针对天平的一般故障，寻找产生的原因，及时排除，以保证分析工作正常进行。

1. 光学系统

（1）光屏上的光不强。检查变压器输出与灯泡是否一致，将聚光管取下，对准墙壁5cm左右，选择最佳光聚点，将灯罩与聚光管螺丝拧好装入天平，或看着光屏旋转后面灯口，选择最佳强度。

（2）光屏上的光不充足。在光屏的右下方，有一个旋转反射镜片的螺丝，旋转选择即可。

（3）光屏上的光模糊。用酒精棉球清洗灯泡、聚光管两头放大镜。若脏物随刻线跑，则清洗微分标尺牌即可。

（4）光屏上的刻度不清或脱落。卸下光屏内的两块玻璃，将其清洗。若刻线脱落或被擦掉，则可在磨砂面上，用铅笔或钢笔画一条刻线，刻线一定要细，安装好便可。

（5）微分标牌刻度不清。松开反光镜片下的物镜紧固螺丝，将物镜前后移动，选择最佳刻度线紧固物镜螺丝。若关闭时刻度清晰，开启时刻度模糊，则是跳针引起的。

（6）刻度线偏斜。则是微分标牌嵌的不正不垂直于指针，少量的偏斜，可调节反光镜片上的螺丝即可。

（7）天平时亮时不亮。可通过调整天平底板下的铜片接触点。是弹性不够接触不上的，可用尖嘴钳将弹簧片扳一扳。若接触点腐蚀的，可用小锉或砂纸摩擦几下两片接触点铜片。其次，再检查插头和插座。

2. 机械部分

(1) 开关器。对于经常使用的天平，应注意加润滑油。开关系统太紧，会给各部位接触点磨损增大。开关系统不合套，会给天平带来变动。开关系统太松，则应将定位螺丝紧一下，保证开关器的正常运行。

如果手柄无限旋转，则是定位的月牙销子脱落，拧紧即可。

(2) 制动器。翼支板不下落，压翼弹簧错位或弹力不够。四个螺丝松紧不一致也能导致翼支板下落不到位的现象，一一调整即可。

3. 横梁部分

(1) 跳针。天平开、关瞬间，横梁前后摆动，致使指示牌不落在读数屏上，甚至听到响亮的碰击声，其原因为横梁的三个支力销不在同一平面，只要调整座前支力销的高度，使三个支撑点在同一平面上即可消除跳针故障。

(2) 带针。当天平开启时，不论称盘哪边重，指针总是先朝一个方向摆动，才能正确移动的现象。其原因为以下几个方面：两边刀缝不等，这种情况一般由间隙小向间隙大的一侧带针，可调整支力销使两边刀缝一致即可；盘托和称量两侧接触程度不一致，这时可通过调节盘托的长短来解决；各刀承、刀刃、支力销等有污垢或小纤维也会产生带针，这可用绸布蘸酒精清洗各部位即可。

4. 悬挂系统

(1) 吊耳脱落。一般由于盘托太高、吊耳上的玛瑙垫嵌的不水平、前后支力销与边刀刀刃不在一条直线上，就其原因调整至正常使用即可。

(2) 阻尼器卡挂。因吊耳、阻尼器、秤盘、盘托密切联系在一起的，调整整个悬挂系统时，应先将托盘拿掉，将阻尼器外筒松开，开启天平调整阻尼器的内外间隙均匀或调整内筒重心。

5. 天平的日常维护管理

(1) 天平应保持清洁。称量完毕，应及时清除遗留的被称物，杜绝对天平的腐蚀。

(2) 天平内应及时、定期更换干燥剂，避免天平受潮，引起称量误差。

(3) 天平应有专人管理，负责日常维护保养。

(4) 天平应按使用频率制定检定周期，定期检查天平的计量性能，确保天平的正常使用。

任务四　滴定分析基本操作

化学分析中常用的精确至 0.01mL 量器具为滴定管、吸量管和容量瓶。只有正确的使用和选择，避免分析过程中一些不必要误差。例如，用酸式滴定管如何防止和检验在滴定时不漏液；对见光易分解的滴定剂选择棕色管还是无色管，滴定管如何读数；移液管的取液放液有什么要求等；这都是化学分析中必须掌握的基本技能。

一、滴定管

滴定管是滴定时准确测量标准溶液体积的量器。滴定管一般分为两种（图 2-19）：一种是酸式滴定管，用于盛放酸类溶液或氧化性溶液；另一种是碱式滴定管，用于盛放碱类溶液，不能盛放氧化性溶液如高锰酸钾、碘和硝酸银等溶液。

常量分析的滴定管容积有 50mL 和 25mL，最小刻度为 0.1mL，读数可估计到 0.01mL。

微量滴定管常用的有 5mL 和 10mL。

酸式滴定管在管的下端带有玻璃旋塞，碱式滴定管在管的下端连接一橡皮管，内放一玻璃珠，以控制溶液的流出，橡皮管下端再连接一个尖嘴玻璃管。

正确选用不同型号的滴定管。一般用量在 10mL 以下，选用 10mL 或 5mL 微量滴定管；用量在 10mL 至 20mL 之间，选用 25mL 滴定管；若用量超过 25mL 则选用 50mL 滴定管。实际工作中，有人则不注意这方面的误差，有的标液用量不到 10mL 仍用 50mL 滴定管，有的标液用量超过 25mL 仍用 25mL 滴定管，分几次加入等，这些情况都是错误的做法，引起较大误差。

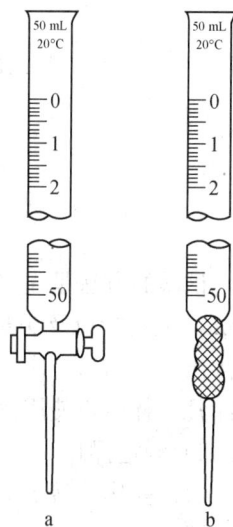

图 2-19　滴定管
a. 酸式滴定管；b. 碱式滴定管

1. 滴定管的使用

1）滴定管使用前的检查

酸式滴定管的玻璃活塞转动是否灵活。碱式滴定管的橡皮管是否老化、变质；玻璃珠是否适当，玻璃珠过大，则不便操作，过小，则会漏水。

2）滴定管的清洗

一般用自来水冲洗，零刻度线以上部位可用毛刷蘸洗涤剂刷洗，零刻度线以下部位如不干净，则采用洗液洗（碱式滴定管应除去乳胶管，用橡胶乳头将滴定管下口堵住）。少量的污垢可装入约 10mL 洗液，双手平托滴定管的两端，不断转动滴定管，使洗液润洗滴定管内壁，操作时管口对准洗液瓶口，以防洗液外流。洗完后，将洗液分别由两端放出。如果滴定管太脏，可将洗液装满整根滴定管浸泡一段时间。为防止洗液流出，在滴定管下方可放一烧杯。最后用自来水、蒸馏水洗净。洗净后的滴定管内壁应被水均匀润湿而不挂水珠。如挂水珠，应重新洗涤。

3）酸式滴定管涂油

为了使酸式滴定管玻璃活塞转动灵活，必须在塞子与塞槽内壁涂少许凡士林。涂凡士林的方法（图 2-20）是将活塞取出，用滤纸将活塞及活塞槽内的水擦干净。用手指蘸少许凡士林，在活塞的两端涂上薄薄一层，在活塞孔的两旁少涂一些，以免凡士林堵住活塞孔。将活塞直接插入活塞槽中，向同一方向转动活塞，直至活塞中油膜均匀透明。转动活塞时，应有一定的向活塞小头部分方向挤的力，以免来回移动活塞，使孔受堵。最后将橡皮圈套在活塞的小头沟槽上。酸式滴定管尖部出口被润滑油酯堵塞，快速有效的处理方法是热水中浸泡并用力下抖。

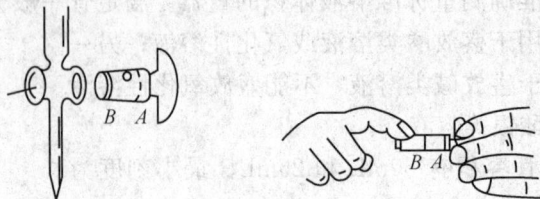

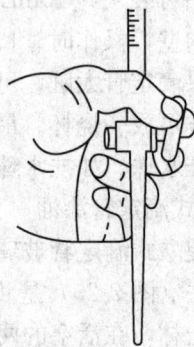

图 2-20　酸式滴定管旋塞涂凡士林操作

　　试漏的方法是先将活塞关闭，在滴定管内充满水，将滴定管夹在滴定管架上。放置 2min，观察管口及活塞两端是否有水渗出；将活塞转动 180°，再放置 2min，看是否有水渗出。若前后 2 次均无水渗出，活塞转动也灵活，即可使用。否则应将活塞取出，重新涂凡士林后再使用。

　　4）滴定操作

　　（1）操作溶液的装入。先将操作溶液摇匀，使凝结在瓶壁上的水珠混入溶液。用该溶液润洗滴定管 2～3 次，每次 10～15mL，双手拿住滴定管两端无刻度部位，在转动滴定管的同时，使溶液流遍内壁，再将溶液由流液口放出，弃去。混匀后的操作液应直接倒入滴定管中，不可借助于漏斗、烧杯等容器来转移。

　　（2）管嘴气泡的检查及排除。滴定管充满操作液后，应检查管的出口下部尖嘴部分是否充满溶液，如果留有气泡，需要将气泡排除。

　　酸式滴定管排除气泡的方法是：右手拿滴定管上部无刻度处，并使滴定管倾斜 30°，左手迅速打开活塞，使溶液冲出管口，反复数次，即可达到排除气泡的目的。碱式滴定管排除气泡的方法是（图 2-21）：将碱式滴定管垂直的夹在滴定管架上，左手拇指和食指捏住玻璃珠部位，使胶管向上弯曲，并捏挤胶管，使溶液从管口喷出，即可排除气泡。

　　（3）滴定管的操作。使用酸式滴定管时（图 2-22），左手握滴定管，无名指和小指向手心弯曲，轻轻贴着出口部分，其他三个手指控制活塞，手心内凹，以免触动活塞而造成漏液。

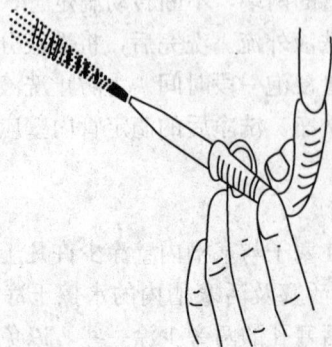

图 2-21　碱式滴定管排气泡的方法　　　　　图 2-22　酸式滴定管的操作

使用碱式滴定管时（图 2-23），左手握滴定管，拇指和食指指尖捏挤玻璃珠周围一侧的胶管，使胶管与玻璃珠之间形成一个小缝隙，溶液即可流出。注意不要捏挤玻璃珠下部胶管，以免空气进入而形成气泡，影响读数。

滴定操作通常在锥形瓶内进行（图 2-24）。滴定时，用右手拇指、食指和中指拿住锥形瓶，其余两指辅助在下侧，使瓶底离滴定台高约 2～3cm，滴定管下端伸入瓶口内约 1cm，左手握滴定管，边滴加溶液，边用右手摇动锥形瓶，使滴下去的溶液尽快混匀。摇瓶时，应微动腕关节，使溶液向同一方向旋转。

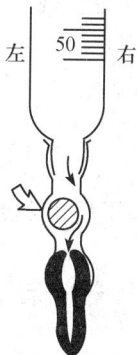

图 2-23　碱式滴定管的操作　　　　图 2-24　锥形瓶中的滴定操作

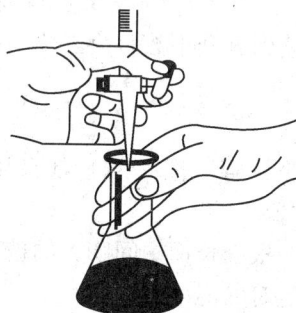

有些样品宜于在烧杯中滴定（图 2-25），将烧杯放在滴定台上，滴定管尖嘴伸入烧杯左后约 1cm，不可靠壁，左手滴加溶液，右手拿玻璃棒搅拌溶液。玻璃棒做圆周搅动，不要碰到烧杯壁和底部。滴定接近终点时，所加的半滴溶液可用玻璃棒下端轻轻沾下，再浸入溶液中搅拌。注意玻璃棒不要接触管尖。

（4）半滴的控制和吹洗。使用半滴溶液时，轻轻转动活塞或捏挤胶管，使溶液悬挂在出口管嘴上，形成半滴，用锥形瓶内壁将其沾落，再用洗瓶吹洗。

5）滴定注意事项

（1）最好每次滴定都从 0.00mL 开始，或接近 0 的任一刻度开始，这样可减少滴定误差。

图 2-25　在烧杯中的滴定操作

（2）滴定过程中，左手不要离开活塞而任溶液自流。

（3）滴定时，要观察滴落点周围颜色的变化，不要去看滴定管上的刻度变化。

（4）控制适当的滴定速度，一般每分钟 10mL 左右，接近终点时要一滴一滴加入，即加一滴摇几下，最后还要加一次或几次半滴溶液直至终点。

6）滴定管的读数

读数时将滴定管从滴定管架上取下，用右手拇指和食指捏住滴定管上部无刻度处，使滴定管保持垂直，然后再读数。

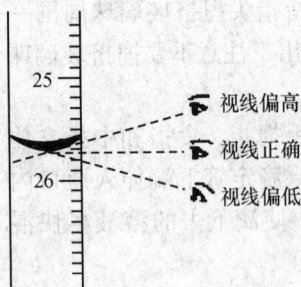

图 2-26　读数视线的位置

读数原则：

注入溶液或放出溶液后，需等待 1～2min，使附着在内壁上的溶液流下来再读数。

滴定管内的液面呈弯月形，无色和浅色溶液读数时，视线应与弯月面下缘实线的最低点相切，即读取与弯月面相切的刻度（图 2-26）；深色溶液读数时，视线应与液面两侧的最高点相切，即读取视线与液面两侧的最高点呈水平处的刻度。

使用"蓝带"滴定管时，液面呈现三角交叉点，读取交叉点与刻度相交之点的读数。

读数必须读到毫升小数后第二位，即要求估计到 0.01mL。

2. 移液管和吸量管

移液管和吸量管（图 2-27）都是用于准确移取一定体积溶液的量出式玻璃量器（量器上标有"Ex"字）。

移液管是一根细长而中间膨大的玻璃管，在管的上端有一环形标线，膨大部分标有它的容积和标定时的温度。

常用的移液管有 10mL、25mL 和 50mL 等规格。

吸量管是具有分刻度的玻璃管，用于移取非固定量的溶液，一般只用于量取小体积的溶液。常用的吸量管有 1mL、2mL、5mL、10mL 等规格。

移液管和吸量管的操作方法：

第一次用洗净的移液管吸取溶液时，应先用滤纸将尖端内外的水吸净，否则会因水滴引入而改变溶液的浓度。方法是：用左手持洗耳球，将食指或拇指放在洗耳球的上方，其余手指自然地握住洗耳球，用右手的拇指和中指拿住移液管或吸量管标线以上的部分，无名指和小指辅助拿住移液管，将洗耳球对准移液管口（图 2-28），将管尖伸入

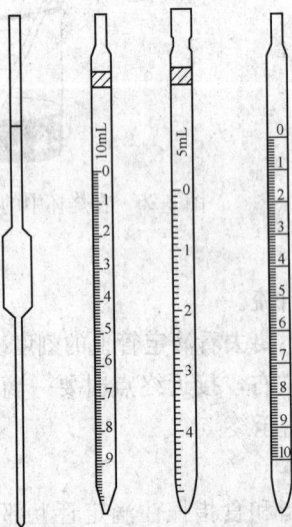

图 2-27　移液管和吸量管

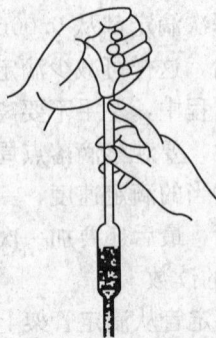

图 2-28　吸取溶液的操作

溶液或洗液中吸取，待吸液吸至球部的 1/4 处（注意，勿使溶液流回，以免稀释溶液）时，移出、荡洗、弃去。如此反复荡洗 3 次，润洗过的溶液应从尖口放出、弃去。荡洗这一步骤很重要，它是保证使管的内壁及有关部位与待吸溶液处于同一浓度状态。吸量管的润洗操作与此相同。

用移液管自容器中移取溶液时，一般用右手的拇指和中指拿住颈标线上方，将移液管插入溶液中，移液管不要插入溶液太深或太浅（1～2cm 处），太深会使管外黏附溶液过多，太浅会在液面下降时吸空。左手拿洗耳球，排除空气后紧按在移液管口上，慢慢松开手指使溶液吸入管内，移液管应随容器中液面的下降而下降。

当管口液面上升到刻线以上时，立即用右手食指堵住管口，将移液管提离液面，然后使管尖端靠着容器的内壁，左手拿容器，并使其倾斜 30°。略微放松食指并用拇指和中指轻轻转动管身，使液面平稳下降，直到溶液的弯月面与标线相切时，按紧食指。

取出移液管，用干净滤纸擦拭管外溶液，把准备承接溶液的容器稍倾斜，将移液管移入容器中，使管垂直，管尖靠着容器内壁，松开食指，使溶液自由的沿器壁流下（图 2-29），待下降的液面静止后，再等待 15～30s，取出移液管。

管上未刻有"吹"字的，切勿把残留在管尖内的溶液吹出，因为在校正移液管时，已经考虑了末端所保留溶液的体积。

吸量管的操作方法与移液管相同。

移液管和吸量管使用后，应洗净放在移液管架上。

此外，还有一种"微量移液器"（图 2-30），在实验室中较普遍地使用着，主要应用于仪器分析、化学分析、生化分析中的取样和加液。它利用空气排代原理进行工作，可调式微量移液器的移液体积可以在一定范围内自由调节，由定位部件、容量调节指示、活塞套和吸液嘴等组成，其容量单位为微升级允许误差在 1‰～4‰，重复性在 0.5‰～2‰。固定式微量移液器的移液体积不可调，但准确度高于可调式。

图 2-29　放出溶液的操作　　　　　图 2-30　微量移液器

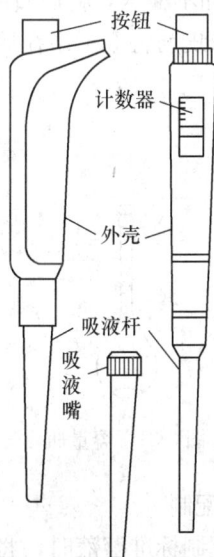

移液器的使用方法为：根据所需用量调节好移取体积，将干净的吸嘴紧套在移液器的下端（需轻轻转动一下以保证可靠密封），将移液器握在手掌中，用大拇指压/放按钮，吸取和排放被取液2～3次进行润洗。然后垂直握住移液器，将按钮压至第一停点，并将吸嘴插入液面下；缓慢地放松按钮，等待1～2s后再离开液面。擦去吸嘴外的溶液（不得碰到吸嘴口以免带走溶液），将吸嘴口靠在需移入的容器内壁上，缓缓地将按钮再次压至第一停点，等待2～3s后再将按钮完全压下（不要使按钮弹回），将吸嘴从容器内壁移出后再松开拇指，使按钮复位。该移液器的吸嘴为一次性器件，换一个试样即应换一个吸嘴。

3. 容量瓶

容量瓶（图2-31）是常用的测量容纳液体体积的一种量入式量器。（量器上标有"In"字），主要用途是配制准确浓度的溶液或定量地稀释溶液。

容量瓶是细颈梨形平底玻璃瓶，由无色或棕色玻璃制成，带有磨口玻璃塞或塑料塞，颈上有一标线。常用容量瓶有50mL、100mL、250mL、500mL等规格。

容量瓶的容量定义为：在20℃时，充满至刻度线所容纳水的体积，以毫升计。

正确使用容量瓶。容量瓶是常用的测量容纳一定溶液体积的一种容量器具，这主要用来配制成稀释一定量溶液到一定的体积的容量器具。但实际中往往有人用它来长期贮存溶液，尤其是碱性溶液，它会侵蚀瓶壁使瓶塞粘住，无法打开配制好的溶液，因此碱性溶液不能贮存在容量瓶中，而应及时倒入试剂瓶中保存，试剂瓶应先用配好的溶液荡洗2～3次。

1）容量瓶的检查

容量瓶使用前要检查瓶口是否漏水（图2-32）：加自来水至标线附近，盖好瓶塞后，用左手食指按住塞子，其余手指拿住瓶颈标线以上部分，右手用指尖托住瓶底，将瓶倒立2min，如不漏水，将瓶直立，转动瓶塞180°后，再倒立2min检查，如不漏水，即可使用。用橡皮筋将塞子系在瓶颈上，防止玻璃磨口塞玷污或搞错。

图2-31　容量瓶　　　　图2-32　检查漏水和混匀溶液操作

2）溶液的配制

用容量瓶配制标准溶液时，将准确称取的固体物质置于小烧杯中，加水或其他溶剂将固体溶解，然后将溶液定量转入容量瓶中。

定量转移溶液时，右手拿玻璃棒，左手拿烧杯，使烧杯嘴紧靠玻璃棒，而玻璃棒则悬空伸入容量瓶口中，棒的下端靠在瓶颈内壁上，使溶液沿玻璃棒和内壁流入容量瓶中（图 2-33）。烧杯中溶液流完后，将烧杯沿玻璃棒轻轻上提，同时将烧杯直立，再将玻璃棒放回烧杯中。用洗瓶以少量蒸馏水吹洗玻璃棒和烧杯内壁 3～4 次，将洗出液定量转入容量瓶中。然后加水至容量瓶的 2/3 容积时，拿起容量瓶，按同一方向摇动，使溶液初步混匀，此时切勿倒转容量瓶。最后继续加水至距离标线 1cm 处，等待 1～2min，使附在瓶颈内壁的溶液流下

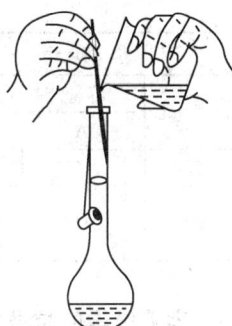

图 2-33　转移溶液操作

后，用滴管滴加蒸馏水至弯月面下缘与标线恰好相切。盖上干的瓶塞，用左手食指按住塞子，其余手指拿住瓶颈标线以上部分，右手用指尖托住瓶底，将瓶倒转并摇动，再倒转过来，使气泡上升到顶，如此反复多次，使溶液充分混合均匀。

3）稀释溶液

用容量瓶稀释溶液，则用移液管移取一定体积的溶液于容量瓶中，加水至标度刻线。

4）容量瓶使用注意事项

（1）热溶液应冷却至室温后，才能稀释至标线，否则可造成体积误差。

（2）需避光的溶液应以棕色容量瓶配制。容量瓶不宜长期存放溶液，应转移到磨口试剂瓶中保存。

（3）容量瓶及移液管等有刻度的精确玻璃量器，均不宜放在烘箱中烘烤。如需使用干燥的容量瓶时，可将容量瓶洗净后，用乙醇等有机溶剂荡洗后晾干，或用电吹风的冷风吹干。

（4）容量瓶如长期不用，磨口处应洗净擦干，并用纸片将磨口隔开。

任务五　滴定分析仪器的校准

由于制造工艺的限制、试剂的侵蚀等原因，容量仪器的实际容积与它所标示的容积（标称容积）存在或多或少的差值，此值必须符合一定标准（容量允差）。若这种误差小于滴定分析所允许的误差，则不必进行校准，但在要求较高的分析工作中则必须进行校准，一些标准分析方法规定对所用量器必须校准，因此有必要掌握量器的校准方法。国家规定的容量仪器的容量允差见表 2-4（摘自国家标准 GB 12805—1991）。

表 2-4　容量器皿的容量允差

滴定管			移液管			容量瓶		
容积/mL	容量允差（±）/mL		容积/mL	容量允差（±）/mL		容积/mL	容量允差（±）/mL	
	A	B		A	B		A	B
5	0.010	0.020	2	0.010	0.020	25	0.03	0.06
10	0.025	0.050	5	0.015	0.030	50	0.05	0.10
25	0.05	0.10	10	0.020	0.040	100	0.10	0.20

续表

滴定管			移液管			容量瓶		
容积/mL	容量允差（±）/mL		容积/mL	容量允差（±）/mL		容积/mL	容量允差（±）/mL	
	A	B		A	B		A	B
50	0.05	0.10	25	0.030	0.060	250	0.15	0.30
			50	0.050	0.100	500	0.25	0.50
100	0.10	0.20	100	0.080	0.160	1000	0.40	0.80

一、容量仪器的校准方法

在实际工作中容量仪器的校准通常采用绝对校准和相对校准两种方法。

1. 绝对校准法（称量法）

1) 原理

称量量入式或量出式玻璃量器中水的表观质量，并根据该水温下的密度，计算出该玻璃量器在20℃时的容量。

绝对校准法是指称取滴定分析仪器某一刻度内放出或容纳纯水的质量，根据该温度下纯水的密度，将水的质量换算成体积的方法。其换算公式为

$$V_t = m_t / \rho_水$$

式中：V_t——t℃时水的体积，mL；

m_t——t℃时在空气中称得水的质量，g；

$\rho_水$——t℃时在空气中水的密度，g/mL。

测量体积基本单位是"升"（L），1L是指在真空中质量为1kg的纯水，在3.98℃时所占的体积。滴定分析中常以"毫升"作为基本单位，即在3.98℃时，1mL纯水在真空中的质量为1.000g。如果校准工作也是在3.98℃和真空中进行，则称出纯水的质量（g）就等于纯水体积（mL）。但实际工作中不可能在真空中称量，也不可能在3.98℃时进行分析测定，而是在空气中称量，在室温下进行分析测定。国产的滴定分析仪器，其体积都是以20℃为标准温度进行标定的。例如，一个标有20℃，体积为1L的容量瓶，表示在20℃时，它的体积1L，即真空中1kg纯水在3.98℃时所占的体积。

将称出的纯水质量换算成体积时，必须考虑下列三方面的因素：

（1）水的密度随温度的变化而改变。水在3.98℃的真空中相对密度为1，高于或低于此温度，其相对密度均小于1。

（2）温度对玻璃仪器热胀冷缩的影响。温度改变时，因玻璃的膨胀和收缩，量器的容积也随之而改变。因此，在不同的温度校准时，必须以标准温度为基础加以校准。

（3）在空气中称量时，空气的浮力对纯水质量的影响。校准时，在空气中称量，由于空气浮力的影响，水在空气中称得的质量必小于在真空中称得的质量，这个减轻的质量应加以校准。

在一定温度下，上述三个因素的校准值是一定的，所以可将其合并为一个总的校准值。此值表示玻璃仪器中容积（20℃）为1mL的纯水在不同温度下，于空气中用黄铜

砝码称得的质量，列于表 2-5 中。

表 2-5 不同温度下 1mL 纯水在空气中的质量（用黄铜砝码称量）

温度/℃	质量/g	温度/℃	质量/g	温度/℃	质量/g	温度/℃	质量/g
1	0.99824	11	0.99832	21	0.99700	31	0.99464
2	0.99832	12	0.99823	22	0.99680	32	0.99434
3	0.99839	13	0.99814	23	0.99660	33	0.99406
4	0.99844	14	0.99804	24	0.99638	34	0.99375
5	0.99848	15	0.99793	25	0.99617	35	0.99345
6	0.99851	16	0.99780	26	0.99593	36	0.99312
7	0.99850	17	0.99765	27	0.99569	37	0.99280
8	0.99848	18	0.99751	28	0.99544	38	0.99246
9	0.99844	19	0.99734	29	0.99518	39	0.99212
10	0.99839	20	0.99718	30	0.99491	40	0.99177

利用此值可将不同温度下水的质量换算成 20℃时的体积，其换算公式为

$$V_{20} = m_t / \rho_t$$

式中：m_t——t℃时在空气中用砝码称得玻璃仪器中放出或装入的纯水的质量，g；

ρ_t——1mL 的纯水在 t℃用黄铜砝码称得的质量，g；

V_{20}——将 m_t g 纯水换算成 20℃时的体积，mL。

2）滴定管的校准

准备好已洗净（内壁不挂水珠）的待校准的滴定管，并向滴定管中注入与室温达平衡的蒸馏水至零刻度以上，等待 30s 后调节液面至 0.00 刻度。

取一个洗净、外部干燥的具塞锥形瓶，在分析天平上称准至 0.01g。然后按滴定时常用的速度（每分钟 7~8mL），从滴定管中以正确操作放出一定体积的蒸馏水于已称量过的具塞锥形瓶中，注意勿将水沾在瓶口上，盖上瓶塞，在分析天平上称量盛水的锥形瓶的质量，两次质量之差即为滴定管中放出水的质量。测量水温后从表 2-5 中查出该温度下的密度，即可计算该体积下滴定管的实际容积。重复检定一次，两次检定所得同一刻度的体积相差不应大于 0.01mL（注意：至少检定 2 次），算出各个体积处的校准值（2 次平均），以滴定管读数为横坐标，以校准值为纵坐标，用直线连接各点，绘出校准曲线。

一般 50mL 滴定管每隔 10mL 测一个校准值，25mL 滴定管每隔 5mL 测一个校准值，3mL 微量滴定管每隔 0.5mL 测一个校准值。

【例 2-1】 校准滴定管时，在 21℃由滴定管中放出 0.00~10.03mL 水，称得其质量为 9.981g，

计算该段滴定管在 20℃时的实际体积及校准值各是多少？

解： 查表 2-5 得，21℃时 $\rho_{21} = 0.99700$g/mL

$$V_{20} = 9.981/0.99700 = 10.01 \text{(mL)}$$

因此，该段滴定管在 20℃时的实际体积为 10.01mL。

体积校准值 $\Delta V = 10.01 - 10.03 = -0.02$mL。

3）移液管的校准

将移液管洗净不挂水珠，吸取已测温度的纯水至零刻度，将移液管中的水放至已称

重的锥形瓶中，再称量，根据水的质量计算在实验温度下移液管的实际容积。重复校正一次，2 次校准值之差不得超过 0.02mL，否则重新校准。

【例 2-2】 如某只 25mL 移液管在 25℃时放出的纯水的质量为 24.921g，密度为 0.99617g/mL，则该移液管在 20℃时的实际容积为

$$V_{20} = \frac{24.921g}{0.99617g/mL} = 25.02mL$$

该移液管的校正值为：25.02mL－25.00mL＝＋0.02mL

注意：a. 校正时务必要正确、仔细，尽量减小校正误差。

　　　b. 校正次数≥2 次，取其平均值作为校正值。

4）容量瓶的校准

将洗涤合格并倒置沥干的容量瓶放在天平上称量。取已测水温的纯水充入已称重的容量瓶中至刻度，注意容量瓶颈臂即磨口处不得沾水，称量，根据该温度下的密度，计算真实体积。

【例 2-3】 15℃时，称得 250mL 容量瓶中至刻度线时容纳纯水的质量为 249.520g，计算该容量瓶在 20℃时的校准值是多少？

解：查表 2-5 得，15℃时，$\rho_{21} = 0.99793g/mL$

$$V_{20} = 249.520/0.99793 = 250.04(mL)$$

体积校准值 $\Delta V = 250.04 - 250.00 = +0.04mL$。

2. 相对校准法

相对校准法是相对比较两容器所盛液体体积的比例关系。许多定量分析实验要用容量瓶配制相关试剂的溶液，而后用移液管移取一定比例的试液供测试用。为保证移出的样品比例准确，就必须进行容量瓶-移液管的相对校正。因此，重要的不是要知道所用容量瓶和移液管的绝对体积，而是容量瓶与移液管的容积比是否正确，如用 25mL 移液管从 250mL 容量瓶中移出溶液体积是否是容量瓶体积的 1/10，一般只需要做容量瓶和移液管的相对校准。

3. 容量瓶与移液管的相对校准

图 2-34　容量瓶的
相对较正

用已校准的移液管进行相对校准。用 25mL 移液管移取蒸馏水至已洗净、干燥的 250mL 容量瓶（操作时切勿让水碰到容量瓶的磨口）中，移取 10 次后，仔细观察溶液弯月面下缘是否与标线相切，若正好相切，说明移液管与容量瓶体积比为 1∶10，若不相切，说明有误差，记下弯月面的位置，待容量瓶沥干后再校准一次；连续 2 次相符后，如果不一致，就需在容量瓶颈上做一新的标记（图 2-34）。可用一平直的窄纸条贴在与弯月面相切处。并在纸条上刷蜡或贴一块透明胶布以此保护此标记。经相互校准后的容量瓶与移液管均做上相同标记，经过相对校准后的移液管和容量瓶应配套使用，因为此时移液管取一次溶液的体积是容量瓶容量的 1/10。

比如我们在引例中提到的，250mL 容量瓶中如含 0.2500g NaCl，是否用 25mL 吸量管吸取的质量正好为 0.0250g？通过容量瓶和滴定管的相对校正后，移液管取一次溶液的体积是容量瓶容量的 1/10，这时所取的 NaCl 质量即为 0.0250g。

在分析工作中，滴定管一般采用绝对校准法，对于配套使用的移液管和容量瓶，可采用相对校准法；用做取样的移液管，则必须采用绝对校准法。绝对校准法准确，但操作比较麻烦。相对校准法简单，但必须配套使用。

二、溶液体积的校准

滴定分析仪器都是以 20℃ 为标准温度来标定和校准的，但是在使用时往往不是20℃，温度变化会引起仪器容积和溶液体积的变化，如果在某一温度下配制溶液，并在同一温度下使用，就不必校准，因为这时所引起的误差在计算时可以抵消。如果在不同的温度下使用，则需要校准。当温度变化不大时，玻璃容器容积变化的数值很小，可以忽略不计，但溶液体积的变化则不能忽略。溶液体积的变化是由于溶液密度的变化所致，稀溶液密度的变化和水相近。表 2-6 列出了不同温度下 1000mL 水或稀溶液换算到20℃，其体积应增减的毫升数。

表 2-6　不同标准溶液浓度的温度补正值

标准溶液 温度/℃	水和 0.05mol/L 以下的各种水溶液	0.1mol/L 和 0.2mol/L 各种水溶液	盐酸溶液 ($c_{HCl}=$ 0.5mol/L)	盐酸溶液 ($c_{HCl}=$ 1mol/L)	硫酸溶液 ($c_{1/2\ H_2SO_4}=$ 0.5mol/L) 氢氧化钠溶液 ($c_{NaOH}=$ 0.5mol/L)	硫酸溶液 ($c_{1/2\ H_2SO_4}=$ 1mol/L) 氢氧化钠溶液 ($c_{NaOH}=$ 1mol/L)
5	+1.38	+1.7	+1.9	+2.3	+2.4	+3.6
6	+1.38	+1.7	+1.9	+2.2	+2.3	+3.4
7	+1.36	+1.6	+1.8	+2.2	+2.2	+3.2
8	+1.33	+1.6	+1.8	+2.1	+2.2	+3.0
9	+1.29	+1.5	+1.7	+2.0	+2.1	+2.7
10	+1.23	+1.5	+1.6	+1.9	+2.0	+2.5
11	+1.17	+1.4	+1.5	+1.8	+1.8	+2.3
12	+1.10	+1.3	+1.4	+1.6	+1.7	+2.0
13	+0.99	+1.1	+1.2	+1.4	+1.5	+1.8
14	+0.88	+1.0	+1.1	+1.2	+1.3	+1.6
15	+0.77	+0.9	+0.9	+1.0	+1.1	+1.3
16	+0.64	+0.7	+0.8	+0.8	+0.9	+1.1
17	+0.50	+0.6	+0.6	+0.6	+0.7	+0.8
18	+0.34	+0.4	+0.4	+0.4	+0.5	+0.6
19	+0.18	+0.2	+0.2	+0.2	+0.2	+0.3
20	0.00	0.00	0.00	0.00	0.00	0.00
21	−0.18	−0.2	−0.2	−0.2	0.2	−0.3

续表

温度/℃ \ 标准溶液	水和0.05mol/L以下的各种水溶液	0.1mol/L和0.2mol/L各种水溶液	盐酸溶液（c_{HCl}=0.5mol/L）	盐酸溶液（c_{HCl}=1mol/L）	硫酸溶液（$c_{1/2\,H_2SO_4}$=0.5mol/L）氢氧化钠溶液（c_{NaOH}=0.5mol/L）	硫酸溶液（$c_{1/2\,H_2SO_4}$=1mol/L）氢氧化钠溶液（c_{NaOH}=1mol/L）
22	−0.38	−0.4	−0.4	−0.5	−0.5	−0.6
23	−0.58	−0.6	−0.7	−0.7	−0.8	−0.9
24	−0.80	−0.9	−0.9	−1.0	−1.0	−1.2
25	−1.03	−1.1	−1.1	−1.2	−1.3	−1.5
26	−1.26	−1.4	−1.4	−1.5	−1.5	−1.8
27	−1.51	−1.7	−1.7	−1.7	−1.8	−2.1
28	−1.76	−2.0	−2.0	−2.0	−2.1	−2.4
29	−2.01	−2.3	−2.3	−2.3	−2.4	−2.8
30	−2.30	−2.5	−2.6	−2.6	−2.8	−3.2
31	−2.58	−2.7	−2.9	−2.9	−3.1	−3.5
32	−2.86	−3.0	−3.2	−3.2	−3.4	−3.9
33	−3.04	−3.2	−3.5	−3.5	−3.7	−4.2
34	−3.47	−3.7	−3.8	−3.8	−4.1	−4.6
35	−3.78	−4.0	−4.1	−4.1	−4.4	−5.0
36	−4.10	−4.3	−4.4	−4.4	−4.7	−5.3

注：① 本表数值是以20℃为标准温度，用实测法测出的；

② 表中带有"＋"、"—"号的数值是以20℃为分界。室温低于20℃的补正值均为"＋"，高于20℃的补正值均为"—"。

③ 本表的用法，如下：

如1L硫酸溶液[$c_{1/2\,H_2SO_4}$=1mol/L]，由25℃换算为20℃时，1L的补正值为−1.5mL，故40.00mL换算为20℃时的体积为

$$40.00 - \frac{1.5}{1000} \times 40.00 = 39.94(mL)$$

任务六　称量分析的基本操作

称量分析的基本操作包括样品溶解、沉淀、过滤、洗涤、干燥和灼烧等步骤，分别介绍如下。

一、试样的分解

液体试样，可量取一定体积置于洁净烧杯中进行分析。

固体试样可分为水溶、酸溶、碱溶和熔融等方法制备溶液。称取一定量能溶于水的试样于烧杯中，沿杯壁加入蒸馏水，用玻璃棒搅拌，使试样溶解，然后将玻璃棒放在烧杯嘴处，盖上表面皿。必要时，可加热促其溶解，但注意温度不宜太高，以防止溶液溅失。

　　溶于酸或碱溶液的试样，若在溶解时无气体产生，可按水溶解的方法处理；若溶解时有气体产生，应先加少量水，湿润试样，盖上表面皿，由烧杯嘴处滴加溶剂，等剧烈作用过后，用手自上面拿住表面皿和烧杯轻轻摆动，使试样完全溶解；再用洗瓶吹洗表面皿的凸面和烧杯壁，洗水应流入烧杯内，切勿使溶液溅出。

　　需用熔融法分解的试样，根据所用溶剂的性质和被测组分的要求，选用适宜的坩埚，洗净烘干。放入一部分溶剂和称取的试样，混匀再将剩余的溶剂盖在试样上面，盖上坩埚盖，在电炉或高温炉中熔融之后，冷却至室温，放于烧杯中，加适量水或稀释浸提，浸提完毕，用玻璃棒或洁净坩埚钳取起坩埚，用洗瓶吹洗坩埚内外壁，洗水流入烧杯中，然后冲洗杯壁，盖上表面皿。

二、沉淀的进行

　　准备好干净的烧杯，杯的底部和内壁不应有纹痕，配上合适的玻璃棒和表面皿，三者一套，在整个操作过程中，套之间不得互换。

　　根据所形成的沉淀的性状（晶型或非晶型）选择适当的沉淀条件。

　　沉淀所需试剂应事先准备好。加入液体试剂时应沿烧杯壁或沿搅棒加入，勿使溶液溅出。沉淀剂一般用滴管逐滴加入，并同时搅拌，以减少局部过饱和现象，搅拌时不要用搅棒敲打和刻划杯壁。若需要在热溶液中进行沉淀，最好在水浴上加热。沉淀剂加完后，静置。在澄清的试样中，沿杯壁滴加 1 滴沉淀剂，观察滴落处是否出现浑浊，无浑浊时表明已沉淀完全，否则应补加沉淀剂直到沉淀完全为止。

三、沉淀的过滤和洗涤

　　过滤沉淀常用的器皿有滤纸和微孔玻璃坩埚。

1. 滤纸过滤

1）滤纸的选择

　　溶液的黏度、温度，过滤时的压力、过滤器孔隙的大小和沉淀物质状态，都会影响过滤的速度。溶液黏度越大，过滤越慢。热溶液比冷溶液容易过滤。非晶形沉淀和粗大晶形沉淀如 $Fe(OH)_3$、$Al(OH)_3$ 等不易过滤，应选用空隙较大的快速滤纸，以免过滤太慢，中等粒度的晶形沉淀如 $ZnCO_3$ 等可用中速滤纸；细晶形的沉淀如 $BaSO_4$、CaC_2O_4 等因易穿透滤纸，应用紧密的慢速滤纸。选择的滤纸直径大小应与沉淀的量相适应，沉淀的量应不超过滤纸圆锥的一半，同时滤纸上边缘应低于漏斗边缘 0.5～1mm，以免沉淀爬出。

　　用滤纸过滤采用常压过滤法；用微孔玻璃坩埚过滤则常采用减压过滤法。常压过滤所用定量滤纸分快速、中速、慢速三种（见模块一项目二中的任务五）。

2）漏斗的选择

　　漏斗的锥体角度应为 $60°$（图 2-35），颈的直径一般为 3～5mm，颈长为 15～30cm，颈口处磨成 $45°$。漏斗的大小应与滤纸的大小相适应。应使折叠后滤纸的上缘低于漏斗

上沿 $0.5 \sim 1$cm，决不能超出漏斗边缘。

3）滤纸的折叠

折叠滤纸的手要洗净擦干。滤纸的折叠如图 2-36 所示。

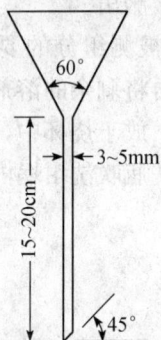

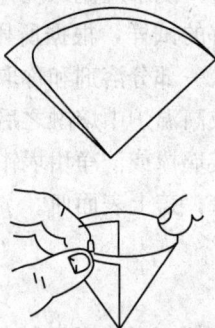

图 2-35　漏斗　　　　　　　　图 2-36　滤纸的折叠

先把滤纸对折并按紧一半，然后再对折但不要按紧，把折成圆锥形的滤纸放入漏斗中。滤纸的大小应低于漏斗边缘 $0.5 \sim 1$cm，若高出漏斗边缘，可剪去一圈。观察折好的滤纸是否能与漏斗内壁紧密贴合，若未贴合紧密可以适当改变滤纸折叠角度，直至与漏斗贴紧后把第二次的折边折紧。取出圆锥形滤纸，将半边为三层滤纸的外层折角撕下一块，这样可以使内层滤纸紧密贴在漏斗内壁上，撕下来的那一小块滤纸保留作擦拭烧杯内残留的沉淀用。

4）做水柱

滤纸放入漏斗后，用手按紧使之密合，然后用洗瓶加水润湿全部滤纸。用手指轻压滤纸赶去滤纸与漏斗壁间的气泡，然后加水至滤纸边缘，此时漏斗颈内应全部充满水，形成水柱。滤纸上的水已全部流尽后，漏斗颈内的水柱应仍能保住，这样，由于液体的重力可起抽滤作用，加快过滤速度。

若水柱做不成，可用手指堵住漏斗下口，稍掀起滤纸三层的一边，用洗瓶向滤纸和漏斗间的空隙内加水，直到漏斗颈及锥体的一部分被水充满，然后边按紧滤纸边慢慢松开下面堵住出口的手指，此时水柱应该形成。如仍不能形成水柱，或水柱不能保持，而漏斗颈又确已洗净，则是因为漏斗颈太大。实践证明，漏斗颈太大的漏斗，是做不出水柱的，应更换漏斗。

做好水柱的漏斗应放在漏斗架上，下面用一个洁净的烧杯承接滤液，滤液可用做其他组分的测定。滤液有时是不需要的，但考虑到过滤过程中，可能有沉淀渗滤，或滤纸意外破裂，需要重滤，所以要用洗净的烧杯来承接滤液。为了防止滤液外溅，一般都将漏斗颈出口斜口长的一侧贴紧烧杯内壁。漏斗位置的高低，以过滤过程中漏斗颈的出口不接触滤液为度。

5）倾泻法过滤和初步洗涤

首先要强调，过滤和洗涤一定要一次完成，因此必须事先计划好时间，不能间断，特别是过滤胶状沉淀。

过滤一般分三个阶段进行：第一阶段采用倾泻法把尽可能多的清液先过滤过去，并将烧杯中的沉淀做初步洗涤；第二阶段把沉淀转移到漏斗上；第三阶段清洗烧杯和洗涤漏斗上的沉淀。

过滤时，为了避免沉淀堵塞滤纸的空隙，影响过滤速度，一般多采用倾泻法过滤，即倾斜静置烧杯，待沉淀下降后，先将上层清液倾入漏斗中，而不是一开始过滤就将沉淀和溶液搅混后过滤。

过滤操作如图 2-37 所示，将烧杯移到漏斗上方，轻轻提取玻璃棒，将玻璃棒下端轻碰一下烧杯壁使悬挂的液滴流回烧杯中，将烧杯嘴与玻璃棒贴紧，玻璃棒直立，下端接近三层滤纸的一边，慢慢倾斜烧杯，使上层清液沿玻璃棒流入漏斗中，漏斗中的液面不要超过滤纸高度的 2/3，或使液面离滤纸上边缘约 5mm，以免少量沉淀因毛细管作用越过滤纸上沿，造成损失。

暂停倾注时，应沿玻璃棒将烧杯嘴往上提，逐渐使烧杯直立，等玻璃棒和烧杯由相互垂直变为几乎平行时，将玻璃棒离开烧杯嘴而移入烧杯中。这样才能避免留在棒端及烧杯嘴上的液体流到烧杯外壁。玻璃棒放回原烧杯时，勿将清液搅混，也不要靠在烧杯嘴处，因杯嘴处沾有少量沉淀，如此重复操作，直至上层清液倾完为止。当烧杯内的液体较少而不便倾出时，可将玻璃棒稍向左倾斜，使烧杯倾斜角度更大些。

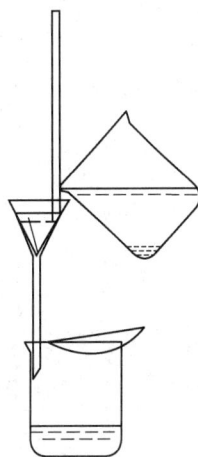

图 2-37 倾斜法过滤

在上层清液倾注完了以后，在烧杯中做初步洗涤。选用什么洗涤液洗沉淀，应根据沉淀的类型而定。

（1）晶形沉淀。可用冷的稀的沉淀剂进行洗涤，由于同离子效应，可以减少沉淀的溶解损失。但是如沉淀剂为不挥发的物质，就不能用作洗涤液，此时可改用蒸馏水或其他合适的溶液洗涤沉淀。

（2）无定形沉淀。用热的电解质溶液作洗涤剂，以防止产生胶溶现象，大多采用易挥发的铵盐溶液作洗涤剂。

（3）对于溶解度较大的沉淀，采用沉淀剂加有机溶剂洗涤沉淀，可降低其溶解度。

洗涤时，沿烧杯内壁四周注入少量洗涤液，每次约 20mL 左右，充分搅拌，静置，待沉淀沉降后，按上法倾注过滤，如此洗涤沉淀 4～5 次，每次应尽可能把洗涤液倾倒尽，再加第二份洗涤液。随时检查滤液是否透明不含沉淀颗粒，否则应重新过滤，或重做实验。

6）沉淀的转移

沉淀用倾泻法洗涤后，在盛有沉淀的烧杯中加入少量洗涤液，搅拌混合，全部倾入漏斗中。如此重复 2～3 次，然后将玻璃棒横放在烧杯口上，玻璃棒下端比烧杯口长出 2～3cm，左手食指按住玻璃棒，大拇指在前，其余手指在后，拿起烧杯，放在漏斗上方，倾斜烧杯使玻璃棒仍指向三层滤纸的一边，用洗瓶冲洗烧杯壁上附着的沉淀，使之全部转移入漏斗中，如图 2-38 所示。最后用保存的小块滤纸擦拭玻璃棒，再放入烧杯中，用玻璃棒压住滤纸进行擦拭。擦拭后的滤纸块，用玻璃棒拨入漏斗中，用洗涤液再冲洗烧杯将残存的沉淀全部转入漏斗中。有时也可用淀帚如图 2-39 所示，擦洗烧杯上的沉淀，然后洗净淀帚。淀帚一般可自制，剪一段乳胶管，一端套在玻璃棒上，另一端用橡胶胶水黏合，用夹子夹扁晾干即成。

图 2-38　最后少量沉淀的冲洗　　　　　图 2-39　淀帚

7) 洗涤

沉淀全部转移到滤纸上后，再在滤纸上进行最后的洗涤。这时要用洗瓶由滤纸边缘稍下一些地方螺旋形向下移动冲洗沉淀如图 2-40 所示。这样可使沉淀集中到滤纸锥体的底部，不可将洗涤液直接冲到滤纸中央沉淀上，以免沉淀外溅。

采用"少量多次"的方法洗涤沉淀，即每次加少量洗涤液，洗后尽量沥干，再加第二次洗涤液，这样可提高洗涤效率。洗涤次数一般都有规定，例如洗涤 8～10 次，或规定洗至流出液无 Cl^- 为止等。如果要求洗至无 Cl^- 为止，则洗几次以后，用小试管或小表皿接取少量滤液，用硝酸酸化的 $AgNO_3$ 溶液检查滤液中是否还有 Cl^-，若无白色浑浊，即可认为已洗涤完毕，否则需进一步洗涤。

图 2-40　洗涤沉淀

2. 用微孔玻璃坩埚（漏斗）过滤

有些沉淀不能与滤纸一起灼烧，因其易被还原，如 AgCl 沉淀。有些沉淀不需灼烧，只需烘干即可称量，如丁二肟镍沉淀、磷铝酸喹啉沉淀等，但也不能用滤纸过滤，因为滤纸烘干后，重量改变很多，在这种情况下，应该用微孔玻璃坩埚（或微孔玻璃漏斗）过滤，如图 2-41 所示。

这种滤器的滤板是用玻璃粉末在高温熔结而成的。这类滤器的分级和牌号见表 2-7。

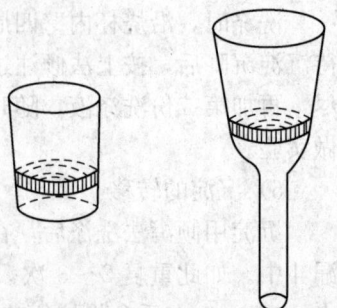

微孔玻璃坩埚　　　微孔玻璃漏斗

图 2-41　微孔玻璃坩埚和漏斗

表 2-7　滤器的分级和牌号[①]

牌号	孔径分级/μm		牌号	孔径分级/μm	
	>	≤		>	≤
$P_{1.6}$	—	1.6	P_{40}	16	40
P_4	1.6	4	P_{100}	40	100
P_{10}	4	10	P_{160}	100	160
P_{16}	10	16	P_{250}	160	250

注：① 资料引自 GB 11415—1989。

　　滤器的牌号规定以每级孔径的上限值前置以字母："P"表示，上述牌号是我国 1990 年开始实施的新标准，过去玻璃滤器一般分为 6 种型号，现将过去使用的玻璃滤器的旧牌号及孔径列于表 2-8。

表 2-8　滤器的旧牌号及孔径范围

旧牌号	G_1	G_2	G_3	G_4	G_5	G_6
滤板孔径/μm	80~120	40~80	15~40	5~15	2~5	<2

　　分析实验中常用 P_{40}（G3）和 P_{16}（G4）号玻璃滤器，例如，过滤金属汞用 P_{40} 号，过滤 $KMnO_4$ 溶液用 P_{16} 号漏斗式滤器，重量法测 Ni 用 P_{16} 号坩埚式滤器。

　　P_4～$P_{1.6}$ 号常用于过滤微生物，所以这种滤器又称为细菌漏斗。这种滤器在使用前，先用强酸（HCl 或 HNO_3）处理，然后再用水洗净。洗涤时通常采用抽滤法。如图 2-42 所示，在抽滤瓶瓶口配一块稍厚的橡皮垫，垫上挖一个圆孔，将微孔玻璃坩埚（或漏斗）插入圆孔中（市场上有这种橡皮垫出售），抽滤瓶的支管与水流泵（俗称水抽子）相连接。先将强酸倒入微孔玻璃坩埚（或漏斗）中，然后开水流泵抽滤，当结束抽滤时，应先拔掉抽滤瓶支管上的胶管，再关闭水流泵，否则水流泵中的水会倒吸入抽滤瓶中。

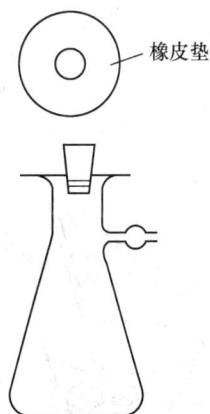

橡皮垫

图 2-42　抽滤装

　　这种滤器耐酸不耐碱，因此，不可用强碱处理，也不适于过滤强碱溶液。将已洗净、烘干且恒重的微孔玻璃坩埚（或漏斗）置于干燥器中备用。过滤时，所用装置和上述洗涤时装置相同，在开动水流泵抽滤下，用倾泻法进行过滤，其操作与上述用滤纸过滤相同，不同之处是在抽滤下进行。

四、干燥和灼烧

　　沉淀的干燥和灼烧是在一个预先灼烧至质量恒定的坩埚中进行，因此，在沉淀的干燥和灼烧前，必须预先准备好坩埚。

1. 坩埚的准备

　　先将瓷坩埚洗净，小火烤干或烘干，编号（可用含 Fe^{3+} 或 Co^{2+} 的蓝墨水在坩埚外壁上编号），然后在所需温度下，加热灼烧。灼烧可在高温电炉中进行。由于温度骤升或骤降常使坩埚破裂，最好将坩埚放入冷的炉膛中逐渐升高温度，或者将坩埚在已升至较高温度的炉膛口预热一下，再放进炉膛中。一般在 $800\sim950℃$ 下灼烧 0.5h（新坩埚需灼烧 1h）。从高温炉中取出坩埚时，应先使高温炉降温，然后将坩埚移入干燥器中，将干燥器连同坩埚一起移至天平室，冷却至室温（约需 30min），取出称量。随后进行第二次灼烧，约 $15\sim20$min，冷却和称量。如果前后两次称量结果之差不大于 0.2mg，即可认为坩埚已达质量恒定，否则还需再灼烧，直至质量恒定为止。灼烧空坩埚的温度必须与以后灼烧沉淀的温度一致。

坩埚的灼烧也可以在煤气灯上进行。事先将坩埚洗净晾干，将其直立在泥三角上，盖上坩埚盖，但不要盖严，需留一小缝。用煤气灯逐渐升温，最后在氧化焰中高温灼烧，灼烧的时间和在高温电炉中相同，直至质量恒定。

2. 沉淀的干燥和灼烧

坩埚准备好后即可开始沉淀的干燥和灼烧。利用玻璃棒把滤纸和沉淀从漏斗中取出，按图 2-43 所示，折卷成小包，把沉淀包卷在里面。此时应特别注意，勿使沉淀有任何损失。如果漏斗上沾有些微沉淀，可用滤纸碎片擦下，与沉淀包卷在一起。

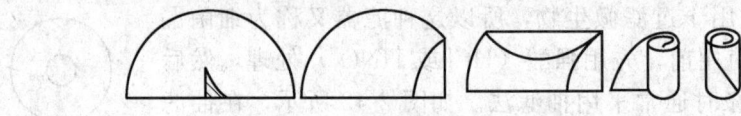

图 2-43　过滤后滤纸的折卷

胶体沉淀滤纸的折卷

图 2-44　沉淀后滤纸的折卷

将滤纸放入质量已恒定的坩埚内，使滤纸层较多的一边向上（图 2-44），可使滤纸灰化较易。按图 2-45 所示，斜置坩埚于泥三角上，盖上坩埚盖，然后如图 2-46 所示，将滤纸烘干并炭化，在此过程中必须防止滤纸着火，否则会使沉淀飞散而损失。若已着火，应立刻移开煤气灯，并将坩埚盖盖上，让火焰自熄。

当滤纸炭化后，可逐渐提高温度，并随时用坩埚钳转动坩埚，把坩埚内壁上的黑炭完全烧去，将炭烧成 CO_2 而除去的过程叫灰化。待滤纸灰化后，将坩埚垂直地放在泥三角上，盖上坩埚盖（留一小孔隙），于指定温度下灼烧沉淀，或者将坩埚放在高温电炉中灼烧。一般第一次灼烧时间为 $30\sim45$min，第二次灼烧 $15\sim20$min。每次灼烧完毕从炉内取出后，都需要在空气中稍冷，再移入干燥器中。沉淀冷却到室温后称量，然后再灼烧、冷却、称量，直至质量恒定。

微孔玻璃坩埚（或漏斗）只需烘干即可称量，一般将微孔玻璃坩埚（或漏斗）连同沉淀放在表面皿上，然后放入烘箱中，根据沉淀性质确定烘干温度。一般第一次烘干时间要长些，约 2h，第二次烘干时间可短些，约 45min 到 1h，根据沉淀的性质具体处理。沉淀烘干后，取出坩埚（或漏斗），置于干燥器中冷却至室温后称量。反复烘干、称量，直至质量恒定为止。

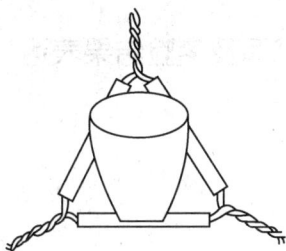

图 2-45　坩埚侧放泥三角上

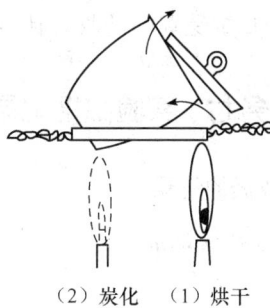

（2）炭化　（1）烘干

图 2-46　烘干和炭化

3. 干燥器的使用方法

干燥器是具有磨口盖子的密闭厚壁玻璃器皿，常用以保存坩埚、称量瓶、试样等物品。它的磨口边缘涂一薄层凡士林，使之能与盖子密合，如图 2-47 所示。

干燥器底部盛放干燥剂，最常用的干燥剂是变色硅胶和无水氯化钙，其上搁置洁净的带孔瓷板。坩埚等即可放在瓷板上。

干燥剂吸收水分的能力都是有一定限度的。例如硅胶，20℃时，被其干燥过的 1L 空气中残留水分为 6×10^{-3} mg；无水氯化钙，25℃时，被其干燥过的 1L 空气中残留水分小于 0.36mg。因此，干燥器中的空气并不是绝对干燥的，只是湿度较低而已。

使用干燥器时应注意下列事项：

（1）干燥剂不可放得太多，以免玷污坩埚底部。

（2）搬移干燥器时，要用双手拿着，用大拇指紧紧按住盖子，如图 2-48 所示。

图 2-47　干燥器

图 2-48　搬干燥器的动作

（3）打开干燥器时，不能往上掀盖，应用左手按住干燥器，右手小心地把盖子稍微推开，等冷空气徐徐进入后，才能完全推开，盖子必须仰放在桌子上。

（4）不可将太热的物体放入干燥器中。

（5）有时较热的物体放入干燥器中后，空气受热膨胀会把盖子顶起来，为了防止盖子被打翻，应当用手按住，不时把盖子稍微推开（不到 1s），以放出热空气。

（6）灼烧或烘干后的坩埚和沉淀，在干燥器内不宜放置过久，否则会因吸收一些水分而使质量略有增加。

（7）变色硅胶干燥时为蓝色（含无水 Co^{2+} 色），受潮后变粉红色（水合 Co^{2+} 色），可以在120℃烘受潮的硅胶，待其变蓝后反复使用，直至破碎不能用为止。

任务七　实验数据记录、实验报告书写及实验结果表达

一、实验数据的记录

1. 实验数据记录

内容略。

2. 实验数据处理的基本方法

1）列表法

列表法在一般化学实验中应用最为普遍，特别是原始实验数据的记录，简明方便。其方法是：在表格的上方标明实验的名称，表的横向表头列出试验号，纵向表头列出数据的名称，通常按操作步骤的顺序排列，最后一行通常为最终计算结果。

2）图解法

用图解法表示测量数据间的关系往往比用文字表述更简明和直观。它可以用于以下情况：

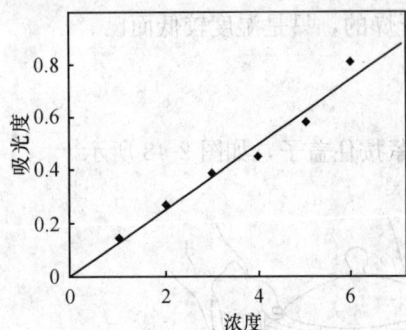

图 2-49　标准曲线

（1）变量间的定量关系图求未知物含量，如外标法的标准曲线图，如图2-49所示。

（2）通过曲线外推法求值，如利用连续加入标准液的方法所得的图外推求值。

把实验数据绘成图形要注意以下问题：

（3）根据变量间的关系合理选择绘图纸的类型，如直角坐标纸、对数坐标纸等。

（4）尽量选独立变量作横坐标，尽量使所绘图形为线性，且直线斜率尽可能接近1。坐标起点不一定是零。

（5）各坐标应标出其所指代的数值、量和单位。

（6）同一纸不要绘制过多的曲线。

3）电子表格

在计算机技术飞速发展的今天，利用已开发的计算机软件平台进行实验数据的处理已经是十分成熟的技术，它既可以对所记录的数据进行快速、自动的处理，还可将计算结果绘出各种图形，可利用 MicroSoft Excel 进行实验数据处理的方法，在此不做详细介绍，可参见有关书籍。

二、实验报告书写

实验结束后完成实验报告的过程是对实验的提炼、归纳和总结，能进一步消化所学的知识，培养创新思维能力。因此，要重视实验报告的书写。

因此实验完毕后，应及时如实地写出实验报告。分析化学实验报告一般包括以下内容：

（1）实验名称、实验日期。

（2）实验目的。

（3）实验原理。简要地用文字和化学反应式说明。例如对于滴定分析，通常应有滴定反应方程式、基准物质和指示剂的选择、测定条件、终点现象等。对特殊仪器的实验装置。应画出实验装置图。

（4）实验主要仪器及试剂。包括特殊仪器的型号及标准溶液的浓度等。

（5）实验步骤。应简明扼要地写出实验步骤流程。

（6）实验数据及结果处理。应用文字、表格或图形，将数据表示出来。根据实验要求及计算公式计算出分析结果并进行有关数据和误差处理，尽可能地使记录表格化；涉及的实验数据应使用法定计量单位。

（7）讨论。包括实验教材上的思考题和对实验中的现象、产生的误差等进行讨论和分析，尽可能地结合分析化学中有关理论，以提高自己的分析问题、解决问题的能力。

三、实验结果的表达

在常规分析中，通常是一个试样平行测定 3 次，在不超过允许的相对误差范围内，取 3 次测定结果的平均值。分析结果一般报告三项值。

（1）测定次数。

（2）测定结果平均值或中位值。

（3）相对平均偏差。

在非常规分析和科学研究中，分析结果应按统计学的观点反映出数据的集中趋势和分散程度，以及在一定置信度下真实值的置信区间。通常用 n 表示测定次数，用平均值来表示分析结果，用标准偏差来衡量各数据的精密度。

四、实验结果表达要注意以下事项

（1）实验现象的记录必须详细，实验数据必须真实可靠。

（2）实验结果的给出形式要与实验的要求相一致。如用重铬酸钾法测铁，测定结果要求以 $Fe_2O_3\%$ 的形式报出时，就必须以该种形式给出，而不能以 FeO 的形式表示。同时给出实验结果计算公式。

（3）对试样中某一组分含量的报告，要以原始试样中该组分的含量报出，不能仅给出供测试溶液中该组分的含量。例如在测试前曾对样品进行过稀释、富集等处理，则最后结果应还原至未稀释、未富集前的情况。

（4）结果数据的有效数字，要与实验中测量数据的有效数字相适应。在实验数据报出时，注明测定结果的精密度。

五、开具实验报告

（1）送检单位、送检日期。

（2）样品名称、编号。

（3）测定结果。

（4）检测项目、实验方法，如果是国家标准方法、行业标准方法等应写明标准代号与编号。

(5) 实验结论。

(6) 检测人、复核人、分析日期和报告发送日期等。

六、实验报告实例

醋酸含量的测定

1. 日期　　　　年　　月　　日

2. 原理

(1) 氢氧化钠的标定：$KHC_8H_4O_4 + NaOH \longrightarrow KNaC_8H_4O_4 + H_2O$

(2) 醋酸的测定：$HAc + NaOH \longrightarrow NaAc + H_2O$

3. 实验简要步骤

(1) 如图 2-50 所示配制 1L 0.1mol/LNaOH 溶液。

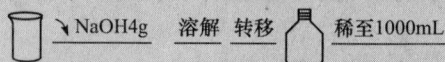

图 2-50　配制 1L 0.1mol/LNaOH 溶液

(2) 试剂瓶上贴上标签，包括的信息有：试剂名称、浓度、介质、配制日期、班级、姓名。

(3) 差减法称取 $KHC_8H_4O_4$ 0.5～0.6g，放入 250mL 锥形瓶中，用 25mL 水溶解，1‰酚酞为指示剂，用 NaOH 溶液滴定至 30s 微红不褪即为终点。

4. 实验数据记录和计算

(1) 标定氢氧化钠如表 2-9 所示。

表 2-9　标定氢氧化钠数据记录表

记录项目　　　　序次	Ⅰ	Ⅱ	Ⅲ	Ⅳ
称量瓶+$KHC_8H_4O_4$（前）/g				
称量瓶+$KHC_8H_4O_4$（后）/g				
$KHC_8H_4O_4$（重）/g				
NaOH 终读数/mL				
NaOH 始读数/mL				
V_{NaOH}/mL				
c_{NaOH}/(mol/L)				
c_{NaOH}（平均值）/(mol/L)				
相对极差/%				

（2）醋酸含量的测定如表 2-10 所示。

表 2-10　醋酸含量的测定数据记录表

记录项目 ＼ 序次	I	II	III
HAc 体积/mL			
NaOH 终读数/mL			
NaOH 始读数/mL			
V_{NaOH}/mL			
HCl 终读数/mL			
HCl 始读数/mL			
V_{HCl}/mL			
c_{NaOH}（平均值）/(mol/L)			
HAc 含量/(g/L)			
HAc 含量平均值/(g/L)			
个别测定的绝对偏差			
相对平均偏差			

（3）计算公式。

① c_{NaOH}（mol/L）计算公式；

② HAc 含量（g/L）计算公式；

③ 绝对偏差和相对平均偏差计算公式。

5. 讨论

（内容可以是实验中发现的问题，情况记录，误差分析，经验教训，心得体会，也可以对教师或实验室提出意见和建议等。）

项目练习题

1. 选择题

（1）洗净 $KMnO_4$ 玷污留下的 MnO_2 污物常用的洗液是（　　）。

A. 碘化钾洗液　　　B. 草酸洗液　　　C. 1＋1 稀 HCl 溶液　　　D. 碱性乙醇洗液

（2）用标示值为 25mL 的移液管准确移出的溶液的体积应记录为（　　）。

A. 25mL　　　B. 25.0mL　　　C. 25.00mL　　　D. 25.000mL

（3）过滤细晶形的沉淀如 $BaSO_4$、CaC_2O_4 时，应选用的滤纸为（　　）。

A. 快速滤纸　　　B. 中速滤纸　　　C. 慢速滤纸　　　D. 都可以

（4）沉淀的灼烧至恒重的要求是前后 2 次称量结果之差不大于（　　）。

A. 0.1mg　　　B. 0.01mg　　　C. 0.2mg　　　D. 0.02mg

（5）下列容量分析仪器不需要用待装溶液润洗的是（　　）。

A. 滴定管　　　B. 移液管　　　C. 容量瓶　　　D. 比色管

(6) 开浓盐酸、浓硝酸、浓氨水等试剂瓶塞时，应在（　　）中进行。

A. 冷水浴 　　　 B. 走廊 　　　 C. 通风橱 　　　 D. 药品库

(7) 天平砝码应定时检定，一般规定检定时间间隔不超过（　　）。

A. 0.5 年 　　　 B. 1 年 　　　 C. 2 年 　　　 D. 3 年

(8) 可用于液体试剂定量取用的是（　　）。

A. 移液管 　　　 B. 量筒 　　　 C. 量杯 　　　 D. 前面三种都可以

(9) 玻璃量器的烘干温度不得超过（　　），以免引起容积变化。

A. 100℃ 　　　 B. 150℃ 　　　 C. 200℃ 　　　 D. 250℃

(10) 下列固体试剂不需要用棕色试剂瓶盛装的是（　　）。

A. $AgNO_3$ 　　　 B. $KMnO_4$ 　　　 C. I_2 　　　 D. $CaCO_3$

(11) 滴定管读数时，视线比液面低，会使读数（　　）。

A. 偏低 　　　 B. 偏高 　　　 C. 可能偏高也可能偏低 　　 D. 无影响

(12) 过滤过程中漏斗位置的高低以漏斗颈的出口（　　）为度。

A. 低于烧杯边缘 5mm 　　　　　 B. 触及烧杯底部

C. 不接触滤液 　　　　　　　　　 D. 位于烧杯中心

(13) 用电子天平进行称量，当天平显示（　　）时，才可开始称量。

A. 0 　　　 B. CAL 　　　 C. TARE 　　　 D. OL

(14) 下列溶液中需要避光保存的是（　　）。

A. 氢氧化钾溶液 　　 B. 碘化钾溶液 　　 C. 氯化钾溶液 　　　 D. 碘酸钾溶液

(15) 分析天平中空气阻尼器的作用在于（　　）。

A. 提高灵敏度 　　 B. 提高准确度 　　 C. 提高精密度 　　　 D. 提高称量速度

(16) 与天平灵敏性无关的因素是（　　）。

A. 天平梁质量 　　　　　　　　　 B. 天平的臂长

C. 平衡调节螺丝的位置 　　　　　 D. 玛瑙刀口的锋利度与光洁度

(17) 进行滴定操作时，正确的方法是（　　）。

A. 眼睛看着滴定管中液面下降的位置

B. 眼睛注视滴定管流速

C. 眼睛注视滴定管是否漏液

D. 眼睛注视被滴定溶液颜色的变化

(18) 酸式滴定管尖部出口被润滑油酯堵塞，快速有效的处理方法是（　　）。

A. 热水中浸泡并用力下抖 　　　　 B. 用细铁丝通并用水洗

C. 装满水利用水柱的压力压出 　　 D. 用洗耳球对吸

(19) 电子天平是采用（　　）原理来进行衡量的。

A. 杠杆平衡 　　 B. 磁力平衡 　　 C. 电磁力平衡 　　　 D. 电力平衡

(20) 由于温度的变化可使溶液的体积发生变化，因此必须规定一个温度为标准温度。国家标准将（　　）规定为标准温度。

A. 15℃ 　　　 B. 20℃ 　　　 C. 25℃ 　　　 D. 30℃

(21) 玷污 AgCl 的容器用（　　）洗涤最合适。

A. 1＋1 盐酸　　　B. 1＋1 硫酸　　　C. 1＋1 氨水　　　　D. 1＋1 醋酸

（22）下列可在烘箱内烘烤的是（　　）。

A. 比色管　　　　B. 碘量瓶　　　　C. 容量瓶　　　　　D. 移液管

（23）下列关于容量瓶说法中错误的是（　　）。

A. 可在容量瓶中长期存放溶液

B. 定容时的溶液温度应当与室温相同

C. 不能在容量瓶中直接溶解基准物

D. 容量瓶中的溶液未定容前，不能将容量瓶颠倒摇匀

（24）只需烘干就可称量的沉淀，选用（　　）过滤。

A. 玻璃砂心坩埚　　B. 定性滤纸　　　C. 无灰滤纸　　　　D. 定量滤纸

（25）关于分析天平使用，以下说法不正确的是（　　）。

A. 取放砝码和称量物品应使用侧门，启闭侧门要轻稳，以免天平移位

B. 放好砝码和被称量物品后，对侧门是否关闭不做特殊要求

C. 称量时，启闭横梁用力要轻缓、均匀，以防损伤刀刃

D. 砝码和称物要放在天平盘中央

（26）以下滴定中的操作正确的是（　　）。

A. 滴定刚开始时，溶液可成流水状放出。

B. 滴定完毕，管尖处有气泡

C. 初读数时，滴定管执手中，终读数时，滴定管夹在滴定台上

D. 滴定时要注意观察滴定剂落点处周围颜色的变化。

（27）洗涤 $AgNO_3$ 玷污的器皿和白瓷水槽常用的洗液（　　）。

A. 碘-碘化钾洗液　　B. 草酸洗液　　　C.（1＋1）盐酸　　　D. 碱性乙醇洗液

（28）天平的零点若发生漂移，将使测定结果（　　）。

A. 偏高　　　　　B. 偏低　　　　　C. 不变　　　　　　D. 高低不一定

（29）能使分析天平较快停止摆动的部件是（　　）。

A. 吊耳　　　　　B. 指针　　　　　C. 阻尼器　　　　　D. 平衡螺丝

（30）称量法进行滴定管体积的绝对校准时，得到的体积值是滴定管在（　　）下的实际容量。

A. 25℃　　　　　B. 20℃　　　　　C. 实际测定温度　　　D. 0℃

2. 判断题

（1）（　　）使用化学试剂时，如取出的一次未用完，必须封存剩余的取出试剂，不能放回原试剂瓶。

（2）（　　）石英和玻璃比色皿的一般采用强碱液清洗。

（3）（　　）配制硫酸溶液时，应将水慢慢倒入浓硫酸中，边加边搅拌。

（4）（　　）在实验室中浓碱溶液应贮存在聚乙烯塑料瓶中。

（5）（　　）倾倒液体试样时，右手持试剂瓶并将试剂瓶的标签握在手心中，逐渐倾斜试剂瓶，缓缓倒出所需量试剂并将瓶口的一滴碰到承接容器中。

（6）（　　）往试管中倒取液体试剂时要避免试剂瓶口与试管口相接触以免玷污试剂。

（7）（　　）玻璃量器的烘干温度不得超过150℃，以免引起容积变化。

（8）（　　）硬质玻璃试管可直接用小火烤干，操作时应将试管口朝上，并不时来回移动试管，防止局部过热。

（9）（　　）用滴管往试管中滴加少量试剂时，应将滴管伸入到试管内，管尖紧靠试管内壁。

（10）（　　）碱式滴定管用于盛放碱类溶液和氧化性溶液如高锰酸钾、碘等溶液。

（11）（　　）欲将混匀后的操作液倒入滴定管中，可借助于漏斗、烧杯等容器来转移。

（12）（　　）用移液管自容器中移取溶液时，应将移液管插入溶液底部。

（13）（　　）容量瓶不宜长期存放溶液，尤其是碱性溶液，应转移到试剂瓶中保存。

（14）（　　）容量瓶及移液管等有刻度的精确玻璃量器，均不宜放在烘箱中烘烤。

（15）（　　）用25mL移液管从250mL容量瓶中移出溶液体积是否为容量瓶容积的1/10，移液管和容量瓶都需要做绝对校准。

（16）（　　）过滤时，滤纸上边缘和漏斗边缘应平齐。

（17）（　　）过滤时，如滤液是不需要的，则承接滤液的烧杯是否洁净对实验无影响。

（18）（　　）过滤时，漏斗中的液面不要超过滤纸高度的2/3，或使液面离滤纸上边缘约5mm。

（19）（　　）过滤过程中，若暂停倾注时，应将玻璃棒沿烧杯嘴往上提，并逐渐将烧杯直立。

（20）（　　）洗涤沉淀时，应根据沉淀的类型来选择合适的洗涤剂，如对于溶解度较大的沉淀，则可采用沉淀剂加有机溶剂洗涤沉淀，以降低其溶解度。

（21）（　　）沉淀灼烧完毕从炉内取出后，只需要在空气中稍冷就可进行称量。

（22）（　　）变色硅胶干燥时为粉红色，受潮后变蓝色。

（23）（　　）挥发性易燃品或刚用酒精、丙酮淋洗过的仪器可放入烘箱内烘干。

（24）（　　）对于易水解的盐，在配制时，需加入适量的酸，然后再用水稀释。

（25）（　　）浓碱液应用塑料瓶盛装，如装在玻璃瓶中，要用橡皮塞塞紧，不能用玻璃磨口塞。

（26）（　　）用分析天平称量物体，选取砝码时应遵循"由大到小，中间截取，逐级试验"的原则。

（27）（　　）同一实验中的所有称量，应自始至终使用同一架天平，使用不同天平会造成误差。

（28）（　　）滴定管内壁不能用去污粉清洗，以免划伤内壁，影响体积准确测量。

（29）（　　）在使用分析天平称量样品时，应先开启天平，然后再取放物品。

（30）（　　）用纯水洗涤玻璃仪器时，既干净又节约用水的方法原则是少量多次。

答案

1. 选择题

（1）B　（2）C　（3）C　（4）C　（5）C　（6）C　（7）B　（8）A　（9）B　（10）D

(11) B (12) C (13) A (14) B (15) D (16) C (17) D (18) A (19) C (20) B (21) C (22) B (23) A (24) A (25) B (26) D (27) A (28) D (29) C (30) B

2. 判断题

(1) √ (2) × (3) × (4) √ (5) √ (6) × (7) √ (8) × (9) × (10) × (11) × (12) × (13) √ (14) √ (15) × (16) × (17) × (18) √ (19) × (20) √ (21) × (22) × (23) × (24) √ (25) √ (26) √ (27) √ (28) √ (29) × (30) √

模块三　化学分析实训

项目一　定量化学分析仪器的使用练习

实训一　分析天平的称量练习

1. 实训目的

（1）进一步了解双盘全机械加码电光天平的构造及使用规则，掌握天平的基本操作。

（2）掌握天平常用称量方法。

（3）掌握准确记录实验原始数据的方法。

2. 实训原理

分析天平称取试样时，应根据不同的称量对象，采用相应的称量方法。常用的称量方法有以下三种。

1）直接称量法

天平的零点调定好，将被称物直接放在秤盘上，所得读数即为被称物质量。这种称量方法适用于称量洁净干燥的器皿、棒状或块状的金属等。注意，不得用手直接取放物体，可采用戴细纱手套、垫纸条、用镊子或钳子等适宜的方法。

2）减量法（递减称量法）

在称量瓶中放入被称试样，准确称取瓶和试样质量后，向接受容器中倒出所需量的试样，再准确称取瓶和试样质量，2次称量的差值即为倒入接受容器中试样的质量。如此重复操作，可连续称取若干份试样。减量法适于称量一般的固体颗粒状、粉状及液态样品（液体样品可用滴瓶盛装），由于称量瓶和滴瓶都有磨口瓶塞，对于称量较易吸湿、吸收空气中二氧化碳或挥发性的试样很有利。

具体的操作如下：取一个洗净并干燥的称量瓶，将试样装入瓶中，试样的质量比所需称量略多，盖好瓶盖，用干净的纸条套住称量瓶瓶身（图3-1），放在天平上准确称量，然后取出称量瓶，在接受容器的上方，用小纸片夹住瓶盖柄，打开瓶盖，将称量瓶慢慢地向下倾斜，并用瓶盖轻轻敲击瓶口，使试样慢慢落入容器内（图3-2），注意不要撒在容器外。当倾出的试样接近所要称取的质量时（从体积上估计），将称量瓶慢慢竖起，同时用称量瓶瓶盖继续轻轻敲瓶口，使黏附在瓶口上的试样落入瓶内，再盖好瓶盖。然后将称量瓶放回天平盘上称量，2次称得质量之差即为试样的质量。如果一次倾出的样品量不到所需量范围，可再次倾倒样品，直到倾出的样品质量满足要求后，再记录天平的读数，但倾出样品的次数不要超过 3 次；如果倾出样品质量超出所需质量范围，则应洗净接收容器后重新称量。按上述方法可连续称取几份试样。

图 3-1　称量瓶　　　　　　　　图 3-2　倾出样品的操作

3）固定质量称量法（增量法）

在分析工作中，有时要求准确称取某一指定质量的样品。例如用基准物质配制某一指定浓度的标准溶液时，便采用固定质量称量法称取基准物质。此法主要用来称取不易吸湿，且不与空气作用、性质较稳定的粉末状物质。

称量方法是：先在天平上准确称出干燥洁净的容器质量（如小表面皿、小烧杯、称量纸等），读数后适当调整砝码，用牛角匙将试样慢慢加入容器中，半开天平试重，直到所加试样质量与指定质量相差不到 10mg 时，全开天平，极其小心地将盛有试样的牛角匙伸向容器中心上方 2～3cm 处，匙的另一端顶在掌心上，用拇指、中指及掌心拿稳牛角匙，并以食指轻弹匙柄，使角匙内心的试样以非常少量的量慢慢地抖入容器中（图 3-3），这时眼睛既要注意角匙，同时也要注意标尺的读数，待标尺正好

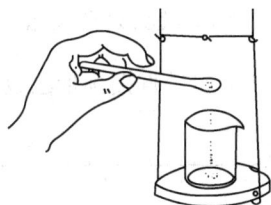

图 3-3　固定质量称量法

移动到所需刻度时，立即停止抖入试样，关闭天平，关上侧门，再次进行读数。

3. 仪器与试剂

（1）仪器。双盘全机械加码电光天平、托盘天平、锥形瓶、称量瓶、50mL 小烧杯、表面皿。

（2）试剂。淀粉（或其他固体试剂）。

4. 实训内容及操作步骤

1）检查天平是否正常

取下防尘罩，叠平后放在天平箱上方，检查天平各部件是否正常，如天平是否水平；秤盘是否洁净；指数盘是否在零位；圈码有无脱位；吊耳和横梁是否错位等。

2）天平零点的调节

接通电源，慢慢打开升降旋钮（顺时针旋到底），此时在光屏上可以看到标尺的投影在移动。当标尺稳定后，如果屏幕中央的刻线与标尺的"0"线不重合，可拨动投影屏调节杆，移动屏的位置，使屏中刻线恰好与标尺中的"0"线重合，即调定零点。如果屏幕移到尽头仍调不到零点，则需关闭天平，调节横梁上的平衡螺丝（遵循右手螺旋

法则：四指为螺丝旋转的方向，大拇指为螺丝前进的方向），再开启天平继续拨动投影屏调节杆，直至调定零点。然后关闭天平，准备称量。

3）称量练习

（1）直接称量法。取一洁净干燥的称量瓶，用纸条套住先在托盘天平上称量粗略质量，然后在分析天平上准确称出其质量。

用同样的方法称量小烧杯和称量纸的质量。

（2）差减法（递减称量法）。用纸带套住称量瓶（已装有淀粉或其他固体试样），在分析平上准确称其质量，用差减法称取 2 份试样分别置于锥形瓶中，每份试样质量在 0.12～0.20g。

（3）固定质量称量法。先在分析天平上准确称出表面皿的质量，然后通过指数盘再加入 500mg 砝码，用牛角匙将淀粉慢慢加到称量纸上，半开天平试重，直到所加淀粉质量与要求称量的质量相差不到 10mg 时，全开天平，极其小心地将淀粉试样抖入到表面皿上，待标尺正好移动到所需刻度时，关闭天平，关上侧门，再次读数。此时称取淀粉的质量为 0.5000g，用同样的方法再称取一份。

（4）实验结束后，按规范操作要求将天平复原，同时整理台面。

5. 数据记录及结果计算

（1）直接称量法数据记录及处理如表 3-1 所示。

表 3-1　直接称量法数据记录及处理

物　品	称量瓶	小烧杯
质量/g		

（2）减量法数据记录及处理如表 3-2 所示。

表 3-2　减量法数据记录及处理

	第一份	第二份
敲样前称量瓶＋试样质量/g		
敲样后称量瓶＋试样质量/g		
敲出的试样质量/g		

（3）固定质量称量法数据记录及处理如表 3-3 所示。

表 3-3　固定质量称量法数据记录及处理

	1	2
称表面皿质量/g		
表面皿＋试样质量/g		
试样质量/g		

6. 注意事项

（1）称量前先要检查天平是否能正常使用。

（2）调节零点及记录称量读数后，应随手关闭天平；用平衡螺丝粗调零点、加减砝码和取放物体时，应先关闭天平。

（3）固定质量称量法进行称量时，加入试样不要过量，试重时天平只能半开，判断轻重，当所加试样与指定的质量相差不到 10mg 时，应全开天平。

（4）减量法称量时，要用纸条套住称量瓶和瓶盖操作；称量过程中，称量瓶不要随意放在实验台上，只能放在天平秤盘上或干燥器里；敲出样品的次数不宜过多，样品超出范围应重做。

（5）读数保留四位小数。

（6）每次称量完毕应检查天平的零点，零点超出±0.2mg 时，应重新称量。

7. 评价标准

（1）达到的专项能力目标：必须具备熟练使用分析天平称量试样的能力，能在 10min 内用固定质量称量法称取试样一份，称量误差不超过±0.0001g；能在 15min 内用减量法连续称取试样 2 份且每份试样的质量控制在±10％的称量范围之间。

（2）准确、整齐、简明地在实验原始记录本上记录实验原始数据，不涂改数据，不将数据记在单页纸片上或其他地方。

8. 实训思考

（1）在什么情况下选用固定质量称量法？什么情况下选用减量法？用这两种方法称取样品时未完全调定天平的零点，对称量结果是否有影响？为什么？

（2）在减量法称取样品的过程中，若称量瓶内的试样吸湿，对称量是否有影响？若试样倾入接收容器内再吸湿，对称量是否有影响？为什么？

实训二 定量分析仪器清点、验收与洗涤

1. 实训目的

（1）熟悉化学实验室玻璃器皿的验收要求，掌握识别常用玻璃量器合格品的标志。

（2）熟悉常见玻璃器皿及其用途，掌握常用玻璃器皿清洗操作规程和保存方法。

2. 实训原理

1）玻璃仪器的清点和验收

分析室所用的玻璃仪器种类很多，这类仪器的特点是容易破损。玻璃仪器的存放应分门别类，放置有序，建立管理制度。

（1）建立入库、领用登记等制度。

（2）玻璃仪器入库应分类分别存放，避免受压或碰撞损坏。

（3）成套专用玻璃仪器，应使用专用包装，并配套存放。如带磨口塞的仪器如容量瓶、比色管、分液漏斗用细线绳或皮筋套把塞子拴在管口，以免打破塞子或互相弄混。

图 3-4　标记排列图

（4）做实验之前，将要使用的玻璃器皿都清理出来洗净，为实验做准备；实验完毕将器皿放回原处。

（5）对于新购置的玻璃器皿，进行与购置单比对清点、验收，检查有无裂纹、玻璃质量、商标、水密性和气密性等；验收时，量器应具有下列标记（图 3-4）。

① 许可证标记 ⓂⒸ。

② 厂名或商标。

③ 标准温度（20℃）。

④ 用法标记：量入式用 "In"，量出式用 "Ex"，吹出式用 "吹" 或 "Blow out"。

⑤ 标称总容量与单位：××mL。

⑥ 准确度等级：A 或 B。凡无等级的量器，如量筒与量杯其等级一项可省略。

2）洗涤原理

在分析工作中，洗净玻璃仪器是一个必须做的实验前的准备工作，也是一个技术性的工作。仪器洗涤是否符合要求，对化验工作的准确度和精密度均有影响。

附着在玻璃仪器上的污物有尘土、可溶性物质、不溶性物质、有机物和油垢。洗涤时应针对不同的情况，选用合适的洗涤剂和洗涤方法。如溶剂振荡洗涤、溶剂浸泡洗涤、毛刷刷洗等，荡洗和浸泡适用于各种口径的仪器洗涤，刷洗适用于广口仪器的洗涤，取几件大小不同口径的玻璃仪器，据其污物类型和程度，选用下列方法洗涤。

（1）水洗：在玻璃仪器中加入适量的蒸馏水用合适的毛刷刷洗，如此重复洗涤 2～3 次，再用蒸馏水冲洗 2～3 次，直至玻璃器皿透明，壁上不挂水珠。水洗只能洗去尘土和可溶性物质，不能洗去有机物和油垢。

（2）皂液和合成洗涤剂洗：若玻璃仪器上有有机物和油垢，可选用去污粉、皂液或洗涤剂洗涤。洗涤具体方法是：先用水洗掉尘土和可溶性污物后，用毛刷蘸些去污粉或洗涤剂刷洗，再用自来水冲掉残留的洗涤剂，最后用少量蒸馏水淋冲洗 2～3 遍，直至干净为止。

（3）铬酸洗液：一些口径小而长的玻璃仪器，如滴定管、移液管、容量瓶等沾有油污和有机物等，不宜用刷子刷洗，可选用氧化能力和腐蚀能力强的铬酸洗液。具体的洗涤方法是：先用水洗净尘土和水溶性污物，然后尽可能倾掉残留液，再在容器中加入少量铬酸洗液，慢慢转动容器，如果是移液管和滴定管，应平持使容器内壁全部浸润（注意不要使洗液流出来），旋转几周后，放出洗液，再依次用自来水冲洗，蒸馏水淋洗干净。如果洗涤仍没有达到要求，则要用铬酸洗液浸泡 24h，再进行自来水冲洗，蒸馏水淋洗。

选择合适溶剂，利用洗涤剂与污物之间的化学反应或物理化学反应，使污物脱离器壁后与溶剂一起流走，最后用蒸馏水利用少量多次的原则洗涤干净，洁净玻璃器皿的洗净标准是透明不挂水珠。

3. 仪器与试剂

烧杯、量筒、玻棒、待洗涤的玻璃器皿和瓷器；$K_2Cr_2O_7$、H_2SO_4（浓）、去污粉、肥皂、试管刷、试管架、毛刷等。

4. 实训内容及操作步骤

（1）按照教师发给的实验仪器清单（表 3-4），领取玻璃仪器一套。领取仪器时应仔细清点，如发现不符合规格、数量以及有破损仪器时应在洗涤前及时调换。

表 3-4 领洗仪器清单

名 称	规 格	数 量	名 称	规 格	数 量
烧杯	400mL	1 只	试管夹	—	1 个
烧杯	250mL	1 只	试管刷	—	1 把
烧杯	100mL	2 只	试管架	—	1 个
烧杯	50mL	1 只	酸式滴定管	50mL	1 支
试管	15mm×150mm	10 支	碱式滴定管	50mL	1 支
离心试管	10mL	10 支	表面皿	6～8cm	2 块
漏斗	6cm	1 支	蒸发皿	60mL	1 只
石棉网	—	1 块	量筒	10mL	1 只
广口瓶	30mL	2 只	锥形瓶	250mL	2 只

注：本表依实际情况可变动。

（2）配制 $K_2Cr_2O_7$-H_2SO_4 洗涤液。称取重铬酸钾（粗）10g 置于 400mL 烧杯内，加入 20mL 水，加热使之溶解。等冷却后，在不断搅拌下徐徐注入 175mL 粗浓硫酸即成。配好的洗液应为深褐色，贮于细口瓶中备用。经多次使用后洗涤效率降低时，可加入适量的 $KMnO_4$ 粉末即可再生。用时防止它被水稀释。

（3）在教师指导下，对已领取的玻璃仪器分类，选择合适的方法进行清洗。

（4）将清洗干净的玻璃仪器依不同要求，采用不同方法进行干燥。

（5）将清洗，干燥过的玻璃仪器按指定位置（仪器橱、架等）存放好。

5. 注意事项

（1）铬酸洗液具有极强的腐蚀性，使用时应特别小心。

（2）最初洗涤废液应按要求倒入指定容器，不要倒入水槽。

（3）应该尽量把仪器的水去掉，以免把洗液冲稀。

（4）洗液用后倒回原瓶，可以重复使用，装洗液的瓶塞盖紧，以防止洗液吸水而被冲淡。

（5）不要用洗液去洗涤具有还原性的污物（如某些有机物）。

（6）仪器齐全后，请保管好自己的仪器，离开实验室之前将自己的柜子锁好。

6. 评价标准

（1）达到的专项能力目标：识别合格的量器具，熟悉洗涤顺序：自来水-洗涤液-自

来水-蒸馏水；选择不同洗涤剂洗涤不同类型、沾有不相同污染物的玻璃器皿，达到洗
涤要求。

（2）具有环境保护意识，树立分析监测质量意识。

7. 实训思考

（1）为保证化学实验结果的准确性，实验中要用的玻璃器皿都必须洗净到器壁能被
水完全润湿、不挂水珠，你对这种观点有何评论。

（2）铬酸洗液是怎样配制的？配制过程中应注意什么？新配制的铬酸洗液是什么颜
色？如果用铬酸洗液清洗还原性污物，铬酸洗液的颜色会发生什么变化？

（3）举例说明不同的玻璃器皿、不同的污物要用不同的洗涤剂、不同的清洗方法进
行清洗。

实训三　滴定分析操作及滴定终点练习

1. 实训目的

（1）进一步学习、掌握滴定分析常用仪器的洗涤和正确使用方法。
（2）通过练习滴定操作，初步掌握甲基橙、酚酞指示剂终点的确定。

2. 实训原理

滴定终点的判断正确与否是直接影响到滴定分析结果的准确性，因此，必须学会正
确判断滴定终点。在酸碱滴定分析中，通常是利用酸碱指示剂的颜色突变来判断滴定终
点。酸碱指示剂都具有一定的变色范围，HCl 溶液和 NaOH 溶液相互滴定时 pH 的突
跃范围为 4.3～9.7，选用在此范围内变色的指示剂，如甲基橙（变色范围 3.1～4.4）
或酚酞（变色范围 8.0～9.6）等均可作为指示剂来指示滴定终点。

一定浓度的 HCl 溶液和 NaOH 溶液相互滴定时，所消耗的体积比应是一定的，借
此可以检验滴定操作技术和判断终点的能力。

3. 仪器与试剂

（1）仪器。滴定管（50mL，酸式、碱式各 1 支）、容量瓶（250mL）、移液管
（25.00mL）、锥形瓶（250mL 3 个）

（2）试剂。0.1mol/L HCl 溶液、0.1mol/L NaOH 溶液、1g/L 甲基橙指示剂、
2g/L 酚酞溶液。

4. 实训内容及操作步骤

1）洗涤玻璃仪器

一般仪器可用洗衣粉或去污粉洗涤后，再用自来水冲洗，最后用蒸馏水荡洗。洗涤
干净的标准是：容器内壁均匀地被水润湿而不挂水珠。

2）酸式、碱式滴定管的使用练习

酸式滴定管的使用练习：涂油→试漏→装溶液（以水代替）→赶气泡→调零→滴定→读数。

碱式滴定管的使用练习：试漏→装溶液（以水代替）→赶气泡→调零→滴定→读数。

3）容量瓶的使用

试漏→洗涤→试样的溶解→定量转移→稀释→定容→摇匀。

4）移液管的使用

润洗→吸溶液（容量瓶中的水）→调液面→放出溶液（放到锥形瓶中）。

5）滴定终点练习

（1）取 25.00mL 0.1mol/L NaOH 溶液于 250mL 锥形瓶中，加甲基橙指示剂一滴，用 0.1mol/L HCl 溶液滴定至黄色变为橙色，记录 HCl 溶液的用量，平行测定 3 次。

（2）移取 25.00mL 0.1mol/L HCl 溶液于 250mL 锥形瓶中，加酚酞指示剂两滴，用 0.1mol/LNaOH 溶液滴定至无色变为浅红色，30s 不褪色，记录 NaOH 溶液的用量，平行测定 3 次。

5. 数据处理及分析结果的计算

（1）HCl 溶液滴定 NaOH 溶液数据记录及处理如表 3-5 所示。

表 3-5 HCl 溶液滴定 NaOH 溶液数据记录及处理

指示剂：甲基橙

项　目	1	2	3
V_{NaOH}/mL	25.00	25.00	25.00
V_{HCl}/mL			
V_{HCl}/V_{NaOH}			
V_{HCl}/V_{NaOH}平均值			
相对平均偏差/%			

（2）NaOH 溶液滴定 HCl 溶液数据记录及处理如表 3-6 所示。

表 3-6 NaOH 溶液滴定 HCl 溶液数据记录及处理

指示剂：酚酞

项　目	1	2	3
V_{HCl}/mL	25.00	25.00	25.00
V_{NaOH}/mL			
V_{HCl}/V_{NaOH}			
V_{HCl}/V_{NaOH}平均值			
相对平均偏差/%			

6. 注意事项

（1）滴定时，注意控制滴定速度，开始滴定时，滴定速度可稍快，"见滴成线"，约每秒 3～4 滴，但不能成流水状放出；接近终点时，应改为一滴一滴加入，即加一滴摇几下，再滴再摇；最后是半滴加入，摇动锥形瓶，直至溶液颜色发生明显变化。

（2）指示剂不得多加，否则终点难以观察。

（3）滴定过程中要注意观察溶液颜色变化。

7. 评价标准

（1）达到的专项能力目标：正确使用滴定管、容量瓶、移液管和吸量管等滴定分析常用仪器。具备控制滴定速度、近终点时的半滴操作等基本技能，具备正确判断、控制滴定终点能力。要求结果的相对平均偏差不超过 0.2%。

（2）正确填写实验数据，计算相应平均值和偏差，符合有效数据的计算规则。

8. 实训思考

（1）在滴定分析实验中，滴定管、移液管为何需要用滴定剂和要移取的溶液润洗几次？滴定中使用的锥形瓶是否也要用滴定剂润洗？为什么？

（2）用酚酞作指示剂，NaOH 溶液滴定 HCl 溶液时，终点为浅红色 30s 不褪色，时间长了，红色会褪去，为什么？要不要继续用 NaOH 溶液滴定？

实训四　滴定分析仪器的校准

1. 实训目的

（1）了解滴定分析仪器校准的意义和方法。

（2）校正在某固定温度下，容量瓶、吸液管及滴定管的刻度。

2. 实训原理

滴定管、移液管、容量瓶等分析实验室常用的玻璃量器，都有刻度和标称容量，国家标准规定的容量误差见模块二任务五。合格的产品其容量误差往往小于允差，但也有不合格产品流入市场，如果不预先进行容量校准就可能给实验结果带来系统误差。在进行分析化学实验之前，应该对所用仪器的计量能心中有数，使其测量的精密度能满足对实验结果准确度的要求。

进行高精度的定量分析时，应使用经过校准的仪器，尤其是对所用仪器的质量有怀疑或需要使用 A 级产品而只能买到 B 级产品时，或不知道现有仪器的精密度时，都有必要对仪器进行容量校准。在实际工作中，用于产品质量检验的量器都必须经过校准。因此，容量的校准是一项不可忽视的工作。

校准方法是：称量被校准的量器中量入或量出纯水的质量，再根据当时水温下的表观密度计算出该量器在 20℃时的实际容量。这里应该考虑空气浮力作用和空气成分在水中的溶解、纯水在真空中和在空气中的密度值稍有差别等因素。

3. 仪器与试剂

校准是技术性强的工作，操作要正确规范。实验室要具备以下条件。

（1）分析天平：天平具有足够承载范围和称量空间的分析天平，其分度值应小于被校量器容量误差的 1/10。

（2）新制备的蒸馏水或去离子水。

（3）温度计：分度值为 0.1℃。

（4）具塞锥形瓶，洗净晾干。

（5）乙醇（无水或 95%），供干燥容量瓶用。

（6）坐标纸等。

4. 实验内容及操作步骤

1）实验准备

室温最好控制在（20±5）℃，而且温度变化不超过 1℃/h。

量入式量器校准前要进行干燥，可用热气流（最好用气流烘干机）烘干或用乙醇荡洗后晾干。干燥后再放到天平室平衡。

校准前，量器和纯水应在该室温下达到平衡。

2）移液管（单标线吸量管）的校准

取一个 125mL 的具塞锥形瓶，在分析天平上称量至毫克位。用已洗净的 25mL 移液管吸取纯水（盛在 100 烧杯中）至标线以上几毫米，用滤纸片擦干管下端的外壁，将流液口接触烧杯内壁，移液管垂直，烧杯倾斜 30°。调节液面使其最低点与标线上边缘相切，然后将移液管插入锥形瓶内，使流液口接触磨口以下的内壁让水沿壁留下，待液面静止后再等待 15s。在放水及等待过程中，移液管要始终保持垂直，流液口一直接触瓶壁，但不可接触瓶内的水，锥形瓶要保持倾斜。放完水要随即盖上瓶塞，称量到毫克位。2 次称得质量之差即释出纯水的质量 m_t。重复操作一次，2 次释出纯水质量之差应小于 0.01g。

将温度计插入水中 5～10min，测量水温读数时不可将温度计的下端提出水面。从表 2-6 中查出该温度下的 ρ_t，并利用下式计算移液管的实际容量：

$$V_{20} = m_t/\rho_t$$

3）移液管、容量瓶的相对校正

将 250mL 容量瓶洗净、晾干（可用几毫升乙醇润洗内壁后倒挂在漏斗板上数小时），用洗净的 25mL 移液管准确吸取蒸馏水 10 次至容量瓶中，观察容量瓶中谁的弯月面下缘是否与标线相切，若正好相切，说明移液管和容量瓶体积的比例为 1∶10。若不相切（相差不超过 1mm），表示有误差，记下弯月面下缘的位置，待容量瓶晾干后再校准一次。连续 2 次实验相符后，可用一平直的窄纸条在与弯月面相切处，并在纸条上刷蜡或贴一块透明胶布以此保护此标记。以后使用的移液管和容量瓶即可按所贴标记配套使用。

4）滴定管的校准

洗净一支 50mL 的酸式滴定管，用洁布擦干外壁，倒挂于滴定台上 5min 以上。打开旋塞，用洗耳球使水从管尖吸入，仔细观察液面上升过程中是否变形（液面边缘是否起皱），如果变形应重新洗涤。

将滴定管注水至标线以上 5mm 处，垂直挂在滴定台上，等待 30s 后调节液面至 0.00mL。取一个干净晾干的 125mL 具塞锥形瓶，在天平上称准至 0.001g。从滴定管中向锥形瓶排水，当液面降至被校分度线以上 5mm 时，等待 15s。然后在 10s 内将液面调整至被校分度线，随即用锥形瓶内壁靠下挂在滴定管上的液滴，立即塞上瓶塞进行称量。测量温度后，从表 2-6 查出该温度下的 ρ_t，利用 $V_{20} = m_t / \rho_t$ 计算被校分度线的实际体积，再计算出相应的校正值 $\Delta V =$ 实际体积－标称容量。

按照表 3-7 所列的容量间隔进行分段校准，每次都从滴定管的 0.00mL 标线开始，每支滴定管重复校准一次。

用滴定管被校分度线的标称容量为横坐标，相应的校正值为纵坐标，用折线连接各点绘制出校正曲线。

5. 数据处理及校正结果

（1）滴定管校准的数据记录及处理如表 3-7 所示。

表 3-7　滴定管校准的数据记录及处理

滴定管读数/mL	称量记录/g				水的质量/g			实际容积/mL	校准值/mL	总校准值/mL
实验温度＝　　　℃，水的密度＝　　　g/mL										
	瓶	瓶＋水	瓶	瓶＋水	1	2	平均值			
0.00～10.00										
10.00～20.00										
20.00～30.00										
30.00～40.00										
40.00～50.00										

（2）绘出滴定管的校正曲线。

（3）移液管校准的数据记录及处理如表 3-8 所示。

表 3-8　移液管校准的数据记录及处理

次　数	锥形瓶质量/g	瓶＋水的质量/g	水的质量/g	实际容积/mL
实验温度＝　　　℃，水的密度＝　　　g/mL				
1				
2				

6. 注意事项

（1）一件仪器的校准应连续、迅速地完成，以避免温度波动和水的蒸发所引起的误差。校正不当和使用不当，都是产生误差的主要原因，其误差可能超过允差或量器本身固有的误差。凡是要使用校正值的，其校准次数不可少于 2 次，2 次校准数据的偏差应不超过该量器容量允差的 1/4，并以其平均值为校准结果。

（2）锥形瓶磨口部位和瓶塞不要沾到水。

（3）称量具塞锥形瓶时不得用手直接拿取。

（4）校正容量仪器的蒸馏水至少在天平室放置 1h 以上。

（5）称量盛水的锥形瓶时，应将天平箱中硅胶取出，称完后将其放回原处。

（6）待校正的玻璃仪器应洗净至内壁完全不挂水珠且干燥。

（7）如果对校准的精确度要求很高，并且温度超出（20±5）℃、大气压力即湿度变化，则应根据实测的空气压力、温度求出空气密度，利用下式计算实际容量：

$$V_{20} = (I_L - I_E) \times \left(\frac{1}{\rho_W - \rho_A}\right) \times \left(1 - \frac{\rho_A}{\rho_B}\right) \times [1 - \gamma(t - 20)]$$

式中：I_L——盛水容器的天平读数，g；

I_E——空容器的天平读数，g；

ρ_A——空气的密度，g/mL；

ρ_W——t℃时水的密度，g/mL；

ρ_B——砝码在调整到其标称质量时的实际密度，g/mL，在使用无砝码的电子天平时为已调整的砝码的基准密度；

γ——受检量器玻璃的体热膨胀系数，K^{-1}；

t——校准时使用的水的温度，℃。

产品质量中规定玻璃量器采用钠钙玻璃（体积膨胀系数为 $25 \times 10^{-6} K^{-1}$）或硼硅玻璃（体积膨胀系数为 $10 \times 10^{-6} K^{-1}$）制造。温度变化对玻璃体积的影响很小。例如用钠钙玻璃制造的量器，如果在 20℃时校准而在 27℃使用，由玻璃材料本身膨胀所引起的容量误差只有 0.02％（相对）。一般可以忽略。微量统一基准，国际标准和我国标准都规定以 20℃为标准温度，即量器的标称容量都是在 20℃时标定的。

但是，液体的体积受温度的影响往往是不可忽视的。水及稀溶液的热膨胀系数比玻璃大 10 倍左右，所以，在校准和使用量器时必须注意温度对液体体积的影响。

7. 评价标准

（1）达到的专项能力目标：对滴定管、移液管进行绝对校准，对移液管和容量瓶间做相对校准，绘制出滴定管的校正曲线并使用。

（3）滴定管、移液管平行校正时，2 次校正值之差不超过 0.02mL。

（2）4h 完成试验。

8. 实训思考

（1）为什么玻璃仪器都按 20℃体积刻度？

（2）从滴定管放出蒸馏水到具塞锥形瓶内时，应注意注意哪些问题？

（3）用分析天平称量具塞锥形瓶、具塞锥形瓶加水质量时，为什么准确到 0.001g 即可？

项目练习题

1. 选择题

(1) 现需要配制 0.1000mol/L$K_2Cr_2O_7$ 溶液，用分析天平称取基准物 $K_2Cr_2O_7$ 时应采用（　　）。

A. 直接称量法　　　B. 差减法　　　　C. 固定质量称量法　D. 都可以

(2) 用电光分析天平称量试样，若采用固定质量称量法时，当所加试样与指定的质量相差不到（　　）时，应全开天平。

A. 0.1mg　　　　　B. 1mg　　　　　C. 10mg　　　　　D. 100mg

(3) 用万分之一的分析天平称取试样，下列数据记录正确的是（　　）。

A. 0.5g　　　　　B. 0.50g　　　　C. 0.500g　　　　D. 0.5000g

(4) 在 22℃时，用已洗净的 25mL 移液管，准确移取 25.00mL 纯水，置于已准确称量过的 50mL 的锥形瓶中，称得水的质量为 24.9613g，此移液管在 20℃时的真实体积为（　　）。已知 22℃时水的密度为 0.99680g/mL

A. 25.00mL　　　B. 24.96mL　　　C. 25.04mL　　　D. 25.02mL

(5) 在 21℃时，由滴定管中放出 10.03mL 水，其质量为 10.04g，已知 21℃时每 1mL 水的质量为 0.99700g，故此滴定管的容积误差为（　　）。

A. 0.03mL　　　　B. 0.04mL　　　C. 0.02mL　　　D. 0.05mL

(6) 减量法称量时，下列操作不正确的是（　　）。

A. 要用纸条套住称量瓶和瓶盖操作

B. 倾倒样品时，应先将称量瓶瓶盖打开，然后再移至接收容器上方

C. 称量过程中，称量瓶不要随便放在实验台上，只能放在天平秤盘上或手里

D. 敲出样品的次数不宜过多，样品超出范围应重做。

(7) 固定质量称量法进行称量时，下列操作不是正确的是（　　）。

A. 先在天平上准确称出干燥洁净的容器质量

B. 试重时天平只能半开，判断轻重

C. 当所加试样与指定的质量相差不到 10mg 时，应全开天平

D. 待标尺正好移动到零点时，刚停止抖入试样，关闭天平，关上侧门，读数。

(8) 使用分析天平时，加减砝码和取放物体必须休止天平，这是为了（　　）。

A. 防止天平盘的摆动　　　　　　B. 减少玛瑙刀口的磨损

C. 增加天平的稳定性　　　　　　D. 加块称量速度

(9) 铬酸洗液呈（　　）颜色时表明已氧化能力降低至不能使用。

A. 黄绿色　　　　B. 暗红色　　　　C. 无色　　　　　D. 蓝色

(10) 校准移液管时，2 次校正差不得超过（　　）。

A. 0.01mL　　　　B. 0.02mL　　　C. 0.05mL　　　　D. 0.1mL

(11) 如果在 10℃时滴定用去 25.00mL0.1mol/L 标准溶液，在 20℃时应相当于（　　）mL。已知 10℃下 1000mL 换算到 20℃时的校正值为 1.45。

A. 25.04　　　　　B. 24.96　　　　　C. 25.08　　　　　D. 24.92

（12）校准滴定管时，下列说法不正确的是（　　　）。

A. 一件仪器的校准应连续、迅速完成，避免温度波动和水蒸发所引起的误差。

B. 具塞锥形瓶磨口部位和瓶塞不要沾到水。

C. 称量具塞锥形瓶时可用手直接拿取

D. 称量盛水的锥形瓶时，应将天平箱中硅胶取出，称完后将其放回原处。

（13）下列关于铬酸洗液的说法不正确的是（　　　）。

A. 洗液用后倒回原瓶，可以重复使用

B. 不要用洗液去洗涤具有还原性的污物（如某些有机物）

C. 铬酸洗液具有极强的腐蚀性，使用时应特别小心

D. 新配的铬酸洗液为黄绿色

（14）下列数字中有三位有效数字的是（　　　）。

A. 溶液的 pH 为 4.30　　　　　　　B. 滴定管量取溶液的体积为 5.40mL

C. 分析天平称量试样的质量为 5.3200g　　D. 移液管移取溶液 25.00mL

（15）进行数据处理时，相对平均偏差应保留的有效数字位数为（　　　）。

A. 1～2 位　　　　　B. 3～4 位　　　　　C. 1～4 位　　　　　D. 没要求

2. 判断题

（1）（　　　）分析天平称取试样时，应根据不同的称量对象，采用相应的称量方法。

（2）（　　　）差减法适于称量多份不易潮解的样品。

（3）（　　　）采用差减法称量试样的过程中，若倾入锥形瓶内的试样吸湿，对称量无影响。

（4）（　　　）采用差减法称量试样时，若倾出样品质量超出所需质量范围，则应洗净接收容器后重新称量。

（5）（　　　）标准规定"称取 1.5g 样品，精确至 0.0001g"，其含义是必须用至少分度值 0.1mg 的天平准确称 1.4～1.6g 试样。

（6）（　　　）用过的铬酸洗液应倒入废液缸，不能再次使用。

（7）（　　　）在分析天平上称出一份样品，称前调整零点为 0。称得样品质量为 12.2446g，称后检查零点为 +0.2mg，该样品质量实际为 12.2448g。

（8）（　　　）玻璃仪器洗涤是否符合要求，对化验工作的准确度有影响，对精密度无影响。

（9）（　　　）滴定中使用的锥形瓶也要用滴定剂润洗。

（10）（　　　）一件仪器的校准应连续、迅速地完成，以避免温度波动和水的蒸发所引起的误差。

（11）（　　　）天平的零点就是天平的平衡点。

（12）（　　　）用分析天平称量时，如果开平的指针偏向左方，表明此时需加砝码。假定左边称盘为载物盘。

（13）（　　　）校准容量器皿，用分析天平称量具塞锥形瓶及具塞锥形瓶加水质量时，一定要准确到 0.0001g。

(14)（　　）移液管、容量瓶作相对校准时，要求移液管和容量瓶一定洁净干燥。

(15)（　　）常量滴定管读数必须读至毫升小数点后第二位，即要求读至 0.01mL。

答案

1. 选择题

(1) C　(2)　C　(3) D　(4) C　(5) B　(6) B　(7) D　(8) B　(9) A　(10) B

(11) A　(12) C　(13) D　(14) B　(15) A

2. 判断题

(1) √　(2) ×　(3) √　(4) √　(5) √　(6) ×　(7) ×　(8) ×　(9) ×

(10) √　(11) ×　(12) ×　(13) √　(14) ×　(15) √

项目二　酸碱滴定法

实训一　盐酸标准溶液的配制与标定

1. 实训目的

(1) 掌握 HCl 标准溶液的配制方法。

(2) 掌握用无水碳酸钠作基准物质标定 HCl 溶液的原理和方法。

(3) 掌握甲基红-溴甲酚绿混合指示剂的使用。

2. 实训原理

市售盐酸为无色透明的 HCl 水溶液，HCl 含量为 $36\%\sim38\%$（质量分数），相对密度约为 $1.19g/cm^3$。由于浓盐酸易挥发出 HCl 气体，不能直接配制，因此盐酸标准溶液的配制需用间接配制法。

标定盐酸的基准物质常用碳酸钠和硼砂等，本实训采用无水碳酸钠为基准物质，以甲基红-溴甲酚绿混合指示剂指示终点，终点颜色由绿变暗红色。

用 Na_2CO_3 标定 HCl 时的反应为

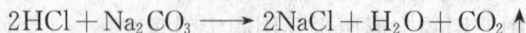

$$2HCl + Na_2CO_3 \longrightarrow 2NaCl + H_2O + CO_2 \uparrow$$

反应本身由于产生 H_2CO_3 会使滴定突跃不明显，致使指示剂颜色变化不够敏锐，因此，接近滴定终点之前，最好把溶液加热煮沸，并摇动以赶走 CO_2，冷却后再滴定。

3. 仪器与试剂

(1) 盐酸（相对密度 $1.19g/cm^3$）。

(2) 无水碳酸钠基准物质。

(3) 甲基红-溴甲酚绿混合溶液。溶液Ⅰ：称取 0.1g 溴甲酚绿，溶于乙醇（95%），再用乙醇稀释至 100mL。溶液Ⅱ：称取 0.2g 甲基红，溶于乙醇（95%），再用乙醇稀释至 100mL。取 30mL 溶液Ⅰ、10mL 溶液Ⅱ，混匀即可。

（4）马弗炉。

（5）一般实验室仪器。

4. 实训内容及操作步骤

1）0.1mol/L 盐酸溶液的配制

用量筒量取 4.5mL 的浓盐酸，注入事先盛有少量蒸馏水的烧杯中，稀释后将所配溶液转入 500mL 洁净的试剂瓶中，稀释至 500mL，用玻璃瓶塞塞住瓶口，摇匀，贴好标签，待标定。

2）0.1mol/L 盐酸溶液的标定

取在 270～300℃ 干燥至恒重的基准无水碳酸钠约 0.2g（精确到 0.0001g）4 份，分别置于 250mL 锥形瓶中，加 50mL 蒸馏水溶解后，加甲基红-溴甲酚绿混合指示剂 10 滴，用配制好的盐酸溶液滴定至溶液由绿色变暗红色，煮沸约 2min。冷却至室温，继续滴定至溶液呈现暗红色，记下所消耗的标准溶液的体积。同时做空白试验。

5. 数据记录及结果计算

计算公式：

$$c_{HCl} = \frac{m_{Na_2CO_3} \times 1000}{V_{HCl} \times M_{1/2\, Na_2CO_3}}$$

式中：$m_{Na_2CO_3}$——基准无水碳酸钠的质量，g；

V_{HCl}——盐酸溶液的用量，mL；

$M_{1/2\, Na_2CO_3}$——1/2 Na_2CO_3 摩尔质量，g/mol；

c_{HCl}——盐酸标准溶液的浓度，mol/L。

6. 注意事项

（1）Na_2CO_3 在 270～300℃ 加热干燥，目的是除去其中的水分及少量 $NaHCO_3$。但若温度超过 300℃，部分 Na_2CO_3 会分解为 NaO 和 CO_2。

（2）近终点时，由于形成 H_2CO_3-Na_2CO_3 缓冲溶液，pH 变化不大，终点不敏锐，故需要加热或煮沸溶液。

7. 评价标准

（1）达到的专项能力目标：必须具备 HCl 标准溶液的配制，用无水碳酸钠作基准物质标定 HCl 溶液的能力；能正确判断甲基红-溴甲酚绿滴定终点，且能正确使用马弗炉。

（2）2h 内完成酸标准溶液的配制和标定，并达到标准规定的允差。

8. 实训思考

（1）为什么不能用直接法配制盐酸标准溶液？

（2）实训中所用锥形瓶是否需要烘干？加入蒸馏水的量是否需要准确？

（3）用碳酸钠标定盐酸溶液，滴定至近终点时，为什么需将溶液煮沸？煮沸后为什么又要冷却后再滴定至终点？

实训二　氢氧化钠标准溶液的配制与标定

1. 实训目的

（1）掌握用基准物质邻苯二甲酸氢钾标定 NaOH 溶液浓度的原理和方法。

（2）掌握以酚酞为指示剂判断滴定终点。

2. 实训原理

标定 NaOH 标准溶液可用的基准试剂有邻苯二甲酸氢钾、苯甲酸、草酸等，最常用的是邻苯二甲酸氢钾。

$KHC_8H_4O_4$ 基准物容易获得纯品，不吸湿，不含结晶水，容易干燥且分子质量大。使用时，一般要在 105～110℃下干燥，保存在干燥器中。

$KHC_8H_4O_4$ 基准物标定反应为

$$KHC_8H_4O_4 + NaOH \longrightarrow KNaC_8H_4O_4 + H_2O$$

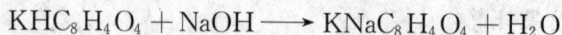

该反应是强碱滴定酸式盐，化学计量点时 pH 为 9.26，可选酚酞为指示剂，用 NaOH 标准溶液滴定到溶液呈现粉红色且 0.5min 不褪色即为终点，变色很敏锐。

根据基准物质邻苯二甲酸氢钾的质量及所用的 NaOH 溶液的体积，计算 NaOH 溶液的准确浓度。

3. 仪器与试剂

（1）邻苯二甲酸氢钾（基准物）。

（2）氢氧化钠（A.R.）。

（3）酚酞指示剂（$\rho = 1g/100mL$，1g 酚酞溶于 100mL 95% 乙醇中，混匀即可）。

（4）0.1mol/L HCl 溶液。

（5）一般实验室仪器。

4. 实训内容及操作步骤

1）0.1mol/L NaOH 溶液的配制

称取 110gNaOH，溶于 100mL 无二氧化碳的水中，摇匀，注入聚四氟乙烯容器中，密闭放置至溶液清亮。用塑料管吸取 5.4mL 上层清液，用无二氧化碳的水稀释至 1000mL，摇匀，待标定。

2）0.1mol/LNaOH 溶液的标定

准确称取在 110～120℃烘至恒重的基准物质邻苯二甲酸氢钾 0.5～0.6g（精确至 0.0001g），放入 250mL 锥形瓶中，以 50mL 煮沸后刚刚冷却的蒸馏水使其溶解，加酚酞指示剂 2 滴，用待标定的氢氧化钠溶液滴定至溶液由无色变为粉红 30s 不褪色为终点。平行标定 4 次，记下所消耗的标准溶液的体积。同时做空白实验。

5. 数据记录及结果计算

$$c_{NaOH} = \frac{m_{KHC_8H_4O_4} \times 1000}{V_{NaOH} M_{KHC_8H_4O_4}}$$

式中：$m_{KHC_8H_4O_4}$——邻苯二甲酸氢钾的质量，g；

　　　　V_{NaOH}——氢氧化钠溶液的用量，mL；

　　　　$M_{KHC_8H_4O_4}$——邻苯二甲酸氢钾的摩尔质量，g/mol；

　　　　c_{NaOH}——氢氧化钠标准溶液的浓度，mol/L。

6. 注意事项

配制 NaOH 标准溶液，以少量蒸馏水洗去固体 NaOH 表面可能含有的碳酸钠时，用玻璃棒搅拌，操作迅速，以免 NaOH 溶解过多而使配制的 NaOH 溶液浓度偏低。

7. 评价标准

（1）达到的专项能力目标：必须具备 NaOH 标准溶液的配制，用邻苯二甲酸氢钾作基准物质标定 NaOH 溶液的能力，能正确判断酚酞滴定终点。

（2）2h 内完成 NaOH 标准溶液的配制和标定，并达到标准规定的允差。

8. 实训思考

（1）为什么 NaOH 标准溶液配制后，要经过标定？

（2）若蒸馏水中含有 CO_2 对测定有何影响？如何避免？

（3）市售的 NaOH 试剂中常有少量的 Na_2CO_3 等杂质，它们与酸作用即生成 CO_2，这对滴定终点有无影响？在配制 NaOH 标准溶液时，应采取什么措施？

（4）用邻苯二甲酸氢钾标定氢氧化钠溶液时，为什么用酚酞作指示剂而不用甲基红或甲基橙作指示剂？

（5）称取 NaOH 及邻苯二甲酸氢钾各用什么天平？为什么？

（6）标定时用邻苯二甲酸氢钾作基准物质比用草酸有什么优势？

实训三　食醋中总酸度的测定

1. 实训目的

（1）学会食醋中总酸度的测定原理和方法。

（2）掌握强碱滴定弱酸的滴定过程，突跃范围及指示剂的选择原则。

2. 实训原理

食醋是混合酸，其主要成分是 HAc（有机弱酸，$K_a = 1.8 \times 10^{-5}$），与 NaOH 反应产物为弱酸强碱盐 NaAc：

$$HAc + NaOH \longrightarrow NaAc + H_2O$$

HAc 与 NaOH 反应产物为弱酸强碱盐 NaAc，化学计量点时 pH≈8.7，滴定突跃在碱性范围内，因此可选用酚酞作指示剂，利用 NaOH 标准溶液测定 HAc 含量。食醋中总酸度用 HAc 含量来表示。

3. 仪器与试剂

（1）实验室一般玻璃仪器。
（2）氢氧化钠标准溶液（0.1mol/L）。
（3）酚酞指示剂（ρ=1g/100L，1g 酚酞溶于 100mL 95％乙醇中，混匀即可）。
（4）一般实验室仪器

4. 实训内容及操作步骤

（1）用配制且已标定好的 NaOH 溶液润洗洗涤好的碱式滴定管，然后装入 NaOH 溶液。
（2）用移液管吸取食醋试样 5.00mL，移入 250mL 锥形瓶中，加入 20mL 蒸馏水稀释，加酚酞指示剂 2 滴，用 NaOH 标准溶液滴定至溶液颜色由无色变为粉红色 30s 不褪色为终点。平行测定 3 次。记录 NaOH 标准溶液的用量。

5. 数据记录及结果计算

$$\rho_{HAc} = \frac{c_{NaOH} V_{NaOH} M_{HAc}}{V_{食醋}}$$

式中：c_{NaOH}——氢氧化钠标准溶液的浓度，mol/L；
V_{NaOH}——氢氧化钠溶液的用量，mL；
$V_{食醋}$——食醋的体积，mL；
M_{HAc}——醋酸的摩尔质量，g/mol；
ρ_{HAc}——食醋的总酸度（以 HAc 表示），g/L。

6. 注意事项

（1）注意食醋取后应立即将试剂瓶盖盖好，防止挥发。
（2）酚酞为指示剂时，注意观察终点颜色的变化。
（3）数据处理时应注意最终结果的表示方式。

7. 评价标准

（1）达到的专项能力目标：必须具备食醋中总酸度的测定能力，即强碱滴定弱酸的滴定，掌握突跃范围及指示剂的选择。
（2）2h 内完成被测组分溶液的配制，滴定并通过化学计量关系求出被测组分含量。

8. 实训思考

（1）为什么使用酚酞作指示剂？

（2）为什么使用甲基红作指示剂，消耗的 NaOH 标准溶液的体积偏小？

实训四　阿司匹林药片中乙酰水杨酸含量的测定

1. 实训目的

（1）学习阿司匹林药片中乙酰水杨酸含量的测定方法。

（2）学习利用滴定法分析药品。

2. 实训原理

阿司匹林曾经是国内外广泛使用的解热镇痛药，它的主要成分是乙酰水杨酸。乙酰水杨酸是有机弱酸（$K_a = 1 \times 10^{-3}$），结构式为

COOH

OCOCH$_3$

，摩尔质量为 180.16g/mol，

微溶于水，易溶于乙醇。在强碱性溶液中溶解并分解为水杨酸（邻羟基苯甲酸）和乙酸盐，反应式为

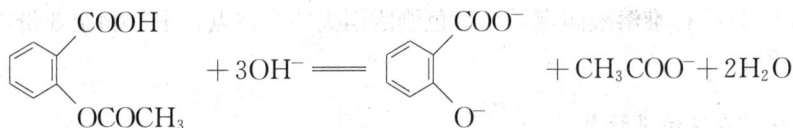

$$
\begin{array}{c}
\text{COOH} \\
\text{OCOCH}_3
\end{array}
+ 3OH^- \Longrightarrow
\begin{array}{c}
\text{COO}^- \\
\text{O}^-
\end{array}
+ CH_3COO^- + 2H_2O
$$

由于它的 pK_a 较小，可以作为一元酸用，以酚酞为指示剂，NaOH 溶液直接滴定。为了防止乙酰基水解，应在 10℃ 以下的中性冷乙醇介质中进行滴定，滴定反应为

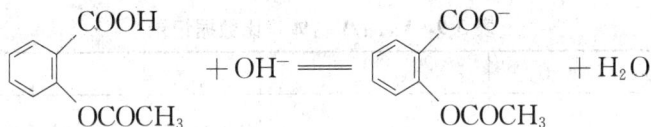

$$
\begin{array}{c}
\text{COOH} \\
\text{OCOCH}_3
\end{array}
+ OH^- \Longrightarrow
\begin{array}{c}
\text{COO}^- \\
\text{OCOCH}_3
\end{array}
+ H_2O
$$

但药片中一般都添加一定量的硬脂酸镁、淀粉等不溶物，不宜直接滴定，可采用返滴定法进行测定。将药片研磨成粉状后加入过量的 NaOH 标准溶液，加热一段时间使乙酰基水解完全，再用 HCl 标准溶液回滴过量的 NaOH，滴定至溶液由红色变为接近无色即为终点。在这一滴定反应中，1mol 乙酰水杨酸消耗 2mol NaOH。

3. 仪器与试剂

（1）0.1mol/L NaOH 标准溶液。

（2）0.1mol/L HCl 标准溶液。

（3）酚酞指示剂（2g/L 乙醇溶液）。

（4）甲基红指示剂（1g/L 水溶液）

（5）硼砂 Na$_2$B$_4$O$_7 \cdot$10H$_2$O 基准试剂。

（6）阿司匹林药片。

（7）水浴加热装置。

（8）一般实验室仪器。

4. 实训内容及操作步骤

1）0.1mol/LHCl 的标定

用差减法准确称取 0.4～0.6g 硼砂，置于 250mL 锥形瓶中，加水 50mL 使之溶解后，滴加 2 滴甲基红指示剂，用 0.1mol/LHCl 溶液滴定溶液至黄色恰好变为浅红色，即为终点。计算 HCl 溶液的浓度 c_{HCl}。平行测定 4 份，相对极差应在 $±0.15\%$ 以内。

2）药片中乙酰水杨酸含量的测定

将阿司匹林药片研成粉末后，准确称取约 0.35～0.45g（精确至 0.0001g）左右药粉于锥形瓶中，用移液管准确加入 40.00mL 0.1mol/LNaOH 标准溶液后，盖上表面皿，轻轻摇动后放在水浴上用蒸汽加热 15min±2min，其间摇动 2 次并冲洗瓶壁一次，迅速用流水冷却，加入 2～3 滴酚酞指示剂，用 0.1mol/L HCl 标准溶液滴至红色刚刚消失即为终点。根据所消耗的 HCl 溶液的体积计算药片中乙酰水杨酸的质量分数。

3）NaOH 标准溶液与 HCl 标准溶液体积比的测定

用移液管准确移取 20.00mL 0.1mol/L NaOH 溶液于锥形瓶中，加入蒸馏水 20mL，在与测定药粉相同的实训条件下进行加热，冷却后，加入 2～3 滴酚酞指示剂，用 0.1mol/L HCl 标准溶液滴定，至红色刚刚消失即为终点，平行测定 3 份，计算 $K = V_{NaOH}/V_{HCl}$ 值。

5. 数据记录及结果计算

（1）V_{NaOH}/V_{HCl} 体积比数据记录如表 3-9 所示。

表 3-9　V_{NaOH}/V_{HCl} 体积比数据记录

	1	2	3
V_{NaOH}/mL			
V_{HCl}/mL			
V_{NaOH}/V_{HCl}			
V_{NaOH}/V_{HCl} 平均值			

（2）药片中乙酰水杨酸含量的测定如表 3-10 所示。

表 3-10　药片中乙酰水杨酸含量的测定数据

	1	2	3
移取试液体积数/mL			
V_{HCl}/mL			
乙酰水杨酸含量/%			
乙酰水杨酸含量的平均值/%			
相对平均偏差/%			

$$\omega_{(\text{乙酰水杨酸})} = \frac{\frac{1}{2}\left(40 \times \frac{1}{K} - V_{\text{HCl}}\right)c_{\text{HCl}} \times M_{\text{乙酰水杨酸}}}{m_{\text{阿司匹林}}} \times 100\%$$

式中：m——阿司匹林的质量，g；

　　　K——$V_{\text{NaOH}}/V_{\text{HCl}}$体积比；

　　　V_{HCl}——盐酸标准溶液的用量，mL；

　　　c_{HCl}——盐酸标准溶液的浓度，mL；

　　　M——乙酰水杨酸的摩尔质量，g/mol；

　　　$\omega_{(\text{乙酰水杨酸})}$——乙酰水杨酸的质量分数，%。

6. 注意事项

需做空白试验。由于 NaOH 溶液在加热过程中会受空气中 CO_2 的干扰，给测定造成一定程度的系统误差，而在与测定样品相同的条件下测定 2 种溶液的体积比就可扣除空白值。

7. 评价标准

（1）达到的专项能力目标：必须具备阿司匹林药片中乙酰水杨酸含量的测定，药片预处理的能力。

（2）2h 内完成被测组分的预处理，滴定并通过化学计量关系求出被测组分含量。

8. 实训思考

（1）在测定药片的实训中，为什么是 1mol 乙酰水杨酸消耗 2mol NaOH，而不是 3mol NaOH？回滴后的溶液中，水解产物的存在形式是什么？

（2）若测定的是乙酰水杨酸纯品（晶体），可否采用直接滴定法？

实训五　烧碱中 NaOH、Na_2CO_3 的测定（双指示剂法）

1. 实训目的

（1）掌握双指示剂法测定混合碱中 NaOH、Na_2CO_3 含量的原理和方法。

（2）掌握在同一份溶液中用双指示剂法测定混合碱中 NaOH 和 Na_2CO_3 含量的操作技术。

2. 实训原理

双指示剂法测定烧碱中 NaOH、Na_2CO_3 含量时，先加入酚酞试剂，用 HCl 标准溶液滴定至红色刚消失，即到达第一个化学计量点，记下消耗盐酸的体积 V_1，这时溶液中的 NaOH 已全部被中和，而 Na_2CO_3 只被滴定到 $NaHCO_3$。反应式为

$$HCl + NaOH \longrightarrow NaCl + H_2O$$
$$HCl + Na_2CO_3 \longrightarrow NaCl + NaHCO_3$$

在此溶液中再加甲基橙指示剂，继续用 HCl 标准溶液滴定至橙红色为终点，即到达第二个化学计量点，即生成的 NaHCO$_3$ 被中和为 H$_2$CO$_3$，记下用去盐酸的体积 V_2（V_2 是滴定碳酸氢钠所消耗的体积）。反应式为

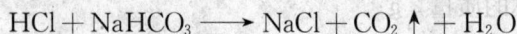

$$HCl + NaHCO_3 \longrightarrow NaCl + CO_2\uparrow + H_2O$$

根据 V_1 和 V_2 可以判断混合碱的组成，并计算其含量。

3. 仪器与试剂

（1）烧碱试样。

（2）HCl 标准溶液（$c_{HCl}=0.1mol/L$）。

（3）酚酞指示剂（10g/L 乙醇溶液）。

（4）甲基橙指示剂（1g/L 水溶液）。

（5）一般实验室仪器。

4. 实训内容及操作步骤

1）混合碱溶液的制备

准确迅速的称取混合碱试样 1.3～1.5g（精确至 0.0001g）于 250mL 烧杯中，加入少量煮沸后刚刚冷却的蒸馏水，搅拌使其完全溶解，定量转移至一洁净的 250mL 容量瓶中，用无 CO$_2$ 的蒸馏水稀释至刻度，充分摇匀。

2）测定

用移液管移取 25.00mL 上述试液于 250mL 锥形瓶中，加 2～3 滴酚酞，以 0.1mol/L HCl 标准溶液滴定至溶液由红色变为无色，为第一终点，记下用去 HCl 标准溶液的体积 V_1；然后再加入 1～2 滴甲基橙指示剂于该溶液中，此时该溶液的颜色是黄色，继续用 HCl 标准溶液滴定至变为橙色，为第二终点，记下第二次用去 HCl 标准溶液的体积 V_2。平行测定 3 次，根据 V_1 和 V_2 计算 NaOH 和 Na$_2$CO$_3$ 的含量。

5. 数据记录及结果计算

$$\omega_{NaOH} = \frac{c_{HCl}(V_1-V_2)\times 10^{-3}M_{NaOH}}{m\times\dfrac{25}{250}}\times 100\%$$

$$\omega_{Na_2CO_3} = \frac{c_{HCl}2V_2\times 10^{-3}M_{1/2\,Na_2CO_3}}{m\times\dfrac{25}{250}}\times 100\%$$

式中：c_{HCl}——HCl 标准溶液的浓度，mol/L；

　　　V_1——酚酞终点消耗 HCL 标准溶液的体积，mL；

　　　V_2——甲基橙终点消耗 HCL 标准溶液的体积，mL；

　　　M_{NaOH}——NaOH 的摩尔质量，g/mol；

　　　$M_{1/2\,Na_2CO_3}$——1/2 Na$_2$CO$_3$ 的摩尔质量，g/mol；

　　　ω_{NaOH}——NaOH 的质量分数，%；

　　　$\omega_{Na_2CO_3}$——Na$_2$CO$_3$ 的质量分数，%。

6. 注意事项

当滴定接近第一终点时，要充分摇动锥形瓶，滴定的速度不能太快，防止滴定液 HCl 局部过浓，否则 Na_2CO_3 会直接被滴定成 CO_2。

7. 评价标准

（1）达到的专项能力目标：必须具备在同一份溶液中用双指示剂法测定混合碱中 NaOH 和 Na_2CO_3 含量的操作技术

（2）4h 内完成式样的测定，并达到标准规定的允差。

8. 实训思考

（1）什么叫混合碱？ Na_2CO_3 和 $NaHCO_3$ 的混合物能不能采用"双指示剂法"测定其含量？写出测定结果的计算公式。

（2）欲测定碱液的总碱度，应利用何种指示剂？

实训六 二氧化硅含量的测定（氟硅酸钾法）

1. 实训目的

（1）掌握氟硅酸钾法测定二氧化硅含量的原理及方法。

（2）学习沉淀、过滤、洗涤操作技术。

2. 实训原理

试料经碱熔融，加入硝酸生成游离硅酸，与过量的钾、氟离子作用，定量生成氟硅酸钾沉淀。沉淀在热水中水解，生成氢氟酸，用氢氧化钠标准溶液滴定，求得二氧化硅的含量。反应式为

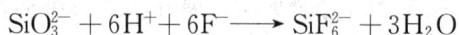

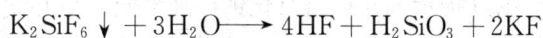

$$SiO_3^{2-} + 6H^+ + 6F^- \longrightarrow SiF_6^{2-} + 3H_2O$$

$$SiO_6^{2-} + 2K^+ \longrightarrow K_2SiF_6 \downarrow$$

$$K_2SiF_6 \downarrow + 3H_2O \longrightarrow 4HF + H_2SiO_3 + 2KF$$

$$HF + NaOH \longrightarrow NaF + H_2O$$

3. 仪器与试剂

（1）氢氧化钾（A. R.）。

（2）氯化钾（A. R.）。

（3）乙醇 95%（体积分数）。

（4）硝酸（$\rho = 1.42g/mL$）。

（5）氯化钾-乙醇溶液（5%，将 50g 氯化钾溶于 500mL 水中，加入 500mL 乙醇，摇匀）。

（6）氟化钾水溶液（15％，将 15g 氟化钾置于塑料杯中，加入 80mL 水和 20mL 硝酸，使其溶解，加氯化钾至饱和，放置过夜，过滤到塑料中）。

（7）NaOH 标准溶液（$c_{NaOH} = 0.2mol/L$）。

（8）溴麝香草酚蓝-酚红指示剂。溴麝香草酚蓝、酚红各取 0.2g 溶解于 20mL 无水乙醇中，加 30mL 热水，搅拌使完全溶解，混匀。

（9）中和水。将本次测定所需的中和水盛于 3000mL 锥形瓶中，于电炉上煮沸加 2mL 溴麝香草酚蓝-酚红指示剂，滴加氢氧化钠标准溶液至呈蓝紫色。

（10）一般实验室仪器。

4. 实训内容及操作步骤

分别准确称取试样 0.1～0.2g（精确至 0.0001g）2 份，将试料置于 30mL 镍（或银、铁）坩埚中，加入 4g 氢氧化钾，于高温电炉上加热驱除水分，直至氢氧化钾熔融。移入 600～650℃马弗炉中继续熔融 5～10min。取出冷却至室温。

用湿棉球将坩埚底擦净，卧放于 250mL 的塑料烧杯中，加入 50mL 沸水缓缓摇动，使与熔块接触，待剧烈反应停止后，用镊子取出坩埚并用热水洗净坩埚。沿杯壁一次加入 20mL 浓硝酸，使酸度维持在 3mol/L 左右的硝酸环境，避免铝的干扰，冷却至室温（若在冬季因有时气温太低，冷却会出现氯化钾的晶体析出，因该晶体中包含有残余酸，洗不净会与氟硅酸钾沉淀在一起，影响测定，所以遇此情况时，可加热溶液使 KCl 结晶溶解，再进行下面步骤，但是要注意一定将温度控制在 ＜35℃。当夏季室温超过35℃，会影响氟硅酸钾沉淀不完全，也需要控制在 ＜35℃），逐渐地边用塑料棒搅拌边加 KCl 粉末，如溶解则再加，直至在搅拌下有少量 KCl 粉末不溶解剩余下来（此时溶液已成为氯化钾饱和溶液），约加 KCl 粉 3～5g。用塑料量杯加 10mL 氟化钾溶液，以塑料棒搅拌 1～2min，放置片刻。

在塑料漏斗上用氯化钾-乙醇洗液将快速滤纸调好（用水调的滤纸，调完后要用氯化钾-乙醇洗液洗涤 3 次以上），过滤，当溶液流完后，用氯化钾-乙醇洗液洗塑料烧杯 2～3 次，洗沉淀 5～7 次，洗去绝大部分游离酸。展开滤纸及沉淀，贴在原塑料烧杯壁上（如要短时间存放则浸入氯化钾-乙醇洗液中）沿杯壁加入 10mL 氯化钾-乙醇洗液。加 2mL 溴麝香草酚蓝-酚红指示剂，用氢氧化钠标准溶液，小心滴定中和残余的游离酸至蓝紫色为第一终点（不计数）。加入 200mL 沸腾的中和水，搅拌使氟硅酸钾分解析出游离酸，用氢氧化钠标准溶液滴定至亮蓝紫色为终点，记下消耗的体积。

5. 数据记录及结果计算

$$\omega_{SiO_2} = \frac{c_{NaOH} V_{NaOH} \times 10^{-3} M_{1/4\,SiO_2}}{m} \times 100\%$$

式中：c_{NaOH}——NaOH 标准溶液的浓度，mol/L；

V_{NaOH}——NaOH 标准溶液的消耗的体积，mL；

$M_{1/4\,SiO_2}$——1/4 SiO$_2$ 的摩尔质量，15.02g/mol；

m——试样的质量，g；

ω_{SiO_2}——SiO_2 的质量分数，%。

6. 注意事项

（1）溶液体积以不大于 80mL 为宜。

（2）氯化钾加入量一般至近饱和，使溶液中有足够的钾离子。

（3）氟硅酸钾沉淀在过滤、洗涤、中和残余酸时，操作要迅速，同时要严格控制洗涤次数及洗液用量，以防氟硅酸钾沉淀水解，造成结果偏低。

（4）因氟硅酸钾沉淀的水解是吸热反应，因此必须加沸水使其完全水解，以消除水解不完全，影响测定结果的准确性。

7. 评价标准

（1）达到的专项能力目标：必须具备氟硅酸钾法测定二氧化硅含量的能力，掌握沉淀、过滤、洗涤操作技术。

（2）4h 内完成试样的分解及测定并通过化学计量关系求出被测组分含量。

（3）允许差：取平行测定结果的算术平均值为测定结果，同一实验室允许差为 0.2%；不同实验室的允许差为 0.35%。

8. 实训思考

（1）熔融试样时可否用瓷坩埚？

（2）洗涤 K_2SiF_6 沉淀时为何用 KCl-乙醇溶液洗涤？

（3）将 K_2SiF_6 沉淀加沸水水解前为何需要用 NaOH 中和？水解用的水为何使用前也要用 NaOH 中和？

实训七　高氯酸标准溶液的配制和水杨酸钠含量的测定

1. 实训目的

（1）掌握弱碱性物质的非水滴定原理和操作。

（2）掌握非水溶液中高氯酸标准溶液配制、标定的原理及方法。

（3）掌握结晶紫指示剂的滴定终点的颜色变化。

2. 实训原理

水杨酸钠为有机酸的碱金属盐．在水溶液中碱性较弱（$K_b < 10^{-8}$），无法直接用酸标准溶液滴定。但选择醋酐-醋酸混合溶剂，使其碱性增强，就可用高氯酸标准溶液准确滴定。滴定时，用结晶紫作指示剂。反应式为

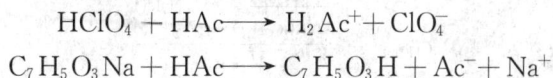

$$HClO_4 + HAc \longrightarrow H_2Ac^+ + ClO_4^-$$
$$C_7H_5O_3Na + HAc \longrightarrow C_7H_5O_3H + Ac^- + Na^+$$

$$H_2Ac^+ + Ac^- \longrightarrow 2HAc$$

总反应式为

$$HClO_4 + C_7H_5O_3Na \longrightarrow C_7H_5O_3H + ClO_4^- + Na^+$$

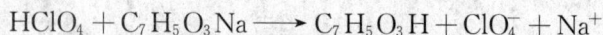

配制标准溶液所用的高氯酸和冰醋酸均含有水分，而水的存在会影响滴定突跃，使指示剂变色不敏锐。因此，需按照水的实际数量，加入相应量的醋酐，使其转变成醋酸。实验所用的器皿也必须预先洗净，烘干。

标定高氯酸标准溶液常用邻苯二甲酸氢钾作基准物质，以结晶紫为指示剂。产物高氯酸钾在冰醋酸中的溶解度很小，因此滴定中有沉淀生成。

3. 仪器与试剂

(1) 高氯酸（A.R.，70%～72%，相对密度 1.75g/mL）。

(2) 冰醋酸（A.R.）。

(3) 醋酐（A.R.，相对密度 1.08g/mL）。

(4) 邻苯二甲酸氢钾（基准试剂，在 110～120℃干燥至质量恒定，置于干燥器中）。

(5) 结晶紫指示剂（5g/L 醋酸溶液，0.5g 结晶紫溶于 100mL 冰醋酸中）。

(6) 水杨酸钠（药用，105℃干燥至质量恒定，备用）。

4. 实训内容及操作步骤

1) $c = 0.1mol/L\,HClO_4$-HAc 标准溶液的配制

取无水冰醋酸 750mL 缓慢加入高氯酸（70%～72%）8.5mL，摇匀，在室温下缓缓滴加乙醋酐 24mL，边加边摇，加完后再振摇均匀。放冷，加无水冰醋酸稀释成 1000mL，摇匀，放置 24h。若所测试样易乙酰化，则需用水分测定法测定本液的含水量，再用水和醋酐调节至本液的含水量为 0.01%～0.02%。

2) $HClO_4$-HAc 标准溶液的标定

准确称取 $KHC_8H_4O_4$ 基准物质 0.4～0.45g（精确至 0.0001g），加醋酐-醋酸（1+4）混合溶剂 10mL 使之溶解，加结晶紫指示液 1～2 滴，用 $HClO_4$ + HAc 滴定到紫色消失，初现蓝色为终点。取同样量无水冰醋酸做空白试验，如空白值高则应从标定时所消耗的滴定剂的体积中扣除，如少则可不必扣除。

3) 水杨酸钠的测定

准确称取水杨酸纳试样约 0.13g（精确至 0.0001g），置于 50mL 干燥的锥形瓶中，加醋酐-醋酸（1+4）混合溶剂 10mL 使之溶解，加结晶紫指示液 1～2 滴，用 $HClO_4$-HAc 溶液滴定至溶液紫色消失，刚现蓝色为终点。取同样量无水冰醋酸作空白试验，如空白值高则应从标定时所消耗的滴定剂的体积中扣除，如少则可不必扣除。

5. 数据记录及结果计算

1) 高氯酸标准溶液的浓度按下式计算：

$$c_{HClO_4} = \frac{\dfrac{m_{KHC_8H_4O_4}}{M_{KHC_8H_4O_4}} \times 1000}{V_{HClO_4}}$$

式中：c_{HClO_4}——$HClO_4$ 溶液的浓度，mol/L；

$m_{KHC_8H_4O_4}$——$KHC_8H_4O_4$ 的质量，g；

$M_{KHC_8H_4O_4}$——$KHC_8H_4O_4$ 的摩尔质量，g/mol；

V_{HClO_4}——为空白校正后 $HClO_4$ 的体积。

2) 水杨酸钠的含量按下式计算：

$$\omega_{C_7H_5O_3Na} = \frac{C_{HClO_4} \times V_{HClO_4} \times \dfrac{M_{C_7H_5O_3Na}}{1000}}{m} \times 100\%$$

式中：$\omega_{C_7H_5O_3Na}$——$C_7H_5O_3Na$ 的质量分数，%；

c_{HClO_4}——$HClO_4$ 溶液的浓度，mol/L；

$M_{C_7H_5O_3Na}$——$C_7H_5O_3Na$ 的摩尔质量，g/mol；

V_{HClO_4}——为空白校正后 $HClO_4$ 的体积。

m——试样的质量，g。

6．注意事项

（1）配制高氯酸的冰醋酸溶液时，只能将高氯酸缓慢滴入冰醋酸中，然后滴入醋酐，不得将醋酐加入到高氯酸中。

（2）醋酐的相对密度按 1.08g/mL 计算，1g 水需要 5.22mL 醋酐。

7．评价标准

（1）达到的专项能力目标：必须具备配制和标定 $HClO_4$-HAc 标准溶液的能力，1.5h 内完成配制和标定，达到标准规定的允差。掌握非水滴定技术和以结晶紫为指示剂的终点判断。

（2）2h 内完成试样的测定，被测组分溶液的配制，滴定并通过化学计量关系求出被测组分含量。

8．实训思考

（1）什么叫非水酸碱滴定法？

（2）$HClO_4$-HAc 滴定剂中为什么加入醋酸酐？写出反应式。

（3）NaAc 在水溶液中与在冰 HAc 溶剂中的 pH 是否一致？为什么？

项目练习题

1．选择题

（1）对于酸碱指示剂，全面而正确的说法是（　　　）。

A. 指示剂为有色物质

B. 指示剂为弱酸或弱碱

C. 指示剂为弱酸或弱碱，其酸式或碱式结构具有不同颜色

D. 指示剂在酸碱溶液中呈现不同颜色

（2）关于酸碱指示剂，下列说法错误的是（　　）。

A. 指示剂本身是有机弱酸或弱碱

B. 指示剂的变色范围越窄越好

C. HIn 与 In- 的颜色差异越大越好

D. 指示剂的变色范围必须全部落在滴定突跃范围之内

（3）0.1000mol/L NaOH 标准溶液滴定 20.00mL 0.1000mol/L HAc，滴定突跃为 7.74～9.70，可用于这类滴定的指示剂是（　　）。

A. 甲基橙（3.1～4.4）　　　　　　　　B. 溴酚蓝（3.0～4.6）

C. 甲基红（4.0～6.2）　　　　　　　　D. 酚酞（8.0～9.6）

（4）以下四种滴定反应，突跃范围最大的是（　　）。

A. 0.1mol/L NaOH 滴定 0.1mol/L HCl

B. 1.0mol/L NaOH 滴定 1.0mol/L HCl

C. 0.1mol/L NaOH 滴定 0.1mol/L HAc

D. 0.1mol/L NaOH 滴定 0.1mol/L HCOOH

（5）弱碱性物质，使其碱性增强，应选择（　　）溶剂。

A. 酸性　　　　　　B. 碱性　　　　　　C. 中性　　　　　　D. 惰性

（6）滴定操作时，眼睛应（　　）。

A. 为了防止滴定过量，眼睛应一直注意滴定管溶液的下降情况

B. 可以四处张望

C. 一直观察三角瓶内溶液颜色的变化

D. 没有特别的要求

（7）酸碱滴定中，选择指示剂的依据是（　　）。

A. 根据指示剂 pH 选择　　　　　　　　B. 根据实际需要选择

C. 根据理论终点 pH 选择　　　　　　　D. 根据滴定终点 pH 选择

（8）强酸滴定弱碱时，一般要求碱的离解常数与浓度的乘积达（　　），才可能选择指示剂指示。

A. $\geqslant 10^{-8}$　　　B. $< 10^{-8}$　　　C. $> 10^{-2}$　　　D. $> 10^{-9}$

（9）滴定分析法是根据（　　）进行分析的方法。

A. 化学分析　　　B. 重量分析　　　C. 分析天平　　　D. 化学反应

（10）滴定分析法主要适合于（　　）。

A. 微量分析法　　　B. 痕量分析法　　　C. 微量成分分析　　　D. 常量成分分析

（11）微量金属元素的检测用水，应用（　　）水。

A. 不含 CO_2　　　B. 不含 O_2　　　C. 去离子　　　D. 去空气

（12）酚酞指示剂的变色范围为 pH（　　）。

A. 10～12　　　B. 7.9　　　C. 8～10　　　D. 5～10

（13）Na_2CO_3 和 $NaHCO_3$ 混合物可用 HCl 标准溶液来测定，测定过程中两种指示剂的滴加顺序为（　　）。

A. 酚酞、甲基橙　　B. 甲基橙、酚酞　　C. 酚酞、百里酚蓝　　D. 百里酚蓝、酚酞

（14）用同一浓度的 NaOH 滴定相同浓度和体积的不同的一元弱酸，对 K_a 较大的一元弱酸，下列说法正确的是（　　　）。

A. 消耗 NaOH 溶液多　　　　　　　　B. 突跃范围大

C. 化学计量点的 pH 较高　　　　　　D. 指示剂变色不敏锐

（15）下列说法中，不正确的是（　　　）。

A. 凡是发生质子转移的反应均可用于酸碱滴定

B. 溶剂不同，酸碱指示剂的变色范围不同

C. 弱酸的酸性越强，其 pK_a 越小

D. 混合指示剂变色敏锐，变色间隔较窄

2. 判断题

（1）（　　　）$c_{酸} \cdot K_{酸} \leqslant 10^{-8}$ 时，则该酸的滴定方可用指示剂指示终点。

（2）（　　　）用 0.01mol/LHCl 标准滴定 0.01mol/LNaOH 溶液至甲基橙变色时，终点误差为正误差。

（3）（　　　）酸碱滴定图月范围的大小与酸碱的强弱无关。

（4）（　　　）酸碱滴定中，K_a 或 K_b 过小而不能直接滴定的酸碱，也不能用返滴定法滴定。

（5）（　　　）往 20mL0.1mol/L 的 HAc 溶液中滴加 19.98mL0.1mol/LNaOH 时，溶液呈碱性。

（6）（　　　）若用因保存不当而吸收了部分 CO_2 的 NaOH 标准溶液滴定弱酸，则检测结果偏高。

（7）（　　　）可用邻苯二甲酸氢钾作基准物标定 HCl 溶液。

（8）（　　　）相同浓度的 HCl 和 HAc 溶液的 pH 相同。

（9）（　　　）酸碱指示剂的实际变色范围是 $pH = pK_a \pm 1$。

（10）（　　　）将浓度相同的 NaOH 溶液和 HCl 溶液等体积混合，能使酚酞指示剂显红色。

（11）（　　　）用 HCl 溶液滴定弱碱 BOH（$pK_b = 5.0$）应选用酚酞为指示剂。

（12）（　　　）通常情况下，滴定弱酸的碱滴定剂必须是强碱。

（13）（　　　）凡能与酸碱直接或间接发生质子传递反应的物质都可用酸碱滴定法测定。

（14）（　　　）纯度为 100％ 的硫酸可作为基准物质使用。

（15）（　　　）配制 0.1000mol/L 的 NaOH 标准溶液必须用分析天平称量分析纯的固体 NaOH。

答案

1. 选择题

（1）C　（2）D　（3）D　（4）B　（5）A　（6）C　（7）C　（8）A　（9）D　（10）C

（11）C　（12）C　（13）C　（14）B　（15）A

2. 判断题

(1) ×　(2) ×　(3) √　(4) √　(5) √　(6) ×　(7) ×　(8) √　(9) ×

(10) √　(11) √　(12) ×　(13) ×　(14) ×　(15) ×

项目三　配位滴定法

实训一　EDTA 标准溶液的配制与标定

1. 实训目的

(1) 掌握 EDTA 标准溶液的配制和标定方法。

(2) 了解配位滴定的特点,掌握配位滴定的原理。

2. 实训原理

乙二胺四乙酸(简称 EDTA,常用 H_4Y 表示)难溶于水,常温下其溶解度为 0.5g/L(25℃),在分析中不适用,通常使用其二钠盐配制标准溶液。乙二胺四乙酸二钠盐的溶解度为 108g/L(22℃),浓度约为 0.3mol/L,其水溶液 pH4.4,通常采用间接法配制标准溶液。

标定 EDTA 溶液常用的基准物有 Zn、ZnO、$CaCO_3$ 等,通常选用其中与被测组分相同的物质作基准物,这样滴定条件较一致。

EDTA 溶液若用于测定石灰石或白云石中 CaO、MgO 的含量,则宜用 $CaCO_3$ 为基准物标定。溶液酸度调节至 pH≥12,用钙指示剂作指示剂,以 EDTA 滴定至溶液从酒红色变为纯蓝色,即为终点。

3. 仪器与试剂

(1) 乙二胺四乙酸二钠盐(A.R.)。

(2) $CaCO_3$(基准物质,于 110℃烘箱中干燥 2h,稍冷却后置于干燥器中冷却至室温,备用)。

(3) 氨水(1+1)。

(4) $NH_3 \cdot H_2O\text{-}NH_4Cl$ 缓冲溶液(pH10)。称取 5.4g NH_4Cl 溶于少量水中,加入 35mL 浓氨水,用水稀释至 100mL,摇匀备用。

(5) 锌片或氧化锌。基准物质,锌纯度为 99.99%,氧化锌基准物质在 800~1000℃灼烧至恒重。

(6) 钙指示剂(钙指示剂 1.0g 与固体 NaCl 100g 混合均匀,临用前配制)。

(7) 铬黑 T 指示剂(0.25g 固体铬黑 T,2.5g 盐酸羟胺,以 50mL 无水乙醇溶解)。

4. 实训内容及操作步骤

1) 0.02mol/L EDTA 溶液的配制

在台秤上称取乙二胺四乙酸二钠 7.6g,溶解于 300~400mL 温水中,稀释至 1L,

如浑浊，应过滤，转移至 1000mL 细口瓶中，摇匀。

2）以 ZnO 为基准物标定 EDTA 溶液

（1）$c_{Zn^{2+}} = 0.02mol/L$ 锌标准溶液的配制。准确称取在 800～1000℃ 灼烧（需 20min 以上）过的基准物 ZnO 0.5～0.6g 于 100mL 烧杯中，用少量水润湿，然后逐滴加入 6mol/LHCl，边加边搅至完全溶解为止，然后，定量转移入 250mL 容量瓶中，稀释至刻度并摇匀。

（2）用锌标准溶液标定 EDTA 溶液。移取 25.00mL 锌标准溶液于 250mL 锥形瓶中，加约 30mL 水，滴加（1＋1）氨水至刚出现浑浊，此时 pH 约为 8，然后加入 10mL $NH_3 \cdot H_2O$-NH_4Cl 缓冲溶液，加入铬黑 T 指示液 4 滴，用 EDTA 溶液滴定至溶液由酒红色刚变成纯蓝色，即为终点。平行标定 4 次，同时做空白试验，计算 EDTA 标准溶液的浓度。

3）以 $CaCO_3$ 为基准物标定 EDTA 溶液

（1）$c_{Ca^{2+}} = 0.02mol/L$ 钙标准溶液的配制：

准确称取基准 $CaCO_3$ 0.5g，置于 250mL 烧杯中用少量水先润湿，盖上表面皿，滴加 1＋1 盐酸 10mL，加热溶解后，用少量水洗表面皿和烧杯壁，洗涤液一同转入 250mL 容量瓶中，用水稀释至刻度，摇匀。

（2）用钙标准溶液标定 EDTA 溶液：

移取 25.00mL Ca^{2+} 溶液于 250mL 锥形瓶中，加入 20mL $NH_3 \cdot H_2O$-NH_4Cl 缓冲溶液（pH10）、2～3 滴钙指示剂。用 0.02mol/LEDTA 标准溶液滴定至溶液由紫红色刚变成蓝色，即为终点。平行标定 4 份，同时做空白试验，计算 EDTA 标准溶液的准确浓度。

5. 数据记录及结果计算

$$c_{EDTA} = \frac{cV}{V_{EDTA} - V_0}$$

式中：c_{EDTA}——EDTA 溶液的浓度，mol/L；

　　　　c——锌标准溶液或钙标准溶液的浓度，mol/L；

　　　　V——锌标准溶液或钙标准溶液的体积，mL；

　　　　V_{EDTA}——滴定时消耗的 EDTA 标准溶液的体积，mL；

　　　　V_0——滴定空白时消耗的 EDTA 标准溶液的体积，mL。

6. 注意事项

（1）在配位滴定中加入金属指示剂的量是否合适对终点观察十分重要，应在实践中细心体会。

（2）配位滴定法对去离子水质量的要求较高，不能含有 Fe^{3+}、Al^{3+}、Cu^{2+}、Mg^{2+} 等。

（3）在用锌标准溶液滴定 EDTA，调节溶液酸度时，加氨水要逐滴加入，且边加边摇动锥形瓶，防止滴加氨水过量。

7. 评价标准

（1）达到的专项能力目标：必须具备 EDTA 标准溶液的配制和标定能力，掌握钙指示剂或铬黑 T 指示剂的使用及其终点的变化。

（2）4h 内完成 EDTA 标准溶液的配制和标定，到达标准规定的允差。

8. 实训思考

（1）为什么通常使用乙二胺四乙酸二钠盐配制 EDTA 标准溶液，而不用乙二胺四乙酸？

（2）以 HCl 溶液溶解 $CaCO_3$ 基准物时，操作中应注意些什么？

实训二　水样中总硬度的测定

1. 实训目的

（1）了解水硬度的表示方法。

（2）掌握配位滴定法测定自来水总硬度的原理和方法。

（3）掌握铬黑 T 指示剂的使用条件。

2. 实训原理

水的总硬度指的是溶解在水中的金属盐类物质的总含量，一般以碳酸钙计，包括钙、镁甚至铁、锰等阳离子的总量。各国采用的硬度单位有所不同，目前我国常用的表示方法是以 $CaCO_3$ 的 mg/L 表示。

本实训用 EDTA 配位滴定法测定水的总硬度。在 pH10 的氨性缓冲溶液中，以铬黑 T 为指示剂，用三乙醇胺掩蔽 Fe^{3+}、Al^{3+} 等共存离子。

3. 仪器与试剂

（1）EDTA 标准溶液（0.01mol/L）。

（2）$NH_3 \cdot H_2O$-NH_4Cl 缓冲溶液（pH10）：称取 5.4g NH_4Cl 溶于少量水中，加入 35mL 浓氨水，用水稀释至 100mL，摇匀备用。

（3）三乙醇胺 200g/L。

（4）铬黑 T 指示剂（0.25g 固体铬黑 T，2.5g 盐酸羟胺，以 50mL 无水乙醇溶解）。

4. 实训内容及操作步骤

准确移取适量水样于锥形瓶中，必要时加入三乙醇胺 3mL，摇匀后加入 NH_3-NH_4Cl 缓冲溶液 5mL 及少许铬黑 T 指示剂，摇匀，立即用 EDTA 标准溶液滴定，当溶液由酒红色变为纯蓝色即为终点。根据 EDTA 溶液的用量计算水的总硬度，平行测定 3 次，同时进行空白实验。

5. 数据记录及结果计算

$$\rho_{\text{总CaCO}_3} = \frac{c_{\text{EDTA}} V_{\text{EDTA}} M_{\text{CaCO}_3}}{V} \times 10^3$$

式中：$\rho_{\text{总CaCO}_3}$——水样的总硬度，mg/L；

　　　c_{EDTA}——EDTA 溶液的浓度，mol/L；

　　　V_{EDTA}——EDTA 溶液的体积，mL；

　　　V——水样的体积，mL；

　　　M_{CaCO_3}——碳酸钙的摩尔质量，g/mol。

6. 注意事项

当水样中 Mg^{2+} 含量较低时，铬黑 T 指示剂终点变色不够敏锐，可加入少量的 Mg-EDTA 混合液，以增加溶液中 Mg^{2+} 含量，使终点变色敏锐。

7. 评价标准

（1）达到的专项能力目标：必须具备配位滴定法测定水样总硬度的能力，了解水硬度的表示方法，掌握铬黑 T 指示剂的使用。

（2）2h 内完成水样总硬度的测定，本方法的重复性偏差为 ± 0.04mmol/L。

8. 实训思考

（1）用铬黑 T 指示剂时，为什么要控制 pH$\approx$10？

（2）配位滴定法与酸碱滴定法相比，有哪些不同？操作中应注意哪些问题？

（3）用 EDTA 滴定 Ca^{2+}、Mg^{2+} 时，为什么要加氨性缓冲溶液？

（4）测定水样硬度时，为何测定和标定标准溶液的条件一致？最好采用何种基准物质标定 EDTA 溶液？标定时采用铬黑 T 指示剂应注意什么问题？

实训三　铝盐中铝含量的测定

1. 实训目的

（1）掌握置换滴定法测定铝盐的原理和方法。

（2）了解控制溶液的酸度、温度和滴定速度在配位滴定中的重要性。

（3）掌握二甲酚橙指示剂的应用条件和终点颜色判断。

2. 实训原理

Al^{3+} 与 EDTA 配合反应进行缓慢，可利用返滴定法或置换滴定法测定铝的含量。置换滴定法的基本原理是：在 pH3～4 的条件下，于铝盐试液中加入过量的 EDTA 溶液，加热煮沸使 Al^{3+} 配位完全；调节溶液 pH5～6，以二甲酚橙为指示剂，用锌盐标准溶液滴定剩余的 EDTA。然后加入过量的 NH_4F，加热煮沸，置换出与 Al^{3+} 配位的

EDTA，再用锌盐标准溶液滴定至紫红色为终点。有关反应为

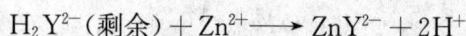

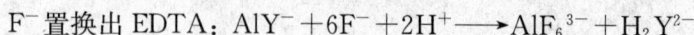

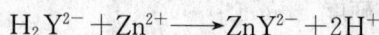

$$H_2Y^{2-} + Al^{3+} \longrightarrow AlY^- + 2H^+$$

$$H_2Y^{2-}(剩余) + Zn^{2+} \longrightarrow ZnY^{2-} + 2H^+$$

F⁻ 置换出 EDTA：$AlY^- + 6F^- + 2H^+ \longrightarrow AlF_6{}^{3-} + H_2Y^{2-}$

$$H_2Y^{2-} + Zn^{2+} \longrightarrow ZnY^{2-} + 2H^+$$

3. 仪器与试剂

(1) 铝盐试样（如硫酸铝钾）。

(2) HCl 溶液（1+1）。

(3) $NH_3 \cdot H_2O$ 溶液（1+1）。

(4) 二甲酚橙指示液（2g/L）0.20g 二甲酚橙溶于水，稀释至 100mL。

(5) 六次甲基四胺缓冲溶液（200g/L）20g 六次甲基四胺溶于少量水，稀释至 100mL。

(6) 百里酚蓝指示液（1g/L）0.10g 百里酚蓝溶于 20%乙醇，用 20%乙醇稀释至 100mL。

(7) NH_4F（A.R.）。

(8) EDTA 溶液（0.02mol/L）。

(9) 锌盐标准溶液（0.02mol/L）可用标定 EDTA 所配制的 Zn^{2+} 溶液，配制方法同实训一。

4. 实训内容及操作步骤

准确称取硫酸铝试样 0.5g，加 3mL（1+1）HCl，50mL 水溶解，定量移入 100mL 容量瓶中，稀释至刻度，摇匀。

用移液管移取上述试液 10.00mL，放入锥形瓶中，加 20mL 水和 30.00mL 的 0.02mol/L EDTA 溶液，再加 4～5 滴百里酚蓝指示液，以氨水（1+1）中和至黄色（pH3～3.5），煮沸 2min，取下，加入 20%六次甲基四胺溶液 20mL（或固体六次甲基四胺 4g），使试液 pH5～6，用力振荡，以流水冷却。然后加入 2 滴二甲酚橙指示液，用 0.02mol/L 锌盐标准溶液滴定至溶液由黄色变成紫红色（不计数）。在溶液中加入 2g 固体 NH_4F，加热煮沸 2min，冷却，用锌盐标准溶液滴定至溶液由黄色变紫红色为终点，平行测定 3 次。

5. 数据记录及结果计算

$$\omega_{Al} = \frac{c_{Zn^{2+}} V_{Zn^{2+}} \times 10^{-3} M_{Al}}{m \times \frac{10}{100}} \times 100\%$$

式中：ω_{Al}——补钙制剂中钙的含量（质量分数），%；

$c_{Zn^{2+}}$——Zn^{2+} 标准溶液的浓度，mol/L；

$V_{Zn^{2+}}$——滴定时消耗 Zn^{2+} 标准溶液的体积，mL；

M_{Al}——铝的摩尔质量，g/mol；

m——铝盐试样的质量，g。

6. 注意事项

（1）用氟化物置换法，在含铁的试样中 NH_4F 用量必须适当，如过多，则 FeY^- 中的 EDTA 也能被置换出来，使结果偏高。

为防止 FeY^- 发生置换，可加入 H_3BO_3，使过量的 F^- 生成 BF_4^- 离子。若铁含量高时，必须加 NaOH 将 Fe^{3+}、Al^{3+} 分离后再测 Al^{3+}。

（2）试样中有大量 Ca^{2+}，在 pH5～6 条件下滴定时，可能有部分 Ca^{2+} 配位使结果不稳定。对含大量 Ca^{2+} 的试样，也可以用 HAc-NaAc 缓冲溶液在 pH4.0 时滴定。

7. 评价标准

（1）达到的专项能力目标：必须具备置换滴定法测定铝的能力，掌握置换滴定法测定铝的终点颜色的变化，了解如何在配合滴定中控制溶液的酸度、温度和滴定速度。

（2）4h 内完成被测组分的预处理，标准溶液的配制，滴定并通过化学计量关系求出被测组分含量。

8. 实训思考

（1）测定步骤中加入氨水和六次甲基四胺的目的是什么？可否用其中一种调节酸度？

（2）第一次用锌盐标准溶液滴定 EDTA，为什么不记体积？若此时锌盐溶液过量，对分析结果有何影响？

（3）滴定过程中，为什么要两次加热？

实训四　铅铋合金中 Bi、Pb 连续滴定

1. 实训目的

（1）掌握连续滴定的测定原理和条件。

（2）掌握用 EDTA 连续测定铅铋合金中 Bi、Pb 含量方法和操作。

2. 实训原理

Bi^{3+} 和 Pb^{2+} 均能与 EDTA 形成稳定的 1:1 配合物，lgK 分别为 27.94 和 18.04。根据混合离子分步滴定的条件：当 TE 为 ± 0.1，$\Delta_\rho M$ 为 ± 0.2 时，则 $\Delta lgK_{My}=6$。而 BiY 与 PbY 两者的稳定常数相差很大，故可利用控制 pH 分别进行滴定。通常在 pH≈1 时滴定 Bi^{3+}，pH5～6 时滴定 Pb^{2+}。在 pH≈1 时，以二甲酚橙作指示剂，Bi^{3+} 与二甲酚橙形成紫红色配合物（Pb^{2+} 在此条件下不与指示剂作用），用 EDTA 滴定至溶液突变为亮黄色即为 Bi^{3+} 的终点。在此溶液中加入六亚甲基四胺，调节溶液的 pH 为 5～6，此时 Pb^{2+} 与二甲酚橙形成紫红色配合物，用 EDTA 滴定至溶液再变为亮黄色即为 Pb^{2+}

的终点。

3. 仪器与试剂

(1) EDTA 标准溶液（0.02mol/L）。

(2) HNO_3（2mol/L）。

(3) 二甲酚橙指示剂（2g/L 水溶液）。

(4) 六次甲基四胺（200g/L）

4. 实训内容及操作步骤

用移液管移取 25.00mLBi^{3+}、Pb^{2+} 混合溶液 3 份，分别置于 250mL 锥形瓶中（如果样品为铅铋合金，可准确称取试样 0.15～0.18g，加 2mol/L HNO_3 10mL，微热溶解后，稀至 100mL）此时 pH1，加二甲酚橙指示剂 1～2 滴，用 EDTA 标准溶液滴定至溶液由紫红色变为亮黄色，记下消耗的 EDTA 标准溶液的体积 V_1（mL）。滴加 200g/L 的六次甲基四胺溶液到滴定至 Bi^{3+} 的溶液中至呈稳定的紫红色后，再过量 5mL，此时溶液的 pH 为 5～6，继续用 EDTA 标准溶液滴定至由紫红色变为亮黄色即为 Pb^{2+} 的终点，记下消耗的 EDTA 的体积 V_2（mL），计算 Bi^{3+} 和 Pb^{2+} 的浓度（g/L）（若为固体样品则计算含量）及相对平均偏差。

5. 数据记录及结果计算

铅、铋含量计算公式

$$c_{Bi} = \frac{c_{EDTA} \times V_1}{V}$$

$$c_{Pb} = \frac{c_{EDTA} \times V_2}{V}$$

式中：c_{Bi}——铋浓度，mol/L；

c_{Pb}——铅浓度 mol/L

c_{EDTA}——EDTA 标准溶液浓度，mol/L；

V——试液的体积，mL；

V_1——滴定铋时消耗 EDTA 标准溶液的体积，mL；

V_2——滴定铅时消耗 EDTA 标准溶液的体积，mL。

6. 注意事项

(1) 滴定 Bi^{3+} 时，若酸度过低，Bi^{3+} 将水解，产生白色沉淀。

(2) 滴定至近终点时，滴定速度要慢，并充分摇动溶液，以免滴过终点。

7. 评价标准

(1) 达到专项能力目标：利用酸效应曲线，学会控制酸度，配制辅助试剂，连续测定铅铋合金中 Bi、Pb 含量。

(2) 4h 内完成铅铋合金中 Bi、Pb 含量测定，掌握二甲酚橙指示剂的使用。

8. 实训思考

（1）本实验中，能否先在 pH5～6 的溶液中滴定 Pb^{2+}，然后再调节溶液的 pH1 来滴定 Bi^{3+}？

（2）Bi^{3+}、Pb^{2+} 连续滴定时，为什么用二甲酚橙指示剂？用铬黑 T 指示剂可以吗？

实训五　光亮镀镍液中 Ni、Co 含量的测定

1. 实训目的

（1）进一步熟悉配位滴定的方法原理。

（2）掌握紫脲酸铵指示剂的应用条件及其终点判断方法。

2. 实训原理

镀镍溶液中，Ni^{2+}、Co^{2+} 都能与 EDTA 生成配合物，在 pH10 缓冲介质中，以紫脲酸铵为指示剂，用 EDTA 测定 Ni^{2+}、Co^{2+} 的总量。

钴以二价状态存在时，能和 EDTA 生成配合物，但在氨性介质中，以过硫酸铵氧化 Co^{2+} 生成较稳定的三价钴 Co^{3+} 和氨的配位物 $C_O(NH_3)_6^{3+}$，使钴不与 EDTA 配位，用紫脲酸铵作指示剂，直接用 EDTA 滴定镍 Ni^{2+} 的含量。

3. 仪器与试剂

（1）$NH_3 \cdot H_2O + NH_4Cl$ 缓冲溶液（pH10）溶解 54g 氯化铵于水，加入 350mL 浓氨水，加水稀释至 1L。

（2）氨水（1+1）。

（3）紫脲酸铵指示剂 0.2g 紫脲酸铵与 100g 氯化钠研磨混合均匀。

（4）过硫酸铵（A.R.）。

（5）0.05mol/L EDTA 标准溶液。

4. 实训内容及操作步骤

（1）用移液管吸取镀液 1mL 于 250mL 锥形瓶中，加水至 100mL，加缓冲溶液 10mL，紫脲酸铵指示剂 0.1g，用 0.05mol/L EDTA 标准溶液滴定由黄色变紫红色为终点，记录 EDTA 标准溶液消耗的体积 V_1。

（2）另用移液管吸取镀液 1mL 于 250mL 锥形瓶中加水至 100mL，另加氨水 100mL 及过硫酸氨 1g，煮沸至颜色不再改变，冷却加缓冲溶液 10mL，紫脲酸铵指示剂 0.1g 用 0.05mol/LEDTA 溶液滴定至颜色由棕色变为紫红色为终点，记录 EDTA 标准溶液消耗的体积 V_2。

5. 数据记录及结果计算

$$\rho_{Ni} = c_{EDTA} V_2 \times M_{Ni} / V_{样}$$

$$\rho_{Co} = c_{EDTA}(V_1 - V_2) \times M_{Co}/V_{样}$$

式中：ρ_{Ni}——镍的质量浓度，g/L；

　　　ρ_{Co}——钴的质量浓度，g/L；

　　　c_{EDTA}——EDTA 标准溶液的浓度；

　　　V_1——滴定镍、钴含量消耗 EDTA 体积，mL；

　　　V_2——滴定镍含量所消耗 EDTA 的体积，mL；

　　　$V_{样}$——样品的体积，mL；

　　　M_{Ni}——镍的摩尔质量，g/mol；

　　　M_{Co}——钴的摩尔质量，g/mol。

6. 注意事项

（1）溶液中钴的含量大于 3g/L 时，三价钴的颜色使终点不清晰，可在滴定前加 50mL 水，使终点变化清晰。

（2）镀液中存在铁时，可加入氟化铵 1g，消除干扰。

7. 评价标准

（1）达到的专项能力目标：必须具备在同一溶液中同时分析测定镍、钴含量的能力，掌握紫脲酸铵指示剂的应用条件及其终点判断方法。

（2）4h 内完成标准溶液的配制，滴定并通过化学计量关系求出被测组分含量。

8. 思考题

（1）试分析 Co^{2+} 生成 $[CO(NH_3)_6]^{3+}$ 配合物的条件。

（2）为什么在测定镀镍液中 Ni^{2+} 含量时要加入过硫酸铵？

项目练习题

1. 选择题

（1）EDTA 与大多数金属离子的配位关系是（　　）。

A. 1∶1　　　　　　B. 1∶2　　　　　　C. 2∶2　　　　　　D. 2∶1

（2）标定 EDTA 标准溶液，可用（　　）作基准物。

A. 金属锌　　　　　B. 重铬酸钾　　　　C. 高锰酸钾　　　　D. 硼酸

（3）水的硬度为 1 度时，则意味着每升水中含氧化钙（　　）mg。

A. 1　　　　　　　　B. 10　　　　　　　C. 100　　　　　　D. 0.1

（4）关于 EDTA，下列说法不正确的是（　　）。

A. EDTA 是乙二胺四乙酸的简称

B. 分析工作中一般用乙二胺四乙酸二钠盐

C. EDTA 与钙离子以 1∶2 的关系配合

D. EDTA 与金属离子配合形成螯合物

(5) 在配位滴定中，金属离子与 EDTA 形成配合物越稳定，在滴定时允许的 pH（　　）。

  A. 越高　　　　　　　B. 越低　　　　　　　C. 中性　　　　　　　D. 不要求

(6) 用铬黑 T 作指示剂测定水的总硬度时，需加入氨水-氯化铵缓冲溶液的 pH 为（　　）。

  A. <8　　　　　　　B. 9~10　　　　　　　C. <11　　　　　　　D. >10

(7) 用 EDTA 滴定 Ca^{2+}、Mg^{2+}，采用铬黑 T 为指示剂，少量的 Fe^{3+} 的存在将导致（　　）。

  A. 指示剂被封闭

  B. 计量点前指示剂即游离出来，终点提前

  C. 使 EDTA 与指示剂作用缓慢，终点提前

  D. 与指示剂形成沉淀，使其失去作用

(8) 在 pH10.0 时，用 0.02mol/L 的 EDTA 滴定 20.00mL0.02mol/L 的 Ca^{2+} 溶液，计量点的 K_{ca} 值是（　　）。

  A. 4.1　　　　　　　B. 10.7　　　　　　　C. 5.95　　　　　　　D. 6.1

(9) 在 EDTA 的配位滴定中，$\alpha_{Y(H)}=1$ 表示（　　）。

  A. Y 与 H^+ 没有发生副反应　　　　　　B. Y 与 H^+ 之间的副反应相当的严重

  C. Y 的副反应较小　　　　　　　　　　D. ［Y］＝［H^+］

(10) 用 EDTA 滴定下列离子时，能采用直接滴定方式的是（　　）。

  A. Ag^+　　　　　　B. Al^{3+}　　　　　　C. Cr^{3+}　　　　　　D. Ca^{2+}

(11) 使配位滴定突跃范围增大的条件是（　　）。

  A. 选稳定常数 K_{MY} 小的配位反应　　　　B. 增加指示剂的用量

  C. 适当减小溶液的酸度　　　　　　　　D. 减小溶液的 pH

(12) 对于一些难溶于水的金属化合物，加入配位剂后，使其溶解度增加，其原因是（　　）。

  A. 产生盐效应

  B. 配位剂与阳离子生成配合物，溶液中金属离子浓度增加

  C. 使其分解

  D. 阳离子被配位生成配离子，其盐溶解度增加

(13) 用 EDTA 滴定 Fe^{2+} 时（$c_{Fe^{2+}}=0.01mol/L$），其允许的最低 pH 为（　　）。

  A. 4.0　　　　　　　B. 5.0　　　　　　　C. 6.0　　　　　　　D. 7.0

(14) 配位滴定中，若 $K'_{fMIn}>K'_{fMY}$，会出现（　　）。

  A. 指示剂的封闭现象　　　　　　　　　B. 指示剂的僵化现象

  C. 指示剂的氧化变质现象　　　　　　　D. 终点提前现象

(15) 在配位滴定中，仅考虑酸效应的影响，若金属离子与 EDTA 形成的配合物越稳定，则滴定允许的 pH（　　）。

  A. 越大　　　　　　　B. 越小　　　　　　　C. 为中性　　　　　　D. 无法确定

2. 判断题

(1)（　　）EDTA 标准溶液一般用直接法配制。

(2)（　　）在配位滴定反应中，EDTA 与大多数金属离子只形成 1∶1 配合物。

(3)（　　）在 EDTA 配位滴定中，溶液的 pH 越大，EDTA 的酸效应系数越大。

(4)（　　）配位效应系数是用金属的总浓度与金属离子的平衡浓度的倍数表示的。

(5)（　　）配位滴定中，溶液的酸度越大，配合物的条件稳定常数越大。

(6)（　　）EDTA 与金属离子的配位反应大多数可以一步完成。

(7)（　　）EDTA 配位滴定法中，酸效应曲线是指滴定某金属离子 M 的最小 pH 与 lgK_{MY} 的关系曲线。

(8)（　　）用 EDTA 标准溶液滴定无色金属离子时，重点的颜色是配合物 MY 的颜色。

(9)（　　）配位滴定中，若 $K'_{MIn} > K'_{MY}$，会出现指示剂的封闭现象。

(10)（　　）标定 EDTA 溶液的基准物质最好用被测金属离子的纯金属、氧化物或碳酸盐。

(11)（　　）多数无机配位剂不能用于滴定金属离子。

(12)（　　）增大氢离子的浓度可以使配位滴定突跃范围变小。

(13)（　　）Pb^{2+}、Zn^{2+} 可在控制一定酸度下用 EDTA 标准溶液分步逐一准确滴定。

(14)（　　）因 H＋与配位 Y 结合，使配位剂 Y 参加主反应的能力下降的作用称为酸效应。

(15)（　　）用 EDTA 配位滴定法测定水样中的 Ca^{2+} 时，加入 NaOH 的作用之一是掩蔽 Mg^{2+}。

答案

1. 选择题

(1) A　(2) A　(3) B　(4) C　(5) B　(6) B　(7) A　(8) D　(9) A　(10) D
(11) C　(12) D　(13) B　(14) A　(15) B

2. 判断题

(1) ×　(2) √　(3) ×　(4) ×　(5) ×　(6) √　(7) √　(8) ×　(9) √
(10) √　(11) √　(12) √　(13) ×　(14) √　(15) √

项目四　氧化还原滴定法

实训一　KMnO₄ 标准溶液的配制和标定

1. 实训目的

(1) 了解 $KMnO_4$ 标准溶液的配制方法和保存条件。

（2）掌握用 $Na_2C_2O_4$ 作基准物质，标定 $KMnO_4$ 标准溶液浓度的原理和操作。

2. 实训原理

市售的 $KMnO_4$ 中含有少量的 MnO_2 和其他杂质，如硫酸盐、氯化物及硝酸盐等。蒸馏水中也含有微量还原性物质，它们可与 $KMnO_4$ 反应而析出 $MnO(OH)_2$（MnO_2 的水合物），产生 MnO_2 和 $Mn(OH)_2$ 又能进一步促进 $KMnO_4$ 分解。光线也能促进它分解。因此，$KMnO_4$ 标准溶液不能用直接法配制。

标定 $KMnO_4$ 溶液的基准物质有 $Na_2C_2O_4$、$H_2C_2O_4 \cdot 2H_2O$、As_2O_3 和纯铁丝等。其中 $Na_2C_2O_4$ 不含结晶水，容易提纯，没有吸湿性，是常用的基准物质。

在酸度为 $0.5 \sim 1mol/L$ 的 H_2SO_4 酸性溶液中，$C_2O_4^{2-}$ 与 MnO_4^- 进行如下反应：

$$2MnO_4^- + 5C_2O_4^{2-} + 16H^+ \longrightarrow 2Mn^{2+} + 10CO_2 \uparrow + 8H_2O$$

此反应在室温下进行很慢，必须加热至 $75 \sim 85℃$，以加快反应的进行。

滴定中，最初几滴 $KMnO_4$ 即使在加热情况下，与 $C_2O_4^{2-}$ 反应仍然很慢，当溶液中产生 Mn^{2+} 以后，反应速度才逐渐加快，因为 Mn^{2+} 对反应有催化作用。这种现象叫做自动催化作用。

在滴定过程中，溶液必须保持一定的酸度，否则容易产生 MnO_2 沉淀，引起误差。由于 $KMnO_4$ 溶液本身具有特殊的紫红色，滴定时 $KMnO_4$ 溶液稍微过量，即可看到溶液呈微红色，表示终点已到，故 $KMnO_4$ 称为自身指示剂。

3. 仪器与试剂

（1）$KMnO_4$ 固体。

（2）基准试剂 $Na_2C_2O_4$，在 $105 \sim 110℃$ 烘至恒重。

（3）$3mol/L$ 的 H_2SO_4 溶液：搅拌下将 $83mL$ 的浓 H_2SO_4，加入到 $417mL$ 水中。

4. 实训内容及操作步骤

（1）$c_{1/5 \ KMnO_4} \ 0.1mol/L$ 的 $KMnO_4$ 标准溶液的配制。

用台秤称取 $KMnO_4$ 固体约 $1.6g$，溶于 $500mL$ 蒸馏水中，盖上表面皿，加热至沸并保持微沸状态 $1h$。冷却后，用微孔玻璃漏斗过滤，滤液贮存于棕色试剂瓶中。

（2）$KMnO_4$ 溶液的标定。

在分析天平上，用减量法准确称取 $Na_2C_2O_4\ 0.15 \sim 0.20g$ 3份，分别置于 $250mL$ 锥形瓶中，加蒸馏水 $40mL$ 使之溶解，加入 $3mol/L$ 的 H_2SO_4 溶溶液 $10mL$，加热至 $75 \sim 85℃$（开始冒热气），趁热用 $KMnO_4$ 标准溶液滴定，刚开始反应较慢，滴入一滴 $KMnO_4$ 标准溶液摇动，待溶液褪色，再加第二滴 $KMnO_4$，滴定至溶液呈现微红色并保持 $0.5min$ 不褪色即为终点。记录消耗的 $KMnO_4$ 标准溶液体积，平行测定 4 次。

5. 数据处理及分析结果的计算

$$c_{1/5 \ KMnO_4} = \frac{m_{Na_2C_2O_4}}{M_{1/2 \ Na_2C_2O_4} \times V_{KMnO_4} \times 10^{-3}}$$

式中：$c_{1/5\,KMnO_4}$ ——$KMnO_4$ 标准溶液的浓度，mol/L；

　　　V_{KMnO_4} ——滴定时消耗的 $KMnO_4$ 标准溶液体积，mL；

　　　$m_{Na_2C_2O_4}$ ——基准物质 $Na_2C_2O_4$ 的质量，g；

　　　$M_{1/2\,Na_2C_2O_4}$ ——以 $1/2\,Na_2C_2O_4$ 为基本单元的 $Na_2C_2O_4$ 的摩尔质量，g/mol。

6. 注意事项

(1) 正确控制滴定过程中的滴定速度，滴定速度要和反应速度相一致，开始慢，逐渐加快（但不能过快，否则就会有 MnO_2 生成，实验失败），近终点时滴定速度逐渐放慢。

(2) 滴定接近化学计量点时，溶液温度应不低于 55℃，否则因反应速度慢而影响终点的判断。

(3) 加热时，锥形瓶外面要擦干，以防炸裂。

7. 评价标准

(1) 达到的专项能力目标：具备选择和使用干燥剂、使用烘箱的能力；选择合理的分析天平称量方法；合理控制滴定速度及临近终点时能进行半滴操作；滴定管盛装深色溶液时读数方法；记录和保存原始实验数据。

(2) 2h 内完成 $KMnO_4$ 标准溶液的标定，计算出 $KMnO_4$ 标准溶液浓度，并达到标准规定的允差；并独立地书写完整、规范的实验报告。

8. 实训思考

(1) $KMnO_4$ 标准溶液为何不能直接配制？

(2) 标定 $KMnO_4$ 溶液时，为什么第一滴 $KMnO_4$ 颜色褪色很慢，而以后会逐渐加快？

(3) $KMnO_4$ 溶液的标定，为什么需在强酸性溶液中，并在加热的情况下进行？酸度过低对滴定有何影响？温度过高又有何影响？

实训二　$K_2Cr_2O_7$ 标准溶液的配制和标定

1. 实训目的

(1) 掌握直接法配制 $K_2Cr_2O_7$ 标准溶液的配制方法并计算其浓度。

(2) 掌握间接法配制 $K_2Cr_2O_7$ 标准溶液的基本原理、标定方法和计算。

2. 实训原理

重铬酸钾是一种常用的强氧化剂，具有较强氧化性。重铬酸钾具有廉价、易提纯、溶液稳定等优点。重铬酸钾标准溶液可以用基准试剂直接配制。

当用非基准试剂 $K_2Cr_2O_7$ 时，必须用间接法配制。在一定量 $K_2Cr_2O_7$ 溶液中加入过量的 KI 及硫酸溶液，生成的 I_2 用 $Na_2S_2O_3$ 标准溶液滴定。反应式为

$$Cr_2O_7^{2-} + 6I^- + 14H^+ \longrightarrow 2Cr^{3+} + 3I_2 + 7H_2O$$

$$I_2 + 2S_2O_3^{2-} \longrightarrow 2I^- + S_4O_6^{2-}$$

以淀粉指示剂指示滴定终点。

3. 仪器与试剂

（1）基准物质 $K_2Cr_2O_7$ 于 120℃烘干至恒重。

（2）KI 固体。

（3）3mol/L H_2SO_4 溶液。

（4）0.1mol/L 的 $Na_2S_2O_3$ 标准溶液。

（5）淀粉指示剂（5g/L）。配制：称取 0.5g 可溶性淀粉放入小烧杯中，加水 10mL，使成糊状，在搅拌下倒入 90mL 沸水中，微沸 2min，冷却后转移至 100mL 试剂瓶中，贴好标签。

4. 实训内容及操作步骤

（1）直接法配制 $c_{1/6\,K_2Cr_2O_7}$ 0.1mol/L 的 $K_2Cr_2O_7$ 标准溶液。

准确称取基准物质 $K_2Cr_2O_7$ 1.2~1.4g，放于小烧杯中，加入少量的水，加热溶解，定量转入 250mL 容量中，用水稀释至刻度，摇匀，计算其准确浓度。

（2）间接法配制 $c_{1/6\,K_2Cr_2O_7}$ 0.1mol/L 的 $K_2Cr_2O_7$ 标准溶液。

称取 2.5g 重铬酸钾于烧杯中，加水溶解，转入 500mL 试剂瓶，每次用少量水冲洗烧杯多次，转入试剂瓶中，稀释至 500mL。

用移液管移取 25.00mL 重铬酸钾溶液于碘量瓶中，加 2gKI 及 20mL3mol/L H_2SO_4 溶液，立即盖好瓶塞，摇匀。用水封好瓶口，于暗处放置 10min。打开瓶塞，冲洗瓶塞及瓶颈，加水 150mL，用 $c_{Na_2S_2O_3}$ 0.1mol/L 的 $Na_2S_2O_3$ 标准溶液滴定至浅黄色，加 3mL 淀粉指示剂，继续滴定至溶液由蓝色变为亮绿色为止。记录消耗 $Na_2S_2O_3$ 标准溶液体积，平行测定 4 次。

5. 数据处理及分析结果的计算

（1）直接法配制 $K_2Cr_2O_7$ 溶液，浓度计算：

$$c_{1/6\,K_2Cr_2O_7} = \frac{m_{K_2Cr_2O_7}}{M_{1/6\,K_2Cr_2O_7} V_{K_2Cr_2O_7} \times 10^{-3}}$$

式中：$c_{1/6\,K_2Cr_2O_7}$——$K_2Cr_2O_7$ 标准溶液的浓度，mol/L；

$m_{K_2Cr_2O_7}$——基准物质 $K_2Cr_2O_7$ 的质量，g；

$M_{1/6\,K_2Cr_2O_7}$——1/6 $K_2Cr_2O_7$ 的摩尔质量，g/mol；

$V_{K_2Cr_2O_7}$——$K_2Cr_2O_7$ 标准溶液体积，mL。

（2）间接法配制 $K_2Cr_2O_7$ 溶液，浓度计算：

$$c_{1/6\,K_2Cr_2O_7} = \frac{c_{Na_2S_2O_3} V_{Na_2S_2O_3}}{V_{K_2Cr_2O_7}}$$

式中：$c_{1/6\,K_2Cr_2O_7}$——$K_2Cr_2O_7$ 标准溶液的浓度，mol/L；

$c_{Na_2S_2O_3}$——$Na_2S_2O_3$ 标准溶液浓度，mol/L；

$V_{Na_2S_2O_3}$——滴定消耗 $Na_2S_2O_3$ 的标准溶液的体积，mL；

$V_{K_2Cr_2O_7}$——$K_2Cr_2O_7$ 标准溶液体积，mL。

6. 注意事项

（1）重铬酸钾为剧毒强氧化剂，其溶液或滴定废液不得随意排放。

（2）由于重铬酸钾与碘化钾反应生成的单质 I_2 具有挥发性，用硫代硫酸钠开始滴定时，应轻摇快滴，至终点时应快摇慢滴。

（3）淀粉指示液应在滴定近终点时加入，如果过早地加入，淀粉会吸附较多的 I_2，使滴定结果产生误差。

7. 评价标准

（1）达到的专项能力目标：能根据所用试剂的纯度正确选择 $K_2Cr_2O_7$ 标准溶液的配制方法；掌握淀粉指示剂的配制方法；正确使用容量瓶、碘量瓶等玻璃仪器；分析滴定数据不精密性的来源；保持工作环境的整洁和干净。

（2）合理支配时间，2h 内完成 $K_2Cr_2O_7$ 标准溶液的标定，计算出 $K_2Cr_2O_7$ 标准溶液浓度，并达到标准规定的允差；并独立地书写完整、规范的实验报告。

8. 实训思考

（1）什么规格的试剂可以直接配制 $K_2Cr_2O_7$ 标准溶液？如何配制 $c_{1/6\,K_2Cr_2O_7}$ 0.2500mol/L 的 $K_2Cr_2O_7$ 标准溶液 500mL？

（2）用间接碘量法标定 $K_2Cr_2O_7$ 标准溶液的原理是什么？标定时，淀粉指示剂何时加入？如果加入过早或过晚会产生哪些影响？

实训三　硫代硫酸钠标准溶液的配制和标定

1. 实训目的

（1）掌握 $Na_2S_2O_3$ 溶液的配制方法与保存条件。

（2）了解标定 $Na_2S_2O_3$ 溶液浓度的原理和方法。

（3）掌握间接碘法的操作。

2. 实训原理

硫代硫酸钠（$Na_2S_2O_3 \cdot 5H_2O$）试剂一般都含有少量杂质，如 S、Na_2SO_3、Na_2SO_4、Na_2CO_3 及 NaCl 等，同时还容易风化和潮解，因此不能直接配制准确浓度的溶液。$Na_2S_2O_3$ 溶液易被空中的 O_2 氧化，受空气中 CO_2、水中微生物、光线等的作用而分解。配置时应用新煮沸后冷却的蒸馏水，并加入少量 Na_2CO_3 抑制细菌的生长。同时为防止光线作用，$Na_2S_2O_3$ 溶液应贮于棕色瓶中，放置 2 周后过滤再标定。

3. 仪器与试剂

（1）硫代硫酸钠。

（2）$K_2Cr_2O_7$ 固体，基准试剂，使用前于 120℃烘干至恒重。

（3）KI 固体（A.R.）。

（4）$3mol/LH_2SO_4$ 溶液。

（5）淀粉指示剂（5g/L）。配制：称取 0.5g 可溶性淀粉放入小烧杯中，加水 10mL，使成糊状，在搅拌下倒入 90mL 沸水中，微沸 2min，冷却后转移至 100mL 试剂瓶中，贴好标签。

4. 实训内容及操作步骤

（1）$c_{Na_2S_2O_3}$ 0.1mol/L 的 $Na_2S_2O_3$ 标准溶液的配制。

称取 13g 硫代硫酸钠（$Na_2S_2O_3 \cdot 5H_2O$）溶于 500mL 水中，缓缓煮沸 10min，冷却，放置 2 周后过滤，标定。

（2）$Na_2S_2O_3$ 标准溶液的标定。准确称取约 0.12g 基准物质 $K_2Cr_2O_7$，放入 250mL 碘量瓶中，加入 25mL 煮沸并冷却后的蒸馏水溶解，加入约 2g KI 及 20mL 3mol/LH_2SO_4 溶液，立即盖上碘量瓶塞，摇匀，瓶口加少许蒸馏水密封，以防止 I_2 挥发。在暗处静置 5min，打开瓶塞，冲洗瓶塞及瓶颈，加水 150mL，用待标的 $Na_2S_2O_3$ 标准溶液滴定至浅黄色，加 3mL 淀粉指示剂，继续滴定至溶液由蓝色变为亮绿色为止。记录消耗 $Na_2S_2O_3$ 标准溶液体积，平行测定 4 次。

5. 数据处理及分析结果的计算

$$c_{Na_2S_2O_3} = \frac{m_{K_2Cr_2O_7}}{M_{1/6\ K_2Cr_2O_7} V_{Na_2S_2O_3} \times 10^{-3}}$$

式中：$c_{Na_2S_2O_3}$——$Na_2S_2O_3$ 标准溶液的浓度，mol/L；

　　　$m_{K_2Cr_2O_7}$——基准物质 $K_2Cr_2O_7$ 的质量，g；

　　　$M_{1/6\ K_2Cr_2O_7}$——1/6 $K_2Cr_2O_7$ 的摩尔质量，g/mol；

　　　$V_{Na_2S_2O_3}$——滴定消耗 $Na_2S_2O_3$ 的标准溶液的体积，mL。

6. 注意事项

（1）硫代硫酸钠标准溶液应保存在棕色玻璃瓶中。贮存溶液的瓶子瓶口要严密。每次取用时应尽量减少开盖的时间和次数。存放过程中，若发现溶液浑浊或表面有悬浮物，需过滤重新标定后使用，必要时重新制备。

（2）滴定时不要剧烈摇动溶液，使用带有玻璃塞的碘量瓶。析出 I_2 后不能让溶液放置过久，滴定速度可以适当地快些。

（3）淀粉指示液应在滴定近终点时加入，如果过早地加入，淀粉会吸附较多的 I_2，使滴定结果产生误差。

7. 评价标准

(1) 达到的专项能力目标：具备选择和使用布氏漏斗；合理选择试剂瓶保存见光易分解的试剂；配制和准确标定硫代硫酸钠标准溶液；正确选择淀粉指示剂加入时机；分析滴定数据不精密性的来源；保持工作环境的整洁和干净。

(2) 2h 内完成 $Na_2S_2O_3$ 标准溶液的标定，计算出 $Na_2S_2O_3$ 标准溶液浓度，并达到标准规定的允差；并独立地书写完整、规范的实验报告。

8. 实训思考

(1) 为什么新配好的 $Na_2S_2O_3$ 溶液需放置 2 周后才能标定？
(2) 标定 $Na_2S_2O_3$ 溶液时，滴定到终点时，溶液放置一会儿又重新变蓝，为什么？

实训四　碘标准溶液的配制和标定

1. 实训目的

(1) 掌握碘标准溶液的配制和保存方法。
(2) 掌握碘标准溶液的标定方法、基本原理、反应条件、操作步骤和计算。

2. 实训原理

碘可以通过升华法制得纯试剂，但因其升华及对天平有腐蚀性，故不宜用直接法配制 I_2 标准溶液而采用间接法。

可以用 $Na_2S_2O_3$ 标准溶液"比较"，用 I_2 溶液滴定一定体积的 $Na_2S_2O_3$ 标准溶液。反应为

$$I_2 + 2S_2O_3^{2-} \longrightarrow 2I^- + S_4O_6^{2-}$$

以淀粉为指示剂，终点由无色到蓝色。

3. 仪器与试剂

(1) 固体试剂 I_2 (A. R.)。
(2) 固体试剂 KI (A. R.)。
(3) 淀粉指示剂 (5g/L)。配制：称取 0.5g 可溶性淀粉放入小烧杯中，加水 10mL，使成糊状，在搅拌下倒入 90mL 沸水中，微沸 2min，冷却后转移至 100mL 试剂瓶中，贴好标签。
(4) 0.1mol/L 的 $Na_2S_2O_3$ 标准溶液。

4. 实训内容及操作步骤

1) 碘标准溶液的配制

配制 $c_{1/2\,I_2}$ 0.1mol/L 的碘溶液 500mL。称取 6.5g I_2 放于小烧杯中，再称取 17gKI，

量取 500mL 水，将 KI 分 4~5 次放入装有碘的小烧杯中，每次加水 5~10mL，用玻璃棒轻轻研磨，使碘充分溶解，将溶解部分转入棕色试剂瓶中，如此反复直至碘全部溶解为止。用剩余的水清洗烧杯，并将洗液倒入试剂瓶中，摇匀，待标定。

2）碘标准溶液的标定

用移液管移取已知浓度的 $Na_2S_2O_3$ 标准溶液 30~35mL 于碘量瓶中，加水 150mL，加淀粉指示剂，以待标定的 $c_{1/2\,I_2}$ 0.1mol/L 的碘溶液滴定至蓝色为终点。记录消耗 I_2 标准溶液体积。

5. 数据处理及分析结果的计算

$$c_{1/2\,I_2} = \frac{c_{Na_2S_2O_3}\,V_{Na_2S_2O_3}}{V_{I_2}}$$

式中：$c_{1/2\,I_2}$——I_2 标准溶液的浓度，mol/L；

　　　$c_{Na_2S_2O_3}$——$Na_2S_2O_3$ 标准溶液浓度，mol/L；

　　　$V_{Na_2S_2O_3}$——移取 $Na_2S_2O_3$ 的标准溶液的体积，mL；

　　　V_{I_2}——I_2 标准溶液体积，mL。

6. 注意事项

（1）碘溶液应装在酸式滴定管中。

（2）配制 I_2 溶液时在溶液非常浓的情况下将 I_2 与 KI 一起研磨。

7. 评价标准

（1）达到的专项能力目标：必须具备配制和准确标定碘标准溶液能力，分析滴定数据不精密性的来源；保持工作环境的整洁和干净。

（2）2h 内完成碘标准溶液的标定，计算出碘标准溶液浓度。并独立地书写完整、规范的实验报告。

8. 实训思考

（1）I_2 溶液应该装在何种滴定管中？为什么？

（2）配制 I_2 溶液时，为什么要在溶液非常浓的情况下将 I_2 与 KI 一起研磨，当 I_2 与 KI 溶解后才能用水稀释？如果过早地稀释会发生什么情况？

实训五　$KBrO_3$-KBr 标准溶液的配制和标定

1. 实训目的

（1）掌握 $KBrO_3$-KBr 标准溶液的配制方法。

（2）掌握间接碘量法标定 $KBrO_3$-KBr 标准溶液的基本原理及有关计算。

2. 实训原理

溴酸钾法是用 Br_2 作氧化剂测定物质含量的方法。因为 Br_2 极易挥发，溶液很不稳定，故常用 $KBrO_3$-KBr 标准溶液代替 Br_2 标准溶液，其中 $KBrO_3$ 是准确量，KBr 是过量的。$KBrO_3$-KBr 标准溶液在酸性溶液中生成 Br_2，与过量的 KI 作用析出 I_2，用 $Na_2S_2O_3$ 标准溶液滴定，反应式为

$$BrO_3^- + 5Br^- + 6H^+ \longrightarrow 3Br_2 + H_2O$$

$$Br_2 + 2I^- \longrightarrow I_2 + Br^-$$

$$I_2 + 2S_2O_3^{2-} \longrightarrow 2I^- + S_4O_6^{2-}$$

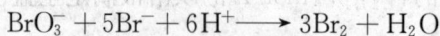

以淀粉指示剂确定终点。

3. 仪器与试剂

(1) $KBrO_3$ 固体（A. R.）。

(2) KBr 固体（A. R.）。

(3) KI 溶液（100g/L）。

(4) 浓盐酸。

(5) $c_{Na_2S_2O_3}$ 0.1mol/L 的 $Na_2S_2O_3$ 标准溶液。

(6) 淀粉指示剂（5g/L）。

4. 实训内容及操作步骤

(1) $KBrO_3$-KBr 溶液的配制。配制 $c_{1/6\,KBrO_3}$ ＝0.1mol/L 的 $KBrO_3$-KBr 溶液 500mL。称取 1.4～1.5g $KBrO_3$ 和 6g KBr 放于烧杯中，每次加入少量水溶解 $KBrO_3$ 和 KBr，溶液转入试剂瓶中，至全部溶解。用少量水冲洗烧杯，洗涤液一并转入试剂瓶中，最后稀释至 500mL，摇匀，备用。

(2) $KBrO_3$-KBr 溶液的标定。用滴定管准确加入 $c_{1/6\,KBrO_3}$ 0.1mol/L 的 $KBrO_3$-KBr 溶液 30.00～35.00mL 于 250mL 碘量瓶中，加入浓盐酸 5mL，立即盖紧碘量瓶塞，摇匀。用水封好瓶口，于暗处放置 5～10min，打开瓶塞，冲洗瓶塞、瓶颈及瓶内壁，加入 100g/L KI 溶液 10mL，立即用 $c_{Na_2S_2O_3}$ 0.1mol/L 的 $Na_2S_2O_3$ 标准溶液滴定至浅黄色，加 5mL 淀粉指示剂，继续滴定至溶液由蓝色变为亮绿色为止。记录消耗 $Na_2S_2O_3$ 标准溶液体积。平行测定 4 次。

5. 数据处理及分析结果的计算

$$c_{1/6\,KBrO_3} = \frac{c_{Na_2S_2O_3} V_{Na_2S_2O_3}}{V_{KBrO_3}}$$

式中：$c_{1/6\,KBrO_3}$ ——$KBrO_3$ 标准溶液的浓度，mol/L；

　　　　$c_{Na_2S_2O_3}$ ——$Na_2S_2O_3$ 标准溶液浓度，mol/L；

　　　　$V_{Na_2S_2O_3}$ ——滴定消耗 $Na_2S_2O_3$ 的标准溶液的体积，mL；

　　　　V_{KBrO_3} ——量取 $KBrO_3$-KBr 溶液体积，mL。

6. 注意事项

（1）滴定时不要剧烈摇动溶液，使用带有玻璃塞的碘量瓶。析出 I_2 后不能让溶液放置太久，滴定速度宜适当地快些。

（2）淀粉指示液应在滴定近终点时加入，如果过早地加入，淀粉会吸附较多的 I_2，使滴定结果产生误差。

7. 评价标准

（1）达到的专项能力目标：具备配制和准确标定 $KBrO_3$-KBr 标准溶液的技能；分析滴定数据不精密性的来源；保持工作环境的整洁和干净。

（2）2h 内完成 $KBrO_3$-KBr 标准溶液的标定，计算出 $KBrO_3$-KBr 标准溶液浓度，达到标准规定的允差；并独立地书写完整、规范的实验报告。

8. 实训思考

（1）已知准确浓度的 $KBrO_3$-KBr 标准溶液，其中 $KBrO_3$ 和 KBr 哪种物质的浓度是准确的？

（2）说明实验过程中溶液颜色变化的原因。

实训六　过氧化氢含量的测定

1. 实训目的

（1）掌握用 $KMnO_4$ 法测定 H_2O_2 含量原理和方法。

（2）熟悉高锰酸钾法的终点判断。

2. 实训原理

H_2O_2 在工业、生物、医药等方面应用很广。利用 H_2O_2 的氧化性漂白毛、丝织物；医药上常用于消毒和杀菌；纯 H_2O_2 用做火箭燃料的氧化剂；工业上利用 H_2O_2 的还原性除去氯气。

植物体内的过氧化氢酶也能催化 H_2O_2 的分解反应，故在生物上利用此性质，测量 H_2O_2 分解所放出的氧来测量过氧化氢酶的活性，由于 H_2O_2 有着广泛的应用，常需要测定它的含量。

H_2O_2 分子中有一个过氧键，在酸性溶液中它是一个强氧化剂。但遇 $KMnO_4$ 表现为还原剂。在稀 H_2SO_4 溶液中，H_2O_2 在室温条件下，能定量地被 $KMnO_4$ 氧化而生成 O_2 和 H_2O_2，其反应式为

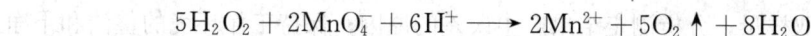

$$5H_2O_2 + 2MnO_4^- + 6H^+ \longrightarrow 2Mn^{2+} + 5O_2\uparrow + 8H_2O$$

因此可在酸性溶液中用 $KMnO_4$ 标准溶液直接滴定测得的 H_2O_2 含量，以自身为指示剂。

3. 仪器与试剂

（1）$c_{1/5 \text{ KMnO}_4}$ 0.1mol/L 的 $KMnO_4$ 标准溶液。

（2）3mol/L 的 H_2SO_4 溶液。

（3）双氧水试样。

4. 实训内容及操作步骤

用移液管吸取 30% 的过氧化氢样品 2.00mL，置于 250mL 容量瓶中，加水稀释至标线，充分混合均匀。再吸取稀释液 25.00mL，置于 250mL 锥形瓶中，加水 20～30mL 和 3mol/L 的 H_2SO_4 溶液 20mL，用 $KMnO_4$ 标准溶液滴定至溶液呈粉红色并经 30s 不褪色，即为终点。记录消耗 $KMnO_4$ 标准溶液体积，平行测定 3 次。

5. 数据处理及分析结果的计算

$$\rho_{H_2O} = \frac{c_{1/5 \text{ KMnO}_4} V_{\text{KMnO}_4} \times M_{1/2 \text{ H}_2\text{O}_2}}{V_{H_2O_2} \times \dfrac{25.00}{250.0}}$$

式中：$\rho_{H_2O_2}$——过氧化氢的质量浓度，g/L；

　　　$c_{1/5 \text{ KMnO}_4}$——$KMnO_4$ 标准溶液的浓度，mol/L；

　　　V_{KMnO_4}——滴定消耗 $KMnO_4$ 的标准溶液的体积，mL；

　　　$M_{1/2 \text{ H}_2\text{O}_2}$——1/2 H_2O_2 的摩尔质量，g/mol；

　　　$V_{H_2O_2}$——测量时量取的过氧化氢试液体积，mL。

6. 注意事项

（1）为了加快反应速度，滴定反应前可加入少量 $MnSO_4$ 作为催化剂。

（2）标定好的 $KMnO_4$ 溶液在放置一段时间后，若发现有沉淀析出，应重新过滤并标定。

（3）H_2O_2 取样量少，应特别注意减少取样误差。为了减少 H_2O_2 挥发、分解所带来得误差，每份 H_2O_2 样品应在测定前取。

（4）用 $KMnO_4$ 溶液滴定 H_2O_2 时，不能用 HNO_3 或 HCl 溶液来控制溶液酸度。

（5）H_2O_2 样品若系工业样品，用 $KMnO_4$ 法测定不合适，因为产品中常加有少量乙酰苯胺等有机物作稳定剂，滴定时也要消耗 $KMnO_4$ 溶液，引起方法误差，如遇此情况，应采用碘量法或铈量法进行滴定。

7. 评价标准

（1）达到的专项能力目标：必须具备分析过氧化氢含量的能力；能根据待测试样含量范围合理决定取样量；分析测定结果产生误差的原因；保持工作环境的整洁和干净。

（2）2h 内完成过氧化氢试样的测定，计算出过氧化氢的含量；并独立地书写完整、规范的实验报告。

8. 实训思考

（1）本实验中为什么在滴定反应前少量 $MnSO_4$ 的加入可加快反应速度？

（2）为什么用 $KMnO_4$ 溶液滴定 H_2O_2 时，不能用 HNO_3 或 HCl 溶液来控制溶液酸度？

实训七　水中化学耗氧量的测定（$K_2Cr_2O_7$ 法）

1. 实训目的

（1）掌握化学需氧量的基本概念。

（2）掌握用重铬酸钾法测定 COD 的原理、操作方法。

2. 实训原理

化学需氧量是指在一定条件下，用强氧化剂处理水样时所消耗氧化剂的量，以氧的毫克每升（mg/L）来表示，简称 COD。化学需氧量反映水体中受还原性物质（主要是有机物）污染的程度。水体上还原性物质包括有机物、亚硝酸盐、亚铁盐、硫化物等。水体被有机物污染是很普遍的，因此，化学需氧量常作为有机物相对含量的指标之一。

水样中的化学需氧量，随加入氧化剂的种类、浓度，溶液的酸度、温度和时间以及有无催化剂的存在等条件的不同而获得不同的结果，因此，化学需氧量也是一个相对的条件性指标，测定时必须严格按规定的步骤和条件进行操作。对于工业废水以及污染较重的污染水样，我国规定用 $K_2Cr_2O_7$ 法测定化学需氧量。

$K_2Cr_2O_7$ 法测定化学需氧量的原理是：在水样中加入 H_2SO_4 使溶液呈强酸性，再加入一定量的 $K_2Cr_2O_7$ 标准溶液，加热煮沸，回流，使有机物和还原性物质充分氧化。

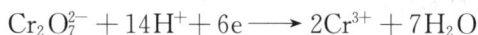

$$Cr_2O_7^{2-} + 14H^+ + 6e \longrightarrow 2Cr^{3+} + 7H_2O$$

过量的 $K_2Cr_2O_7$ 以试亚铁灵作指示剂，用硫酸亚铁铵的标准溶液回滴。

$$Cr_2O_7^{2-} + 6Fe^{2+} + 14H^+ \longrightarrow 2Cr^{3+} + 6Fe^{3+} + 7H_2O$$

根据消耗硫酸亚铁铵的量和加入水样中 $K_2Cr_2O_7$ 的量，计算出水样中还原性物质所消耗的量。

在用 $K_2Cr_2O_7$ 处理水样前可加入 Ag_2SO_4 作催化剂，使直链脂肪族化合物完全被氧化。$Cl^- > 30mg/L$ 时，影响测定结果，故在回流前向水样中加入 $HgSO_4$，使之成为 $HgCl_4^{2-}$ 而消除。

3. 仪器与试剂

（1）$K_2Cr_2O_7$ 标准溶液，$c_{1/6 K_2Cr_2O_7} = 0.2500mol/L$。配制：称取预先在 120℃ 干燥 2h 后的重铬酸钾 12.258g 溶于水中，移入 1000mL 容量瓶中，稀释至标线，摇匀。

（2）浓硫酸（A. R.）。

（3）固体硫酸银（A. R.）。

（4）硫酸银-硫酸溶液。配制：于 2500mL 浓硫酸中加入 25g 硫酸银，放置 1～2d，不时摇动使其溶解（如无 2500mL 容器，可在 500mL 浓硫酸中加入 5g 硫酸银）。

（5）硫酸汞（A. R.）。

（6）硫酸亚铁铵（A. R.）。

（7）邻菲啰啉（$C_{12}H_8N_2 \cdot H_2O$）。

（8）硫酸亚铁（$FeSO_4 \cdot 7H_2O$）。

（9）试亚铁灵指示剂。配制：称取 1.458g 邻菲啰啉和 0.695g 硫酸亚铁溶于水中，稀释至 100mL，贮于棕色瓶内。

（10）硫酸亚铁铵标准溶液，$c_{(NH_4)_2Fe(SO_4)_2}$ 0.1mol/L。

配制：溶解 39.5g 硫酸亚铁铵于水中，边搅拌边缓慢加入 20mL 浓硫酸，待其溶液冷却后移入 1000mL 容量瓶中，加水稀释至标线，摇匀。临用前，用重铬酸钾溶液标定。

标定：取 10.00mL 重铬酸钾标准溶液置于 500mL 锥形瓶中，用水稀释至约 100mL，缓慢加入 30mL 硫酸，混匀，冷却后，加 3 滴（约 0.15mL）试亚铁灵指示剂，用硫酸亚铁铵滴定，溶液的颜色由黄色经蓝绿色变为红褐色，即为终点。记录下硫酸亚铁铵的消耗量。

硫酸亚铁铵标准溶液浓度为

$$c_{(NH_4)_2Fe(SO_4)_2} = \frac{c_{1/6\,K_2Cr_2O_7} V_1}{V_2}$$

式中：$c_{1/6\,K_2Cr_2O_7}$——$K_2Cr_2O_7$ 标准溶液的浓度，mol/L；

V_1——标定时移取 $K_2Cr_2O_7$ 标准溶液体积，mL；

V_2——滴定时消耗的硫酸亚铁铵标准溶液体积，mL。

（11）回流装置：带有 24 号标准磨口的 250mL 锥形瓶的全玻璃回流装置，回流冷凝管长度为 300～500mm。

（12）加热装置：变阻电炉。

（13）25mL 或 50mL 酸式滴定管。

（14）防爆沸玻璃珠。

4. 实训内容及操作步骤

（1）取水样 20mL 于锥形瓶中，或取适当水样加水至 20mL。加入 10.00mL 重铬酸钾标准溶液和几颗防爆沸玻璃珠，摇匀。将锥形瓶接到回流装置冷凝管下端，接通冷凝水。从冷凝管上端缓慢加入 30mL 硫酸银-硫酸溶液，以防止低沸点有机物的逸出，不断旋动锥形瓶使之混合均匀。自溶液开始沸腾起回流 2h。

若水样中氯离子大于 30mg/L 时，取水样 20.00mL，加 0.4g 硫酸汞摇匀，待硫酸汞溶解后，再依次加入重铬酸钾溶液 10.00mL，30mL 硫酸银-硫酸溶液和几颗玻璃珠，加热回流 2h。

（2）冷却后，用 20～30mL 水自冷凝管上端冲洗冷凝管后，取下锥形瓶，再用水稀释至 140mL 左右。

（3）溶液冷却至室温时，加入 3 滴试亚铁灵指示剂，用硫酸亚铁铵标准溶液滴定，溶液的颜色由黄色经蓝绿色变为红褐色即为终点。记下硫酸亚铁铵标准滴定溶液的消耗毫升数 V_1。

（4）空白试验：按相同步骤以 20mL 水代替水样进行空白试验，其余试剂和水样测定相同，记录下空白滴定消耗硫酸亚铁铵标准溶液的毫升数 V_0。

5. 数据处理及分析结果的计算

$$\mathrm{COD_{Cr}}(\mathrm{O_2,mg/L}) = \frac{(V_0 - V_1)c_{(\mathrm{NH_4})_2\mathrm{Fe(SO_4)_2}} \times 8 \times 1000}{V}$$

式中：$c_{(\mathrm{NH_4})_2\mathrm{Fe(SO_4)_2}}$——$(\mathrm{NH_4})_2\mathrm{Fe(SO_4)_2}$ 标准溶液的浓度，mol/L；

V_0——空白实验所消耗的 $(\mathrm{NH_4})_2\mathrm{Fe(SO_4)_2}$ 标准溶液的体积，mL；

V_1——水样测定时所消耗的 $(\mathrm{NH_4})_2\mathrm{Fe(SO_4)_2}$ 标准溶液的体积，mL；

V——水样的体积，mL；

8——以 1/4 $\mathrm{O_2}$ 为基本单元时 $\mathrm{O_2}$ 的摩尔质量，g/mol。

6. 注意事项

（1）该方法对未经稀释的水样其测定上限为 700mg/L，超过此限必须经稀释后测定。

（2）对污染严重的水样，可选取所需体积 1/10 的水样和试剂，放入 10×150mm 硬质玻璃管中，摇匀后，用酒精灯加热数分钟，观察溶液是否变成蓝绿色。如呈蓝绿色，应再适当少取水样，重复以上实验，直至溶液不变蓝绿色为止。从而确定待测水样适当的稀释倍数。

（3）水样要采集于玻璃瓶中，应尽快分析。如不能立即分析，应加入硫酸至 pH 小于 2，置 4℃保存，但保存时间不多于 5d。

（4）对于 COD 值小于 50mg/L 的低浓度水样，需要 $c_{1/6 \mathrm{K_2Cr_2O_7}} = 0.02500$mol/L 重铬酸钾标准溶液氧化，回滴时可用 0.01mol/L 硫酸亚铁标准溶液。

（5）在特殊情况下，需要测定的水样在 10.00mL 到 50.00mL 之间，试剂的体积或重量要按表 3-11 做相应的调整。

表 3-11 不同取样量采用的试剂用量

水样体积/mL	0.2500mol/L $\mathrm{K_2Cr_2O_7}$ 溶液/mL	$\mathrm{H_2SO_4\text{-}Ag_2SO_4}$ 溶液/mL	$\mathrm{HgSO_4}$/g	$(\mathrm{NH_4})_2\mathrm{Fe(SO_4)_2}$ 溶液/mL	滴定前总体积/mL
10.0	5.0	15	0.2	0.050	70
20.0	10.0	30	0.4	0.100	140
30.0	15.0	45	0.6	0.150	210
40.0	20.0	60	0.8	0.200	280
50.0	25.0	75	1.0	0.250	350

7. 评价标准

（1）达到的专项能力目标：选择和使用冷凝管，安装回流装置；能够配制试亚铁灵指示剂；正确配制和标定硫酸亚铁铵标准溶液；防止溶液加热过程中爆沸的方法；根据 COD

含量选用取样量和试剂浓度，测定水样中 COD 的浓度；测定精确度符合 GB11914—1989 标准中规定的要求，对于不合格的分析结果，分析测定结果数据产生误差的原因；保持工作环境的整洁和干净。

（2）合理安排时间，4h 内完成水样中化学需氧量的测定，计算出水样的 COD 值；并独立地书写完整、规范的实验报告。

8. 实训思考

（1）为什么硫酸银-硫酸溶液要从冷凝管上端缓慢加入？

（2）为什么在 COD 测定实验中，若水样中氯离子大于 30mg/L 时要加入硫酸汞？

实训八　维生素 C 片剂中抗坏血酸含量的测定

1. 实训目的

（1）掌握碘标准溶液的配制和标定方法。

（2）了解直接碘量法测定抗坏血酸的原理和方法。

2. 实训原理

维生素 C（Vc）又称抗坏血酸，分子式为 $C_6H_8O_6$。维生素 C 具有还原性，可被 I_2 定量氧化，因而可用 I_2 标准溶液直接滴定。其滴定反应式为

$$C_6H_8O_6 + I_2 \longrightarrow C_6H_6O_6 + 2HI$$

用直接碘量法可测定药片、注射液、饮料、蔬菜、水果等中的维生素 C 含量。

由于维生素 C 的还原性很强，较易被溶液和空气中的氧氧化，在碱性介质中这种氧化作用更强，因此滴定宜在酸性介质中进行，以减少副反应的发生。考虑到 I^- 在强酸性溶液中也易被氧化，故一般选在 pH3～4 的弱酸性溶液中进行滴定。

3. 仪器与试剂

（1）维生素 C 试样。

（2）I_2 标准溶液，$c_{1/2\,I_2}$ 0.1mol/L。

（3）淀粉指示剂（5g/L）。配制：称取 0.5g 可溶性淀粉放入小烧杯中，加水 10mL，使成糊状，在搅拌下倒入 90mL 沸水中，微沸 2min，冷却后转移至 100mL 试剂瓶中，贴好标签。

（4）2mol/L 的醋酸溶液。配制：冰醋酸 60mL，用蒸馏水稀释至 500mL。

4. 实训内容及操作步骤

准确称取约 0.2g 研碎了的维生素 C 试样，置于 250mL 锥形瓶中，加入 100mL 新煮沸过并冷却的蒸馏水，10mL 醋酸溶液和 5mL，轻摇使之溶解，加淀粉指示剂 2mL，立即用 I_2 标准溶液滴定至出现稳定的浅蓝色，且在 30s 内不褪色即为终点，记下消耗

的 I_2 标准溶液体积，平行测定 3 份。

5. 数据处理及分析结果的计算

$$\omega_{V_C} = \frac{c_{I_2} \times V_{I_2} \times 10^{-3} \times M_{1/2\,V_C}}{m} \times 100\%$$

式中：ω_{V_C}——试样中维生素 C 的质量分数，%；

$\quad\quad c_{I_2}$——I_2 标准溶液的浓度，mol/L；

$\quad\quad V_{I_2}$——I_2 标准溶液体积，mL。

$\quad\quad m$——称取维生素 C 试样的质量，g；

$\quad\quad M_{1/2\,V_C}$——以 $1/2\ V_C$ 为基本单元的维生素 C 的摩尔质量，g/mol。

6. 注意事项

（1）由于维生素 C 的还原性很强，注意实验用水均为新煮沸过并冷却的蒸馏水。

（2）严格控制试液的酸度，保证 pH 在 3～4 范围。pH<2 淀粉会水解成为糊精，与 I_2 作用呈红色，同时维生素 C 还容易被氧化。

7. 评价标准

（1）达到的专项能力目标：熟悉直接碘量法和间接碘量法测定物质含量操作上的异同，分析实验条件对测定的影响；不同样品维生素 C 含量的测定，达到相关国家标准或行业标准规定的测定精确度及误差范围的要求；对于不合格的分析结果，分析测定结果数据产生误差的原因；保持工作环境的整洁和干净。

（2）2h 内完成维生素 C 片剂中抗坏血酸含量的测定，计算出试样中抗坏血酸含量；并独立地书写完整、规范的实验报告。

8. 实训思考

（1）维生素 C 试样溶解时为何要加入新煮沸并冷却的蒸馏水？

（2）碘量法的误差来源有哪些？应采取哪些措施减小误差？

实训九 食盐中碘含量的测定

1. 实训目的

（1）掌握含碘食盐中含碘量的测定原理、操作方法和计算。

（2）掌握浓度较低的 $Na_2S_2O_3$ 标准溶液的配制方法和标定方法。

2. 实训原理

在酸性溶液中，试样中的碘酸根氧化碘化钾析出 I_2，用 $Na_2S_2O_3$ 标准溶液滴定，测定食盐中碘离子的含量，反应式为

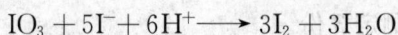

$$IO_3^- + 5I^- + 6H^+ \longrightarrow 3I_2 + 3H_2O$$
$$I_2 + 2S_2O_3^{2-} \longrightarrow 2I^- + S_4O_6^{2-}$$

3. 仪器与试剂

(1) KIO_3 标准溶液，$c_{1/6\ KIO_3}$ 0.002mol/L。配制：准确称取 1.4g 于 110℃ 烘至恒重的基准物 KIO_3，加水溶解，于 1000mL 容量瓶中定容，用移液管吸取 2.50mL 放于 500mL 容量瓶中，加水稀释定容，得到浓度为 $c_{1/6\ KIO_3}$ 0.002mol/L 的 $c_{1/6\ KIO_3}$ 标准溶液。其准确浓度为

$$c_{1/6\ KIO_3} = \frac{m_{KIO_3}}{M_{1/6\ KIO_3}V \times 10^{-3}} \times \frac{2.50}{500}$$

式中：$c_{1/6\ KIO_3}$——KIO_3 标准溶液的浓度，mol/L；

m_{KIO_3}——基准物质 KIO_3 的质量，g；

$M_{1/6\ KIO_3}$——以为 $\frac{1}{6}KIO_3$ 基本单元的 KIO_3 的摩尔质量，g/mol；

V——第一步定容时溶液体积，mL。

(2) 硫代硫酸钠（$Na_2S_2O_3 \cdot 5H_2O$）（A.R.）。

(3) 氢氧化钠（A.R.）。

(4) $c_{H_3PO_4}$ 1mol/L 磷酸溶液。配制：量取 17mL 85% 磷酸，加水稀释至 250mL。

(5) KI 溶液 [50g/L（新配制）]。

(6) 淀粉指示剂（5g/L）。配制：称取 0.5g 可溶性淀粉放入小烧杯中，加水 10mL，使成糊状，在搅拌下倒入 90mL 沸水中，微沸 2min，冷却后转移至 100mL 试剂瓶中，贴好标签。

(7) 加碘酸钾食盐试样。

4. 实训内容及操作步骤

1）$c_{Na_2S_2O_3}$ 0.002mol/L 的 $Na_2S_2O_3$ 标准溶液的配制与标定

配制：称取 2.5g 硫代硫酸钠（$Na_2S_2O_3 \cdot 5H_2O$）及 0.1g 氢氧化钠，溶于 500mL 无 CO_2 的水中，贮于棕色瓶。取上层清液 50.00mL，用无 CO_2 的水稀释至 500mL，备用。

标定：吸取 10.00mL $c_{1/6\ KIO_3}$ 0.002mol/L 的 KIO_3 标准溶液于 250mL 碘量瓶中，加约 80mL 水、2mL 1mol/L 磷酸，摇匀后加 5mL 50g/L KI 溶液，立即用 $Na_2S_2O_3$ 标准溶液滴定至溶液呈浅黄色时，加 5mL 淀粉指示剂，继续滴定至蓝色恰好消失为止。记录消耗 $Na_2S_2O_3$ 标准溶液体积，平行测定 3 次。

$Na_2S_2O_3$ 标准溶液浓度为：

$$c_{Na_2S_2O_3} = \frac{c_{1/6\ KIO_3} \times V_{KIO_3}}{V_{Na_2S_2O_3}}$$

式中：$c_{Na_2S_2O_3}$——$Na_2S_2O_3$ 标准溶液浓度，mol/L；

$c_{1/6\ KIO_3}$——KIO_3 标准溶液的浓度，mol/L；

V_{KIO_3}——吸取 KIO_3 标准溶液体积，mL；

$V_{Na_2S_2O_3}$——滴定时消耗 $Na_2S_2O_3$ 的标准溶液的体积，mL。

2）食盐中含碘量的测定

准确称取 10g 均匀加碘食盐，置于 250mL 碘量瓶中，加约 80mL 蒸馏水溶解。加 2mL 1mol/L 磷酸，摇匀后加 5mL 50g/L KI 溶液，立即用 $Na_2S_2O_3$ 标准溶液滴定至溶液呈浅黄色时，加 5mL 淀粉指示剂，继续滴定至蓝色恰好消失为止。记录消耗 $Na_2S_2O_3$ 标准溶液体积，平行测定 3 次。

5. 数据处理及分析结果的计算

$$碘离子含量(\mu g/g) = \frac{c_{Na_2S_2O_3} V_{Na_2S_2O_3} M_{1/6 I^-} \times 10^3}{m}$$

式中：$c_{Na_2S_2O_3}$——$Na_2S_2O_3$ 标准溶液的浓度，mol/L；

$V_{Na_2S_2O_3}$——滴定消耗 $Na_2S_2O_3$ 的标准溶液的体积，mL；

$M_{1/6 I^-}$——以 1/6 I^- 为基本单元的 I^- 的摩尔质量，g/mol；

m——食盐试样的质量，g。

6. 注意事项

本方法适用于加 KIO_3 的食盐试样中碘含量的测定。

7. 评价标准

（1）达到的专项能力目标：具备测定食盐中碘含量的能力；食盐中碘含量 20～50$\mu g/g$ 允许差为 2$\mu g/g$，对于不合格的分析结果，分析测定结果数据产生误差的原因；保持工作环境的整洁和干净。

（2）4h 内完成食盐中碘含量的测定，计算出食盐中碘含量；并独立地书写完整、规范的实验报告。

8. 实训思考

（1）食盐含碘量的测定中，加入磷酸溶液目的是什么？

（2）本方法中能否用锥形瓶代替碘量瓶？为什么？

实训十 氯化钙中钙含量的测定

1. 实训目的

（1）掌握 $KMnO_4$ 间接滴定法测定氯化钙中钙含量的基本原理、方法和计算。

（2）掌握沉淀分离法的操作技术。

2. 实训原理

在弱酸性溶液中，Ca^{2+} 和 $C_2O_4^{2-}$ 形成 CaC_2O_4 沉淀，过滤、洗涤后，用 H_2SO_4 溶

解，生成的 $H_2C_2O_4$ 用 $KMnO_4$ 标准溶液滴定，以 $KMnO_4$ 自身为指示剂，从而间接测得钙的含量。

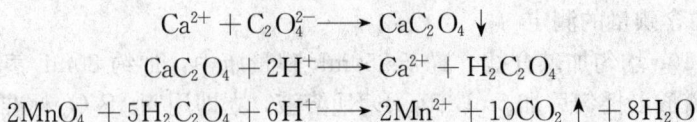

$$Ca^{2+} + C_2O_4^{2-} \longrightarrow CaC_2O_4 \downarrow$$
$$CaC_2O_4 + 2H^+ \longrightarrow Ca^{2+} + H_2C_2O_4$$
$$2MnO_4^- + 5H_2C_2O_4 + 6H^+ \longrightarrow 2Mn^{2+} + 10CO_2 \uparrow + 8H_2O$$

3. 仪器与试剂

（1）6mol/L 的 HCl 溶液。

（2）0.25mol/L $(NH_4)_2C_2O_4$ 溶液。

（3）甲基红指示剂（1g/L）。

（4）氨水溶液（5g/100g）。

（5）0.1mol/L 的 $CaCl_2$ 溶液。

（6）1mol/L H_2SO_4 溶液。

（7）$KMnO_4$ 标准溶液，$c_{1/5\ KMnO_4}$ 0.1mol/L。

（8）氯化钙试样。

4. 实训内容及操作步骤

1）试样溶解和沉淀

准确称取 0.2～0.3g 氯化钙样品 3 份，分别放入 250mL 锥形瓶中，加入 20mL 蒸馏水，小心加入 10mL 6mol/L 的 HCl 溶液使钙盐全部溶解，再加入 35mL 0.25mol/L $(NH_4)_2C_2O_4$ 溶液，用蒸馏水稀释至 100mL，加入 3～4 滴甲基红指示剂，加热至 75～85℃，然后在不断搅拌下，逐滴加入氨水溶液至溶液由红色恰好变为橙色为止（pH4.5～5.5），逐渐生成 CaC_2O_4 沉淀，继续在水浴上陈化 0.5h。

2）沉淀的过滤和洗涤

沉淀的过滤和洗涤都采用倾注法。陈化后的沉淀在定量滤纸上过滤。每次过滤将沉淀保留在烧杯中，尽量少的转移到滤纸上。过滤后，用蒸馏水洗涤烧杯中的沉淀几次，倾注过滤，洗涤至滤液无 $C_2O_4^{2-}$ 为止（用 $CaCl_2$ 检验）。

3）沉淀的溶解和滴定

过滤和洗涤后，将带有沉淀的滤纸转移到原沉淀烧杯中，用 50mL 1mol/L H_2SO_4 溶液溶解沉淀，搅拌使滤纸上的沉淀溶解，然后把溶液稀释至 100mL，加热至 75～85℃，趁热用 $KMnO_4$ 标准溶液滴定至现微红色并保持 0.5min 不褪色即为终点。记录消耗的 $KMnO_4$ 标准溶液体积。

5. 数据处理及分析结果的计算

$$\omega_{Ca} = \frac{c_{1/5\ KMnO_4} V_{KMnO_4} \times 10^{-3} \times M_{1/2\ Ca}}{m} \times 100\%$$

式中：ω_{Ca}——氯化钙试样中 Ca 的质量分数，%；

　　　$c_{1/5\ KMnO_4}$——$KMnO_4$ 标准溶液的浓度，mol/L；

V_{KMnO_4}——滴定时消耗的 $KMnO_4$ 标准溶液体积，mL；

$M_{1/2\,Ca}$——以为 1/2 Ca 基本单元的 Ca 的摩尔质量，g/mol；

m——氯化钙试样的质量，g。

6. 注意事项

(1) 洗涤沉淀时，为了获得纯净的 CaC_2O_4 沉淀，必须严格控制酸度条件（pH4.5～5.5），pH 过低有可能沉淀不完全，pH 过高可能造成 $Ca(OH)_2$ 沉淀和碱式 CaC_2O_4 沉淀。

(2) 由于 CaC_2O_4 沉淀溶解度较大，用蒸馏水洗涤要少量多次，每次洗涤应将溶液全部转移至滤纸中过滤。

7. 评价标准

(1) 达到的专项能力目标：选择和使用滤纸，进行沉淀和过滤操作；能用间接法测定钙的含量，达到相关国家标准或行业标准规定的测定精确度及误差范围的要求；对于不合格的分析结果，分析测定结果数据产生误差的原因；保持工作环境的整洁和干净。

(2) 4h 内完成氯化钙中钙含量的测定，计算出氯化钙中钙含量；并独立地书写完整、规范的实验报告。

8. 实训思考

(1) 如果沉淀洗涤不干净，对沉淀结果有何影响？

(2) 溶解样品用 HCl，而滴定时用 H_2SO_4 溶解并控制酸度，为什么？

实训十一 苯酚含量的测定

1. 实训目的

(1) 掌握溴量法测定苯酚含量的基本原理、操作技术和计算。

(2) 了解空白实验的方法、作用和实际意义。

2. 实训原理

利用准确过量的 $KBrO_3$-KBr 溶液，在酸性介质中发生反应，定量地放出 Br_2。

$$BrO_3^- + 5Br^- + 6H^+ \longrightarrow 3Br_2 + 3H_2O$$

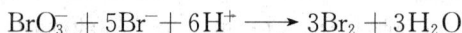

所产生的 Br_2 与苯酚发生取代反应，溴可取代苯酚芳环上的氢，定量地生成稳定的三溴苯酚白色沉淀，剩余的 Br_2 与过量 KI 作用，将 KI 中的 I^- 氧化 I_2，然后用 $Na_2S_2O_3$ 滴定，可计算出苯酚的含量。由苯酚与 Br_2 的反应可知，一个分子苯酚相当于 6 个原子的溴。

3. 仪器与试剂

(1) 苯酚试样。

(2) 100g/L 氢氧化钠溶液。

（3）$c_{1/6\,KBrO_3}$ 0.1mol/L 的 KBrO$_3$-KBr 标准溶液。

（4）浓盐酸。

（5）KI 溶液（100g/L）。

（6）氯仿。

（7）0.1mol/L 的 Na$_2$S$_2$O$_3$ 标准溶液。

（8）淀粉指示剂（5g/L）。配制：称取 0.5g 可溶性淀粉放入小烧杯中，加水 10mL，使成糊状，在搅拌下倒入 90mL 沸水中，微沸 2min，冷却后转移至 100mL 试剂瓶中，贴好标签。

4. 实训内容及操作步骤

（1）准确称取苯酚试样 0.2～0.3g，放于盛有 5mL100g/L 氢氧化钠溶液的 250mL 烧杯中，加入少量蒸馏水溶解，仔细将溶液转入 250mL 容量瓶中，用少量蒸馏水洗涤烧杯数次，定量转移入容量瓶中，以水稀释至刻度，充分摇匀。

（2）用移液管吸取试液 25.00mL，放于 250mL 碘量瓶中，用滴定管准确加入 $c_{1/6\,KBrO_3}$ 0.1mol/L 的 KBrO$_3$-KBr 溶液 30.00～35.00mL，微开碘量瓶塞，加入浓盐酸 5mL，立即盖紧瓶塞，振摇 5～10min，用水封好瓶口，于暗处放置 15min，此时生成白色三溴苯酚沉淀和 Br$_2$；微开碘量瓶塞，加入 100g/L KI 溶液 10mL，盖紧瓶塞，充分振摇后，加氯仿 2mL，摇匀；打开瓶塞，冲洗瓶塞、瓶颈及瓶内壁，立即用 $c_{Na_2S_2O_3}$ 0.1mol/L 的 Na$_2$S$_2$O$_3$ 标准溶液滴定至浅黄色，加 5mL 淀粉指示剂，继续滴定至蓝色恰好消失为终点。记录消耗 Na$_2$S$_2$O$_3$ 标准溶液体积。

（3）同时做空白实验：以蒸馏水 25.00mL 代替试液按上述步骤进行实验，记录消耗记录消耗 Na$_2$S$_2$O$_3$ 标准溶液体积。

5. 数据处理及分析结果的计算

$$\omega_{C_6H_5OH} = \frac{c_{Na_2S_2O_3}(V_0 - V) \times M_{1/6\,C_6H_5OH}}{m \times \dfrac{25.00}{250.0}} \times 100\%$$

式中：$\omega_{C_6H_5OH}$——试样中苯酚的质量分数，%；

　　　$c_{Na_2S_2O_3}$——Na$_2$S$_2$O$_3$ 标准溶液浓度，mol/L；

　　　V_0——空白实验消耗 Na$_2$S$_2$O$_3$ 的标准溶液的体积，mL；

　　　V——滴定苯酚试样时消耗 Na$_2$S$_2$O$_3$ 的标准溶液的体积，mL；

　　　$M_{1/6\,C_6H_5OH}$——以 1/6 C$_6$H$_5$OH 为基本单元时 C$_6$H$_5$OH 的摩尔质量，g/mol；

　　　m——苯酚试样的质量，g。

6. 注意事项

（1）苯酚在水中溶解度较小，加入氢氧化钠溶液后，与苯酚生成易溶于水的苯酚钠。

（2）实验操作中应尽量避免 Br$_2$ 的挥发损失。KBrO$_3$-KBr 标准溶液遇酸即迅速产生游离的 Br$_2$，Br$_2$ 易挥发，因此加盐酸溶液和 KI 溶液时，应微开瓶塞使溶液沿瓶塞流入。

（3）本实验加入的 $KBrO_3$-KBr 标准溶液是过量的，在酸性介质中生成 Br_2，与苯酚反应后，剩余的 Br_2 不能用 $Na_2S_2O_3$ 标准溶液直接滴定。因为 $Na_2S_2O_3$ 易被 Br_2、Cl_2 等较强氧化剂非定量地氧化为 SO_4^{2-}，所以加入过量的 KI 与 Br_2 作用生成 I_2，再用 $Na_2S_2O_3$ 标准溶液。

7．评价标准

（1）达到的专项能力目标：具备用溴量法测定高浓度工业废水苯酚的含量；达到相关家标准 GB7491—1987 规定的测定精确度及误差范围的要求；对于不合格的分析结果，分析测定结果数据产生误差的原因；保持工作环境的整洁和干净。

（2）2h 内完成苯酚含量的测定，计算出试样中苯酚含量。并独立地书写完整、规范的实验报告。

8．实训思考

（1）空白实验有哪些作用？说明本实验中空白实验的作用。

（2）本实验中使用的 $KBrO_3$-KBr 标准溶液是否需要标定出准确浓度？为什么？

（3）本实验中先加试样，再加 $KBrO_3$-KBr 标准溶液，后加盐酸，为什么要这样做？

（4）实验中加入氯仿的作用是什么？氯仿层应是什么颜色的？

项目练习题

1．选择题

（1）$Na_2C_2O_4$ 溶液标定 $KMnO_4$ 溶液的终点颜色是（　　　）。

A．紫色并保持 0.5min 不褪色　　　　　B．橙色

C．绿色　　　　　　　　　　　　　　　D．微红并保持半分钟不褪色

（2）$Na_2C_2O_4$ 溶液标定 $KMnO_4$ 溶液时用（　　）控制酸度。

A．盐酸　　　　　B．醋酸　　　　　C．硫酸　　　　　D．硝酸

（3）用间接碘量法标定 $K_2Cr_2O_7$ 溶液采用（　　）作指示剂。

A．淀粉　　　　　B．甲基橙　　　　　C．酚酞　　　　　D．溴甲酚绿

（4）$Na_2S_2O_3$ 标准溶液滴定溶液 I_2 指示剂应该在（　　）的时候加入。

A．开始　　　　　　　　　　　　　　　B．滴定到一半

C．临近终点的时候　　　　　　　　　　D．对加入时间没有特别要求

（5）间接碘法要求在中性或弱酸性介质中进行测定，若酸度太高，将会（　　　）。

A．反应不定量　　　　　　　　　　　　B．I_2 易挥发

C．终点不明显　　　　　　　　　　　　D．I^- 被氧化，$Na_2S_2O_3$ 被分解

（6）在含有少量 Sn^{2+} 离子 $FeSO_4$ 溶液中，用 $K_2Cr_2O_7$ 法滴定 Fe^{2+}，应先消除 Sn^{2+} 的干扰，宜采用（　　）。

A．控制酸度法　　　B．配位掩蔽法　　　C．离子交换法　　　D．氧化还原掩蔽

（7）重铬酸钾滴定法测铁，加入 H_3PO_4 的作用，主要是（　　　）。

A. 防止沉淀　　　　　　　　　　　　　　B. 提高酸度

C. 降低 Fe^{3+}/Fe^{2+} 电位　　　　　　　　D. 防止 Fe^{2+} 氧化

(8) 可以用直接法配制的标准溶液是（　　）。

A. $Na_2S_2O_3$　　　　B. $NaNO_3$　　　　C. $K_2Cr_2O_7$　　　　D. $KMnO_4$

(9) $Na_2S_2O_3$ 标准溶液标定碘溶液的滴定终点的颜色是（　　）。

A. 无色到红色　　B. 蓝色到无色　　C. 无色到蓝色　　D. 红色到无色

(10) 采用 $K_2Cr_2O_7$ 法测定 COD，水样如果不立即测定，最多能保持（　　）。

A. 5d　　　　　　B. 7d　　　　　　C. 2d　　　　　　D. 4d

(11) 未经稀释的水样采用 $K_2Cr_2O_7$ 法测定 COD 测定上限为（　　）mg/L。

A. 400　　　　　　B. 500　　　　　　C. 600　　　　　　D. 700

(12) COD 测定实验中加入硫酸汞是为了消除（　　）的干扰。

A. 银离子　　　　B. 氯离子　　　　C. 硝酸根离子　　　D. 溴离子

(13) 用直接碘量法测定维生素 C 片剂中抗坏血酸含量溶液的 pH（　　）为宜。

A. 3～4　　　　　B. 1～2　　　　　C. 7～8　　　　　D. 9～10

(14) $KMnO_4$ 间接滴定法测定氯化钙中钙过程中，为了获得纯净的 CaC_2O_4 沉淀，必须严格控制 pH 为（　　）。

A. 8.5～9.5　　　B. 2.5～3.5　　　C. 7.5～8.5　　　D. 4.5～5.5

(15) $KMnO_4$ 间接滴定法测定氯化钙中钙过程中，样品用（　　）溶解。

A. 盐酸　　　　　B. 硝酸　　　　　C. 醋酸　　　　　D. 硫酸

2. 判断题

(1)（　　）由于 $KMnO_4$ 具有很强的氧化性，所以 $KMnO_4$ 法只能用于测定还原性物质。

(2)（　　）间接法测定钙时，由于 $C_2O_4^{2-}$ 溶液和 H^+ 形成 $H_2C_2O_4$，为了使 CaC_2O_4 沉淀完全，因此，溶液的酸度尽可能大。

(3)（　　）$KMnO_4$ 溶液滴定 $Na_2C_2O_4$ 溶液时，滴定速度开始慢，逐渐加快，近终点时滴定速度逐渐放慢。

(4)（　　）硫代硫酸钠标准溶液应保存在棕色玻璃瓶中，存放过程中，若发现溶液浑浊或表面有悬浮物，需过滤重新标定后使用，必要时重新制备。

(5)（　　）提高反应溶液的温度能提高氧化还原反应的速率，因此在酸性溶液中用 $KMnO_4$ 滴定 $C_2O_4^{2-}$ 时，必须加热至沸腾才能保证正常滴定。

(6)（　　）采用 $K_2Cr_2O_7$ 法测定 COD，如不能立即分析，应加入硫酸至 pH 小于 2，置 4℃保存。

(7)（　　）采用 $K_2Cr_2O_7$ 法测定 COD，硫酸银-硫酸溶液要从冷凝管上端缓慢加入。

(8)（　　）采用溴量法测定苯酚含量时，加盐酸溶液和 KI 溶液时，应微开瓶塞使溶液沿瓶壁流入。

(9)（　　）溴量法测定苯酚含量，加入硫酸溶液增大苯酚的溶解度。

(10)（　　）过氧化氢具有氧化性，测定过氧化氢是利用它的氧化性来进行测定的。

（11）（　　）溶液酸度越高，$KMnO_4$ 氧化能力越强，与 $Na_2C_2O_4$ 反应越完全，所以用 $Na_2C_2O_4$ 标定 $KMnO_4$ 时，溶液酸度越高越好。

（12）（　　）高锰酸钾是一种强氧化剂，介质不同，其还原产物也不一样。

（13）（　　）间接碘量法加入 KI 一定要过量，淀粉指示剂要在接近终点时加入。

（14）（　　）标定 I_2 溶液时，既可以用 $Na_2S_2O_3$ 滴定 I_2 溶液，也可以用 I_2 滴定 $Na_2S_2O_3$ 溶液，且都采用淀粉指示剂。这两种情况下加入淀粉指示剂的时间是相同的。

（15）（　　）用间接碘量法测定试样时，最好在碘量瓶中进行，并应避免阳光照射，为减少 I^- 与空气接触，滴定时不宜过度摇动。

答案

1. 选择题

（1）D　（2）C　（3）A　（4）C　（5）D　（6）D　（7）C　（8）C　（9）C　（10）A
（11）D　（12）B　（13）A　（14）D　（15）A

2. 判断题

（1）×　（2）×　（3）√　（4）√　（5）×　（6）√　（7）√　（8）√　（9）×
（10）×　（11）×　（12）√　（13）√　（14）×　（15）√

项目五　沉淀滴定法

实训一　硝酸银标准溶液的配制和标定

1. 实训目的

（1）掌握 $AgNO_3$ 标准溶液的配制和标定方法。

（2）掌握铬酸钾指示剂的正确使用。

2. 实训原理

$AgNO_3$ 标准溶液可以用经过预处理的基准试剂 $AgNO_3$ 直接配制。但非基准试剂 $AgNO_3$ 中常含有杂质，如金属银、氧化银、游离硝酸、亚硝酸盐等，因此用间接法配制。

以 NaCl 作为基准物质，溶解后，在 pH6.5～10.5 的溶液中，以铬酸钾为指示剂，用硝酸银滴定 Cl^- 时，由于氯化银溶解度小于铬酸银，氯离子首先被完全沉淀后，铬酸根才以铬酸银形式沉淀出来，产生砖红色物质，指示氯离子滴定的终点，沉淀滴定反应为

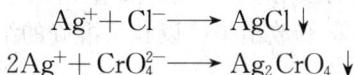

$$Ag^+ + Cl^- \longrightarrow AgCl \downarrow$$

$$2Ag^+ + CrO_4^{2-} \longrightarrow Ag_2CrO_4 \downarrow$$

铬酸根离子的浓度与沉淀形成的快慢有关，必须加入足量的指示剂，且由于有稍过量的硝酸根与铬酸钾形成铬酸银沉淀的终点较难判断，所以需要以蒸馏水做空白滴定，

以作对照判断（使终点颜色一致）。

3. 仪器与试剂

（1）AgNO₃ 固体（A.R.）。

（2）K₂CrO₄ 指示剂（50g/L）。配制：称取 5g K₂CrO₄，溶于少量水中，滴加 AgNO₃ 溶液至红色不褪，混匀，放置过夜后过滤，将滤液稀释至 100mL。

（3）NaCl 固体（C.R.）。

4. 实训内容及操作步骤

（1）0.0141 mol/L NaCl 标准溶液配制。

称取 0.2060g NaCl 溶于蒸馏水中，移入 250.0mL 容量瓶中，加水稀释至标线，此溶液每毫升含有 0.500mg 氯化物（Cl⁻）。

（2）0.01mol/L AgNO₃ 溶液的配制。

称取 0.9g 固体 AgNO₃ 于烧杯中，用不含 Cl⁻ 的蒸馏水溶解，转移至棕色试剂瓶中，稀释至 500mL，摇匀，置于暗处保存。

（3）0.01mol/L AgNO₃ 溶液的标定。

吸取 25.00mL 氯化钠标准溶液置于锥形瓶中，加水 25mL，加入 1mL 铬酸钾指示剂，在不断摇动下用硝酸银溶液滴定至砖红色沉淀刚刚出现，平行标定 4 次，并做空白实验。

5. 数据处理

$$c_{AgNO_3} = \frac{c_{NaCl} V_{NaCl}}{V_{AgNO_3} - V_0}$$

式中：c_{AgNO_3}——硝酸银溶液浓度，mol/L；

c_{NaCl}——氯化钠标准溶液浓度，mol/L；

V_{NaCl}——标定时移取的氯化钠标准溶液体积，mL；

V_{AgNO_3}——标定时消耗硝酸银溶液体积，mL；

V_0——标定时做空白实验消耗硝酸银溶液体积，mL。

6. 注意事项

（1）AgNO₃ 试剂及其溶液具有腐蚀性，破坏皮肤组织，注意切勿接触皮肤及衣服。

（2）配制 AgNO₃ 标准溶液的蒸馏水应无 Cl⁻，否则配成的 AgNO₃ 溶液会出现浑浊，不能使用。

（3）实验完毕后，盛装 AgNO₃ 溶液的滴定管应先用蒸馏水洗涤 2～3 次后，再用自来水洗涤，以免 AgCl 沉淀残留于滴定管内壁。

（4）由于 AgCl 沉淀显著的吸附 Cl⁻，导致 Ag₂CrO₄ 沉淀过早的出现，因此滴定时必须充分摇动，使被吸附的 Cl⁻ 释放出来，以获得准确的结果。

7. 评价标准

（1）达到的专项能力目标：正确判断以铬酸钾为指示剂的滴定终点；配制和准确标

定硝酸银标准溶液；如果滴定数据精密度不符合要求，分析原因，保持实验环境的整洁和干净。

（2）2h 内完成 AgNO$_3$ 标准溶液的标定，计算出 AgNO$_3$ 标准溶液浓度。

（3）独立地书写完整、规范的实验报告。

8. 实训思考

（1）莫尔法标定 AgNO$_3$，用 AgNO$_3$ 滴定 NaCl 时，滴定过程为什么要充分摇动溶液？如果不充分摇动溶液，对测定结果有何影响？

（2）配制 K$_2$CrO$_4$ 指示剂时，为什么要先加 AgNO$_3$ 溶液？为什么放置后要进行过滤？K$_2$CrO$_4$ 指示剂的用量太大或太小对测定结果有何影响？

（3）莫尔法中，为什么溶液的 pH 需控制在 6.5～10.5 之间？

实训二　NH$_4$SCN 标准溶液的配制和标定

1. 实训目的

（1）掌握 NH$_4$SCN 标准溶液的配制和标定方法。

（2）掌握以铁铵矾为指示剂判断滴定终点的方法。

2. 实训原理

NH$_4$SCN 试剂一般都含有杂质，如硫酸盐、氯化物等，因此 NH$_4$SCN 标准溶液要用间接法配制。即先配成近似浓度的溶液，再用基准物质 AgNO$_3$ 标定或用 AgNO$_3$ 标准溶液"比较"。标定方法可以采用佛尔哈德法的直接滴定法或返滴定法。直接滴定法以铁铵矾为指示剂，用配好的 NH$_4$SCN 溶液滴定一定体积的 AgNO$_3$ 标准溶液，由 [Fe(SCN)]$^{2+}$ 配位离子的红色指示终点，反应式为

$$Ag^+ + SCN^- \longrightarrow AgSCN \downarrow（白色）$$
$$Fe^{3+} + SCN^- \longrightarrow [Fe(SCN)]^{2+} \downarrow（红色）$$

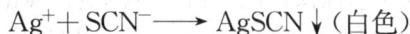

指示剂浓度对滴定有影响，一般控制在 0.015mol/L 为宜。滴定时，溶液酸度应保持在 0.1～1mol/L。

3. 仪器与试剂

（1）0.1mol/L AgNO$_3$ 标准溶液。

（2）铁铵矾指示剂（400g/L）。配制：40g 铁铵矾溶于水，加浓硝酸至溶液几乎无色，稀释至 100mL，混匀。

（3）（1+3）的 HNO$_3$ 溶液。

（4）NH$_4$SCN 固体（A. R.）。

4. 实训内容及操作步骤

（1）配制 0.1mol/L NH$_4$SCN 溶液。

称取 3.8gNH₄SCN，溶于 500mL 蒸馏水中，待标定。

（2）用 AgNO₃ 标准溶液"比较"。

用滴定管准确量取 30～35mL 0.1mol/L AgNO₃ 标准溶液，放于锥形瓶中，加水 70mL，1mL 铁铵矾指示剂和 10mL（1+3）的硝酸溶液，用配好的 NH₄SCN 标准溶液滴定，终点前摇动溶液至完全清亮后，继续滴定至溶液呈浅红色保持 30s 不褪为终点。记录消耗 NH₄SCN 标准溶液体积，平行测定 4 次。

5. 数据处理及分析结果的计算

$$c_{\mathrm{NH_4SCN}} = \frac{c_{\mathrm{AgNO_3}} V_{\mathrm{AgNO_3}}}{V_{\mathrm{NH_4SCN}}}$$

式中：$c_{\mathrm{NH_4SCN}}$——NH₄SCN 标准溶液浓度，mol/L；

　　　$c_{\mathrm{AgNO_3}}$——硝酸银溶液浓度，mol/L；

　　　$V_{\mathrm{AgNO_3}}$——移取硝酸银溶液体积，mL；

　　　$V_{\mathrm{NH_4SCN}}$——滴定时消耗的 NH₄SCN 标准溶液体积，mL。

6. 注意事项

（1）由于指示剂中的 Fe^{2+} 在中性或碱性溶液中形成 $[Fe(OH)]^{2+}$、$[Fe(OH)_2]^+$ 等深色配合物，碱度再大还会形成 $Fe(OH)_3$ 沉淀，因此滴定酸度控制在 0.3～1mol/L 的溶液中。

（2）用 NH₄SCN 滴定溶液中的 Ag^+ 时，生成的 AgSCN 沉淀能吸附 Ag^+，使 Ag^+ 浓度降低，以致红色的出现略早于化学计量点。因此，滴定时需要剧烈摇动使被吸附的 Ag^+ 释放出来。

7. 评价标准

（1）达到的专项能力目标：掌握铁铵矾为指示剂滴定终点的判断，配制和准确标定 NH₄SCN 标准滴定溶液；规范做好实验记录，如果滴定数据精密度不符合要求，分析原因，保持实验环境的整洁和干净。

（2）2h 内完成 NH₄SCN 标准溶液的标定，计算出 NH₄SCN 标准溶液浓度；并独立地书写完整、规范的实验报告。

8. 实训思考

（1）佛尔哈德法的滴定酸度条件是什么？能否在碱性条件下进行？

（2）盛装标准溶液的滴定管，在使用完毕后应如何洗涤？

实训三　水样中氯离子含量的测定

1. 实训目的

（1）掌握铬酸钾指示剂的正确使用。

（2）掌握莫尔法测定氯离子的原理、操作方法及计算。

2. 实训原理

在中性或弱碱性溶液中，以铬酸钾为指示剂，用硝酸银滴定 Cl^- 时，由于氯化银溶解度小于铬酸银，氯离子首先被完全沉淀后，铬酸根才以铬酸银形式沉淀出来，产生砖红色物质，指示氯离子滴定的终点，沉淀滴定反应为

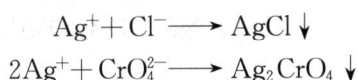

$$Ag^+ + Cl^- \longrightarrow AgCl \downarrow$$

$$2Ag^+ + CrO_4^{2-} \longrightarrow Ag_2CrO_4 \downarrow$$

3. 仪器与试剂

（1）0.01mol/L $AgNO_3$ 标准溶液。

（2）K_2CrO_4 指示剂（50g/L）。

（3）水试样：自来水或天然水。

4. 实训内容及操作步骤

用移液管吸取水样 100.0mL，置于锥形瓶中，加铬酸钾指示剂 2mL，在充分摇动下，以 c_{AgNO_3} 0.01mol/L 的 $AgNO_3$ 标准溶液滴定至溶液呈微红色即为终点，记录下消耗 $AgNO_3$ 标准溶液的体积，平行标定 3 次，并做空白实验。

5. 数据处理及分析结果的计算

$$\rho_{Cl} = \frac{c_{AgNO_3}(V_{AgNO_3} - V_0)M_{Cl}}{V} \times 1000$$

式中：ρ_{Cl}——水样中氯离子的质量浓度，mg/L；

　　　c_{AgNO_3}——$AgNO_3$ 溶液浓度，mol/L；

　　　V_{AgNO_3}——滴定时消耗 $AgNO_3$ 标准溶液体积，mL；

　　　V_0——滴定时做空白实验消耗 $AgNO_3$ 标准溶液体积，mL；

　　　M_{Cl}——Cl 的摩尔质量，g/mol；

　　　V——移取水样的体积，mL。

6. 注意事项

（1）本方法适用于天然水中氯化物的测定，也适用于经过稀释的高矿化度废水（咸水、海水）及经过各种预处理的生活污水和工业废水的测定。

（2）本方法适用的范围为 10～500mg/L 的氯化物的测定，低于 10mg/L 样品终点不易掌握，应用离子色谱法进行测定。

7. 评价标准

（1）达到的专项能力目标：具备用莫尔法测定水中氯化物的技能；滴定的精密度符合 GB11896—1989 的要求；对于分析结果不符合的样品，能分析原因；保持测定过程

中的环境和干净和整洁。

（2）2h 内完成水样中氯离子含量的测定，计算出水样中氯离子含量；并独立地书写完整、规范的实验报告。

8. 实训思考

（1）铬酸钾指示剂的浓度大小对测 Cl⁻ 有什么影响？

（2）测定 NH_4Cl 和 NaCl 中的时，溶液的 pH 各应控制在什么范围？为什么？

实训四　烧碱中氯化钠含量的测定

1. 实训目的

（1）掌握佛尔哈德法测定 Cl⁻ 离子的方法、原理及其应用。

（2）掌握佛尔哈德法滴定终点的判断。

2. 实训原理

在 0.1～1mol/L 的 HNO_3 介质中，加入过量的 $AgNO_3$ 标准溶液，加铁铵矾指示剂 NH_4SCN 标准溶液返滴定过量的 $AgNO_3$ 标准溶液，至出现 $[Fe(SCN)]^{2+}$ 的红色指示终点。

$$Ag^+ + Cl^- \longrightarrow AgCl\downarrow（白色）$$

$$Ag^+ + SCN^- \longrightarrow AgSCN\downarrow（白色）$$
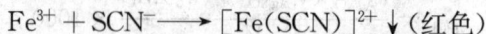
$$Fe^{3+} + SCN^- \longrightarrow [Fe(SCN)]^{2+}\downarrow（红色）$$

3. 仪器与试剂

（1）0.1mol/L 的 $AgNO_3$ 标准溶液。

（2）0.1mol/L NH_4SCN 标准溶液。

（3）400g/L 铁铵矾指示剂，

（4）5g/L 酚酞指示剂。

（5）浓 HNO_3 和 4mol/L HNO_3 溶液。

（6）硝基苯。

4. 实训内容及操作步骤

（1）准确移取 25.00mL 烧碱样品溶液，加入 100.0mL 容量瓶中，加酚酞指示剂 1 滴，用浓硝酸中和至红色消失，再用蒸馏水稀释至刻度，摇匀。

（2）移取上述稀释溶液 25.00mL，放入 4mol/L HNO_3 溶液 4mL，在充分摇动下，用滴定管准确加入 40.00mL 0.1mol/L 的 $AgNO_3$ 标准溶液，再加铁铵矾指示剂 2mL，硝基苯 5mL，用力摇动，以 0.1mol/L NH_4SCN 标准溶液滴定至溶液呈淡红色即为终点，记录 NH_4SCN 标准溶液消耗体积，平行测定 3 次。

5. 数据处理及分析结果的计算

$$NaCl(g/L) = \frac{(c_{AgNO_3}V_{AgNO_3} - c_{NH_4SCN}V_{NH_4SCN})M_{NaCl}}{25.00 \times \frac{25.00}{100.0}}$$

式中：c_{AgNO_3}——AgNO$_3$ 溶液浓度，mol/L；

　　　V_{AgNO_3}——滴定前时加入的 AgNO$_3$ 标准溶液体积，mL；

　　　c_{NH_4SCN}——NH$_4$SCN 标准溶液浓度，mol/L；

　　　V_{NH_4SCN}——滴定时消耗的 NH$_4$SCN 标准溶液体积，mL；

　　　M_{NaCl}——NaCl 的摩尔质量，g/mol。

6. 注意事项

实验操作过程中应避免阳光直接照射。

7. 评价标准

（1）达到的专项能力目标：具备用佛尔哈德法测定 Cl$^-$ 含量的能力，达到相关国家标准或行业标准规定的测定精确度及误差范围的要求；对于不合格的分析结果，分析测定结果数据产生误差的原因；保持工作环境的整洁和干净。

（2）2h 内完成烧碱中氯化钠含量的测定，计算出烧碱中氯化钠含量；并独立地书写完整、规范的实验报告。

8. 实训思考

（1）用佛尔哈德法测定时的酸度条件是什么？能否在碱性溶液中进行测定？为什么？

（2）佛尔哈德法测定 Cl$^-$ 时，加入硝基苯有机溶剂的目的是什么？

项目练习题

1. 选择题

（1）莫尔法测定 Cl$^-$ 的含量，要求介质的 pH 在 6.5～10.5 范围，若酸度过高，则（　　）。

　　A. AgCl 沉淀不完全　　　　　　　　B. AgCl 沉淀易胶溶

　　C. AgCl 沉淀吸附 Cl$^-$ 增强　　　　 D. Ag$_2$CrO$_4$ 沉淀不易形成

（2）在 Cl$^-$、Br$^-$、CrO$_4^{2-}$ 溶液中，三种离子的浓度均为 0.10mol/L，加入 AgNO$_3$ 溶液，沉淀的顺序为（　　）。已知 $K_{sp,AgCl} = 1.8 \times 10^{-10}$，$K_{sp,AgBr} = 5.0 \times 10^{-13}$，$K_{sp,Ag_2CrO_4} = 2.0 \times 10^{-12}$

　　A. Cl$^-$、Br$^-$、CrO$_4^{2-}$　　　　　　 B. Br$^-$、Cl$^-$、CrO$_4^{2-}$

　　C. CrO$_4^{2-}$、Cl$^-$、Br$^-$　　　　　　 D. 三者同时沉淀

（3）溶液 [H$^+$] ≥0.24mol/L 时，不能生成硫化物沉淀的离子是（　　）。

A. Pb^{2+}　　　　　　　B. Cu^{2+}　　　　　　C. Cd^{2+}　　　　　　D. Zn^{2+}

(4) 在海水中 $c_{Cl^-} \approx 10^{-5} mol/L$，$c_{I^-} \approx 2.2 \times 10^{-13} mol/L$，此时加入 $AgNO_3$ 试剂问（　　）先沉淀。已知：$K_{sp,AgCl} = 1.8 \times 10^{-10}$，$K_{sp,AgI} = 8.3 \times 10^{-17}$

A. Cl^-　　　　　　　B. I^-　　　　　　　C. 同时沉淀　　　　　D. 不发生沉淀

(5) 将（　　）气体通入 $AgNO_3$ 溶液时有黄色沉淀生成。

A. HBr　　　　　　　B. HI　　　　　　　C. HCl　　　　　　　D. NH_3

(6) 下列说法正确的是（　　）。

A. 莫尔法能测定 Cl^-、I^-、Ag^+

B. 佛尔哈德法能测定的离子有 Cl^-、Br^-、I^-、SCN^-、Ag^+

C. 佛尔哈德法只能测定的离子有 Cl^-、Br^-、I^-、SCN^-

D. 沉淀滴定中吸附指示剂的选择，要求沉淀胶体微粒对指示剂的吸附能力大于对待测离子的吸附能力

(7) 向 AgCl 的饱和溶液中加入浓氨水，沉淀的溶解度将（　　）。

A. 不变　　　　　　　B. 增大　　　　　　　C. 减小　　　　　　　D. 无影响

(8) 用佛尔哈法测定 Ag^+，滴定剂是（　　）。

A. NaCl　　　　　　　B. NaBr　　　　　　　C. NHSCN　　　　　　D. NaS

(9) 在含有 $PbCl_2$ 白色沉淀的饱和溶液中加入过量 KI 溶液，则最后溶液存在的是（　　）$[K_{sp,PbCl_2} > K_{sp,PbI_2}]$

A. $PbCl_2$ 沉淀　B. $PbCl_2$、PbI_2 沉淀　C. PbI_2 沉淀　　D. 无沉淀

(10) 以铁铵矾为指示剂，用返滴定以 NH_4SCN 标准溶液滴定 Cl^- 时的终点颜色是（　　）。

A. 淡红色　　　　　　B. 淡黄色　　　　　　C. 蓝色　　　　　　　D. 紫色

(11) 采用莫尔法测定氯离子适用的范围为（　　）mg/L 的氯化物的测定。

A. $10 \sim 500$　　　　B. $300 \sim 600$　　　　C. $30 \sim 600$　　　　D. $200 \sim 800$

(12) 用洗涤的方法能有效地提高沉淀纯度的是（　　）。

A. 混晶共沉淀　　　　B. 吸附共沉淀　　　　C. 包晶共沉淀　　　　D. 后沉淀

(13) 关于以铬酸钾为指示剂的莫尔法，下列说法正确的是（　　）。

A. 指示剂铬酸钾的量越少越好　　　　　　B. 滴定应在强酸介质中进行

C. 本法可以测 Cl^- 和 Br^-，但不能测 I^-　D. 莫尔法的选择性很强

(14) 以铁铵矾为指示剂，用返滴定以 NH_4SCN 标准溶液滴定 Cl^- 时，下列错误的是（　　）

A. 滴定前加热过量定量的 $AgNO_3$ 标准溶液

B. 滴定前将 AgCl 沉淀滤去

C. 滴定前加入硝基苯，并振摇

D. 应在中性溶液中测定，以防 Ag_2O 析出

(15) 有 0.5000g 纯的 KIO_x，将其还原成碘化物后用 23.36mL 0.1000mol/L $AgNO_3$ 溶液恰好能滴定到计量点，则 x 应是（　　）。

A. 2　　　　　　　　　B. 3　　　　　　　　　C. 5　　　　　　　　　D. 7

2. 判断题

（1）（ ） 碘法测铜，加入 KI 起三作用：还原剂，沉淀剂和配位剂。

（2）（ ） 在含有 AgCl 沉淀的溶液中，加入 $NH_3 \cdot H_2O$，则 AgCl 沉淀会溶解。

（3）（ ） 如果在一溶液中加入稀 $AgNO_3$ 有白色沉淀产生，此溶液一定有 Cl^-。

（4）（ ） 用佛尔哈德法测定 Cl^- 既没有将 AgCl 沉淀滤去或加热促其凝聚，也没有加有机溶剂，测定结果将偏低。

（5）（ ） 为保证被测组分沉淀完全，沉淀剂应越多越好。

（6）（ ） 向含 AgCl 固体的溶液中加适量的水使 AgCl 溶解达平衡时，AgCl 溶度积不变，其溶解度也不变。

（7）（ ） 配制 $AgNO_3$ 标准溶液出现浑浊，过滤后可继续使用。

（8）（ ） 难溶电解质的溶度积常数越大，其溶解度就越大。

（9）（ ） 在 pH4 的条件下，用莫尔法测定 Cl^-，测定结果会偏高。

（10）（ ） 沉淀反应中，当离子积 $< K_{sp}$ 时，从溶液中继续析出沉淀，直至建立新的平衡关系。

（11）（ ） 用法扬司法测定 Cl^-，用曙红做指示剂，测定结果会偏高。

（12）（ ） 在分步沉淀中 K_{sp} 小的物质总是比 K_{sp} 大的物质先沉淀。

（13）（ ） 由于 $K_{sp,Ag_2CrO_4}^\circ = 2.0 \times 10^{-12}$ 小于 $K_{sp,AgCl}^\circ = 1.8 \times 10^{-10}$，因此在 CrO_4^{2-} 和 Cl^- 浓度相等时，滴加硝酸盐，铬酸银首先沉淀下来。

（14）（ ） 用法扬司法测定 I^-，用曙红做指示剂，测定结果会偏高。

（15）（ ） 在法扬司法中，为了使沉淀具有较强的吸附能力，通常加入适量的糊精或淀粉使沉淀处于胶体状态。

答案

1. 选择题

（1）D （2）B （3）D （4）A （5）B （6）B （7）B （8）A （9）C （10）A （11）A （12）B （13）C （14）D （15）B

2. 判断题

（1）√ （2）√ （3）× （4）√ （5）× （6）√ （7）× （8）× （9）√ （10）× （11）× （12）× （13）× （14）× （15）√

项目六 重量分析法

实训一 水样中悬浮物的测定

1. 实训目的

（1）掌握水中悬浮物的测定方法和操作。

（2）掌握烘箱、滤膜、分析天平的使用。

2. 实训原理

水质中的悬浮物是指水样通过孔径为 0.45μm 的滤膜，截留在滤膜上并于 103～105℃烘干至恒重的固体物质。测定的方法是将水样通过滤膜后，烘干固体残留物及滤膜，将所称质量减去滤膜质量，即为悬浮物（总不可滤残渣）的质量。此方法适用于矿区范围内的矿井水、生活废水、各类总排水。

3. 仪器与试剂

（1）玻璃砂芯过滤装置，规格：1000mL。

（2）CN-CA 微孔滤膜：孔径 0.45μm，直径 50mm。

（3）真空泵，抽气速率：7.2m³/h，极限真空：5Pa。或其他类型的抽气泵：流量控制在 80～90L/min。

（4）称量瓶：内径为 30～60mm。

（5）烘箱：可控制恒温在 103～105℃。

（6）干燥器。

（7）无齿扁嘴镊子。

（8）白磁盘。

（9）白纱线手套。

（10）冰箱。

（11）蒸馏水或同等纯度的水。

4. 实训内容及操作步骤

1）采样及样品贮存（可选试验）

（1）采样。所用聚乙烯或硬质玻璃容器要先用洗涤剂清洗，再依次用自来水和蒸馏水冲洗干净。在采样之前，再用即将采集的水样冲洗 3 次，然后，采集具有代表性的水样 300～500mL。盖严瓶塞。

注：漂浮或浸没于水体底部的不均匀固体物质不属于悬浮物，应从水样中除去。

（2）样品贮存。采集的水样应尽快分析测定。如需放置，应贮存在 4℃冰箱中，但最长不得超过 7d。

注：样品不得加入任何保护剂，以防止破坏物质在固、液间的分配平衡。

2）滤膜准备（前处理）

（1）滤膜在使用前应经过蒸馏水浸泡 24h，并更换 1～2 次蒸馏水。

（2）将滤膜正确地放在过滤器的滤膜托盘上，加盖配套漏斗，并用夹子固定好。

（3）以约 100mL 蒸馏水抽滤至近干状态（以 50～60s 为宜）。

（4）卸下固定夹子和漏斗，再用扁嘴无齿镊子小心夹取滤膜置于编了号的称量瓶内，盖好瓶盖（可露出小缝隙）。

（5）将称量瓶连同滤膜一并移入 103～105℃的烘箱中烘干 60min 后取出，置于干燥器内冷却至时温，称其重量；再移入烘箱中烘干 30min 后取出，反复烘干、冷却、称量，直至 2 次称量的重量差值≤0.2mg 为止。

3）样品测定

（1）用蒸馏水冲洗经自来水洗涤后的抽滤装置。

（2）用扁嘴无齿镊子小心从恒重的称量瓶内夹取滤膜正确放于滤膜托盘上，再用蒸馏水简单湿润滤膜后，加盖配套漏斗，并用夹子固定好。

（3）量取充分混合均匀的试样 100mL 于漏斗内，启动真空泵进行抽吸过滤。当水分全部通过滤膜后，再用每次约 10mL 蒸馏水冲洗量器 3 次，倾入漏斗过滤。然后，再以每次约 10mL 蒸馏水连续洗涤漏斗内壁 3 次，继续吸滤至近干状态。

（4）停止抽滤后，小心卸下固定夹子和漏斗，用扁嘴无齿镊子仔细取出载有悬浮物的滤膜放在原恒重的称量瓶内，盖好瓶盖（可露出小缝隙）。

（5）将称量瓶连同滤膜样品摆放在白磁盘中，移入 103～105℃的烘箱中烘干 60min 后取出，置于干燥器内冷却至时温，称其重量；再移入烘箱中烘干 60min 后取出，反复烘干、冷却、称量，直至 2 次称量的重量差值≤0.4mg 为止（恒重）。

5. 数据处理及分析结果的计算

$$\rho = \frac{(m_A - m_B) \times 1000 \times 1000}{V}$$

式中：ρ——水中悬浮物浓度，mg/L；

m_A——悬浮物＋滤膜与称量瓶重量，g；

m_B——滤膜与称量瓶重量，g；

V——水样体积，mL。

6. 注意事项

（1）漂浮于水面或浸没于水体底部的不均匀固体物质不属于悬浮物质，应在样品采集时加以避免。实验室测定阶段，处理样品时应以清洁水样为先。在定量取样时，应选择好合适的量器，水样均匀混合后应尽快量出。快速倾入漏斗过滤后，用每次约 10mL 蒸馏水冲洗量器 3 次，倾入漏斗过滤时，应将量器底部的较大颗粒物质去除。

（2）贮存水样时不能加任何保护试剂，以防止破坏物质在固相、液相间的分配平衡。

（3）滤膜上截留过多的悬浮物，除了造成过滤困难，还会延长过滤、干燥时间。遇此情况，可酌情少取试样，浑浊水样采集 20～100mL，比较清洁水样应采集 100～200mL 为宜，特别清洁的水样可增大试样体积至 200～300mL，否则会增大称量误差，影响测定精度。

（4）滤膜前处理阶段，以约 100mL 蒸馏水抽滤至近干状态（以 50～60s 为宜）。实际操作中，在同一批样品测定中最好固定一个蒸馏水用量和抽滤时间，以减少因蒸馏水量和抽滤时间的不同而带来的误差。

特别建议，无论采用何种滤膜，都必须对其进行前处理或进行相关试验。

（5）滤膜（处理后）和样品抽滤后，移入称量瓶加盖时，应保留适当缝隙，不要盖严，以保证滤膜和样品中水分、湿气能够充分逸出。

（6）经过 103～105℃的烘箱中烘干的滤膜或样品在置于干燥器内冷却阶段，应在天平室进行。应避免空调器出风给称量带来的影响。天平室的温度会影响冷却的时间，一般 5～20℃时，可冷却 45min；21～26℃时，可冷却 60min；27～32℃时，可冷却 150min 以上。滤膜上载附的悬浮物较多时，应增加冷却时间。

7. 评价标准

（1）达到的专项能力目标：必须具备用烘箱、滤膜、玻璃砂芯漏斗、分析天平的使用来测定水中悬浮物的能力。通过重量分析法的基本操作，正确测定悬浮物含量，达到 GB 11901—1989 规定的要求。

（2）8h 内完成滤膜的准备和样品的测定，通过 2 种"恒重"对象的质量之差求出水中悬浮物的含量。

8. 实训思考

（1）重量分析法有什么特点？适用于何种情况下的分析？

（2）重量分析法测定水中悬浮物时，要求哪些物质必须要恒重，为什么，如何达到？

实训二　土壤中硫酸根含量的测定

1. 实训目的

（1）了解土壤浸出溶液的方法及晶形沉淀的沉淀条件。

（2）熟悉沉淀重量法的基本操作。

2. 实训原理

在酸性溶液中，以 $BaCl_2$ 作沉淀剂使硫酸盐成为晶形沉淀析出，经陈化、过滤、洗涤、灼烧后，以 $BaSO_4$ 沉淀形式称量，即可计算样品中 SO_4^{2-} 的含量。

在土壤浸出液中加入过量的 $BaCl_2$ 溶液，为了防止 $BaCO_3$ 等沉淀生成，土壤浸出液必须酸化，同时加热至沸以赶去 CO_2，并趁热加入 $BaCl_2$ 溶液。

在 HCl 酸性溶液中进行沉淀，可防止 CO_3^{2-}、$C_2O_4^{2-}$ 等与 Ba^{2+} 沉淀，而且酸度可增加 $BaSO_4$ 的溶解度，降低其相对过饱和度，有利于获得较好的晶形沉淀。由于过量 Ba^{2+} 的同离子效应存在，所以溶解度损失可忽略不计。

Cl^-、NO_3^-、ClO_3^- 等阴离子和 K^+、Na^+、Ca^{2+} 等阳离子均可参与共沉淀，故应在热稀溶液中进行沉淀，以减少共沉淀的发生。因 $BaSO_4$ 的溶解度受温度影响较小，可用热水洗涤沉淀。

3. 仪器与试剂

（1）仪器：烧杯（100mL、400mL）；玻璃棒；表面皿；滴管；洗瓶；量筒（10mL、

100mL）；慢速定量滤纸（9cm）；长颈漏斗；坩埚（25mL）；坩埚钳；干燥器；电炉；石棉网；马弗炉；分析天平（感量万分之一）。

（2）试剂：稀盐酸（6mol/L）；$BaCl_2$ 溶液（0.1mol/L）；$AgNO_3$ 溶液（0.1mol/L）。

4. 实训内容及操作步骤

1）样品的称取与浸出

（1）称取通过 2mm 筛孔风干土壤样品 50g（精确到 0.01g），放入 500mL 大口塑料瓶中，加入 250mL 无二氧化碳蒸馏水。

（2）将塑料瓶用橡皮塞塞紧后在震荡机上震荡 3min。

（3）震荡后立即抽气过滤，开始滤出的 10mL 滤液弃去，以获得清亮的滤液，加塞备用。

2）沉淀的制备

在上述溶液中加稀 HCl 1mL，盖上表面皿，置于电炉石棉网上，加热至近沸。取 $BaCl_2$ 溶液 30～35mL 于小烧杯中，加热至近沸，然后用滴管将热 $BaCl_2$ 溶液逐滴加入样品溶液中，同时不断搅拌溶液。当 $BaCl_2$ 溶液即将加完时，静置，于 $BaSO_4$ 上清液中加入 1～2 滴 $BaCl_2$ 溶液，观察是否有白色浑浊出现，用以检验沉淀是否已完全。盖上表面皿，置于电炉（或水浴）上，在搅拌下继续加热，陈化约 0.5h，然后冷却至室温。

3）沉淀的过滤和洗涤

将上清液用倾注法倒入漏斗中的滤纸上，用一洁净烧杯收集滤液（检查有无沉淀穿滤现象。若有，应重新换滤纸）。用少量热蒸馏水洗涤沉淀 3～4 次（每次加入热水 10～15mL），然后将沉淀小心地转移至滤纸上。用洗瓶吹洗烧杯内壁，洗涤液并入漏斗中，并用撕下的滤纸角擦拭玻璃棒和烧杯内壁，将滤纸角放入漏斗中，再用少量蒸馏水洗涤滤纸上的沉淀（约 10 次），至滤液不显 Cl^- 反应为止（用 $AgNO_3$ 溶液检查）。

4）沉淀的干燥和灼烧

取下滤纸，将沉淀包好，置于已恒重的坩埚中，先用小火烘干炭化，再用大火灼烧至滤纸灰化。然后将坩埚转入马弗炉中，在 800～850℃灼烧约 30min。取出坩埚，待红热退去，置于干燥器中，冷却 30min 后称量。再重复灼烧 20min，冷却，取出，称量，直至恒重。

取平行操作 3 份的数据，根据 $BaSO_4$ 重量计算 Na_2SO_4 的百分含量。

5. 数据处理及分析结果的计算

（1）数据记录如表 3-12 所示。

表 3-12 数据记录

项 目	I	II	III
空坩埚重 m_B/g	第一次 第二次 第三次		

续表

项 目	I		II	III
称量瓶+样品重/g				
称量瓶重/g				
样品重 m/g				
灼烧后恒重（坩埚+BaSO₄）m_A/g	第一次			
	第二次			
	第三次			
BaSO₄ 重（$m-m_0$）/g				
Na₂SO₄ 含量/%				
平均含量/%				
相对平均偏差/%				

（2）结果计算

$$\omega = \frac{(m_A - m_B) \times 0.4116 \times 1000}{m_{样}}$$

式中：ω——土壤中硫酸根浓度，mg/g；

m_A——BaSO₄ 沉淀与坩埚质量，g；

m_B——空坩埚瓶质量，g；

0.4116——BaSO₄ 换算为 SO_4^{2-} 的化学因素，即

$$F = \frac{M_{SO_4^{2-}}}{M_{BaSO_4}} = \frac{96.09}{233.39} = 0.4116$$

$m_{样}$——称取试样的质量，单位为 g，本试验为 50g。

6. 注意事项

（1）实验前，应预习和本实验有关的基本操作相关内容。

（2）溶液加热近沸，但不应煮沸，防止溶液溅失。

（3）BaSO₄ 沉淀的灼烧温度应控制在 800～850℃，否则，BaSO₄ 将与碳作用而被还原。

（4）检查滤液中的 Cl^- 时，用小表面皿收集 10～15 滴滤液，加 2 滴 AgNO₃ 溶液，观察是否出现浑浊，若有浑浊则需继续洗涤。

7. 评价标准

（1）达到的专项能力目标：必须具备滤纸的选用、沉淀的转移和洗涤能力，能用重量分析法测定土壤中硫酸盐含量的能力。通过使用马弗炉和分析天平，正确测定物质含量，达到 GB/T 22660.8—2008 规定的要求。

（2）8h 内完成土壤液的浸出，晶形沉淀的沉淀条件的控制，马弗炉的温度时间控制，天平的使用，分别称其质量，通过质量之差求出被测组分含量。

8. 实训思考

（1）结合实验说明晶形沉淀最适条件有哪些？

（2）小结使沉淀完全和沉淀纯净的措施？

实训三 复合肥料中钾含量的测定

1. 实训目的

（1）进一步熟练、规范重量分析的基本操作技术。
（2）掌握用掩蔽剂分离干扰离子的原理及方法。
（3）进一步掌握晶形沉淀的条件。
（4）掌握微孔玻璃坩埚的使用与洗涤技术。

2. 实训原理

在弱碱性介质中，以四苯硼酸钠溶液沉淀试样溶液中的钾离子，将沉淀过滤、干燥及称重。如试样中含有氰氨基化合物或有机物时，可先加溴水和活性炭处理，为了防止其他阳离子干扰，可预先加入适量的乙二胺四乙酸（EDTA）二钠盐，使其他阳离子与乙二胺四乙酸二钠盐配位。

3. 仪器与试剂

（1）烘箱，能控制在（120±5）℃。
（2）微孔玻璃坩埚。
（3）15g/L 四苯硼酸钠溶液。配制：称取 15g 四苯硼酸钠溶于约 960mL 水中，加 4mL 400g/L 氢氧化钠溶液和 100g/L 六水氯化镁溶液 20mL，搅拌 15min，静置后，用滤纸过滤。该溶液贮存于棕色瓶或塑料瓶中，一般不超过 1 个月期限，如发现浑浊，使用前应过滤。
（4）乙二胺四乙酸（EDTA）二钠盐溶液，40g/L。
（5）溴水溶液（50g/L）。
（6）四苯硼酸钠洗涤液（1.5g/L）。
（7）5g/L 酚酞乙醇溶液。配制：溶解 0.5g 酚酞于 100mL95%（体积分数）醇中。

4. 实训内容及操作步骤

1）试样溶液的准备
称取含氧化钾约 400mg 的试样 2～5g（称准至 0.0001g），置于 250mL 锥形瓶中，加约 150mL 水，加热煮沸 30min，冷却，定量转移到 250mL 容量瓶中，用水稀释至刻度，混匀，用滤纸过滤，弃去最初 50mL 滤液。

2）试液处理
（1）试样不含氰氨基化合物或有机物。吸取上述滤液 25.00mL，置于 200mL 烧杯中，加 EDTA 二钠盐溶液 20mL（含阳离子较多时可加 40mL），加 2～3 滴酚酞溶液，滴加氢氧化钠溶液至红色出现时，再过量 1mL，在良好的通风橱内缓慢加热煮沸

15min，然后放置冷却或用流水冷却至室温，再用氢氧化钠溶液调至红色。

（2）试样含有氰氨基化合物或有机物。吸取上述滤液 25.00mL，置于 200～250mL 烧杯中，加入溴水溶液 5mL，将溶液煮沸直至所有的溴水完全脱除为止（无溴颜色），若含有其他颜色，将溶液体积蒸发至少于 10mL，待溶液冷却后，加 0.5g 活性炭，充分搅拌使之吸附，然后过滤，并洗涤 3～5 次，每次用水约 5mL，收集全部滤液，加 ED-TA 二钠盐溶液 20mL（含阳离子较多时可加 40mL），以下步骤同（1）操作。

3）沉淀及过滤

在不断搅拌下，于处理后的试样溶液 [（1）或（2）] 中逐滴加入四苯硼酸钠溶液，加入量为每含 1mg 氧化钾加四苯硼酸钠溶液 0.5mL，并过量约 7mL，继续搅拌 1min，静置 15min 以上，用倾斜法将沉淀过滤于 120℃下预先恒重的玻璃坩埚内，用四苯硼酸钠溶液洗涤沉淀 5～7 次，每次用量 5mL，最后用水洗涤 2 次，每次用量 5mL。

4）干燥及恒重

将盛有沉淀的坩埚置于（120±5）℃烘箱中，干燥 1.5h，然后放在干燥器内冷却，称重。

5）空白试验

除不加试液外，试验步骤及实际用量均与上述步骤相同。

5. 数据处理及分析结果的计算

$$\omega_{K_2O} = \frac{[(m_2-m_1)-(m_4-m_3)] \times \dfrac{M_{K_2O}}{2M_{KB(C_6H_5)_4}}}{m_{样} \times \dfrac{25}{250}} \times 100\%$$

式中：ω_{K_2O}——K$_2$O 的质量分数，%；

　　　m_1——空坩埚的质量，g；

　　　m_2——盛有沉淀的坩埚质量，g；

　　　m_3——空白试验中空坩埚的质量，g；

　　　m_4——空白试验中盛有沉淀的坩埚质量，g；

　　　M_{K_2O}——K$_2$O 的摩尔质量，g/moL；

　　　$M_{KB(C_6H_5)_4}$——KB(C$_6$H$_5$)$_4$ 的摩尔质量，g/moL；

　　　$m_{样}$——试样的质量，g。

6. 注意事项

（1）不要将进行第一次干燥的坩埚（湿的）与第二次干燥的坩埚放入同一个烘箱中。

（2）做完实验及时将微孔玻璃坩埚洗净，若沉淀不易洗去，可用丙酮进一步清洗。

7. 评价标准

（1）达到的专项能力目标：必须具备用重量分析法进行复合肥料中钾含量的检测能力。通过进一步熟练、规范重量分析的基本操作技术，正确测定物质含量，达到 GB/T

8574—2002 规定的要求。

（2）6h 内完成干扰离子的排除，控制产生最佳晶形沉淀，通过微孔玻璃坩埚的使用、洗涤和称量，求出被测组分含量。

8. 实训思考

（1）试验中加入 EDTA 二钠盐溶液的作用是什么？
（2）沉淀剂四苯硼酸钠为什么要滴加？如果一次性倒入会引起什么现象？
（3）四苯硼酸钾沉淀为什么先用稀的四苯硼酸钠洗涤？最后为什么还需要用水洗涤两次？
（4）为什么洗涤液的用量每次都控制在 5mL？

实训四　硫酸镍中镍含量的测定

1. 实训目的

（1）了解丁二酮肟镍重量法测定镍的原理和方法。
（2）掌握用玻璃坩埚过滤等重量分析法基本操作技术。

2. 实训原理

丁二酮肟是二元弱酸（以 H_2D 表示），离解平衡为

$$H_2D \underset{+H^+}{\overset{-H^+}{\rightleftharpoons}} HD^- \underset{+H^+}{\overset{-H^+}{\rightleftharpoons}} D^{2-}$$

其分子式为 $C_4H_8O_2N_2$，摩尔质量 116.2g/moL。研究表明，只有 HD^- 状态才能在氨性溶液中与 Ni^{2+} 发生沉淀反应，生成红色沉淀 $Ni(HD)_2$：

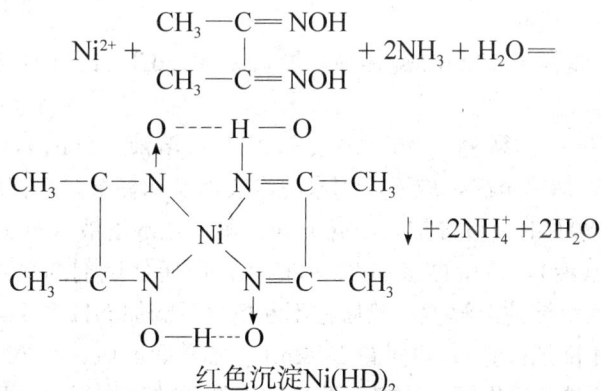

红色沉淀 $Ni(HD)_2$

经过滤、洗涤，在 120℃下烘干至恒重，称得丁二酮肟镍沉淀的质量计算 Ni 的质量分数。

本沉淀介质的酸度为 pH8～9 的碱性溶液。酸度大，生成 H_2D，使沉淀溶解度增大，酸度小，由于生成 D^{2-}，同样将增加沉底的溶解度。氨浓度太高，会生成 Ni^{2+} 的

氨配合物。

丁二酮肟是一种高选择性的有机沉淀剂，它只与 Ni^{2+}、Pd^{2+}、Fe^{2+} 生成沉淀。Co^{2+}、Cu^{2+} 与其生成水溶性配合物，不仅会消耗 H_2D，且会引起共沉淀现象。若 Co^{2+}、Cu^{2+} 含量高时，最后进行二次沉淀或预先分离。

由于 Fe^{3+}、Al^{3+}、Cr^{3+}、Ti^{4+} 等离子在氨性溶液中生成氢氧化物沉淀，干扰测定，故在溶液加氨水前，需加入柠檬酸或酒石酸等配位剂，使其生成水溶性的配合物。

3. 仪器与试剂

(1) 一般实验室仪器。

(2) 烘箱。

(3) 微孔玻璃坩埚。

(4) NH_4Cl 溶液（200g/L）。

(5) $NH_3 \cdot H_2O$ 溶液（1＋1）。

(6) HCl 溶液（1＋19）。

(7) HNO_3 溶液（2mol/L）。

(8) $AgNO_3$ 溶液（0.1mol/L）。

(9) 丁二酮肟乙醇溶液（10g/L）。

(10) 酒石酸溶液（200g/L）。

(11) 乙醇溶液（1＋4）。

4. 实训内容及操作步骤

1) 空坩埚的准备

用水洗净 2 个坩埚，用真空泵抽 2min 以除去玻璃砂板中的水分，便于干燥。放进 130～150℃烘箱中，第一次干燥 1.5h，以后每次干燥 1h，直至恒重。

2) 试样的溶解与过滤

准确称取 0.2g 试样于 400mL 烧杯中，加入 2mL HCl（1＋19）溶液，加 20mL 水溶解、沉淀及过滤。

溶解后再加 150mL 水稀释，5mL 200g/L NH_4Cl 溶液，5mL 200g/L 酒石酸溶液。烧杯上加盖表面皿，加热至沸，取下，用水洗涤表面皿和杯壁，搅拌均匀，在不断搅拌下，于温度为 70～80℃时，缓慢加入 10g/L 丁二酮肟乙醇溶液（每 1mg Ni^{2+} 约需 1mL 10g/L 的丁二酮肟溶液），最后再多加 20～30mL。但所加试剂的总量不要超过试液体积的 1/3，以免增大沉淀的溶解度。然后在不断搅拌下滴加 $NH_3 \cdot H_2O$（1＋1）溶液至 pH 为 8～9（用 pH 试纸检验），再过量 1～2mL。加盖表面皿，在 70～80℃水浴上陈化 30～40min。取下，稍冷后用倾斜法将沉淀过滤于微孔玻璃坩埚中，用 20g/L 酒石酸溶液洗涤烧杯和沉淀 8～10 次，再用温热水洗涤沉淀至无 Cl^- 为止（检查 Cl^- 时，可将滤液以稀 HNO_3 酸化，用 $AgNO_3$ 检查）。

3) 干燥

将带有沉淀的微孔玻璃坩埚置于 130～150℃烘箱中烘 1h，冷却，称量，至恒重为止。根据丁二酮肟镍的质量，计算试样中镍的含量。

实验完毕，微孔玻璃坩埚以稀盐酸洗涤干净。

5. 数据处理及分析结果的计算

$$\omega_{Ni} = \frac{(m_2 - m_1) \times \dfrac{M_{Ni}}{M_{Ni(HD)_2}}}{m_{样}} \times 100\%$$

式中：ω_{Ni}——Ni 的质量分数，%；

$\quad m_1$——空坩埚的质量，g；

$\quad m_2$——盛有沉淀的坩埚质量，g；

$\quad M_{Ni}$——Ni 的摩尔质量，g/mol；

$\quad M_{Ni(HD)_2}$——$Ni(HD)_2$ 的摩尔质量，g/mol；

$\quad m_{样}$——试样的质量，g。

6. 注意事项

（1）过滤时溶液的量不要超过坩埚高度的 1/2。

（2）注意防止丁二酮肟沉淀析出。

7. 评价标准

（1）达到的专项能力目标：必须具备用丁二酮肟镍重量法测定镍含量的能力。通过使用玻璃坩埚过滤等重量分析法基本操作技术，正确测定物质含量，达到 GB/T 223.25—1994 规定的要求。

（2）6h 内完成控制溶液 pH 等实验条件，产生最佳晶形沉淀，通过微孔玻璃坩埚的使用、洗涤和称量，求出被测组分含量。

8. 实训思考

（1）为了得到纯净的丁二酮肟镍沉淀，应选择和控制哪些实验条件？

（2）重量法测定镍，也可将丁二酮肟镍灼烧成氧化镍称量（至恒重）。这与本方法比较，哪种方法较为优越？为什么？

项目练习题

1. 选择题

（1）在重量分析中，影响弱酸盐沉淀溶解度的主要因素为（　　）。

A. 水解效应　　　　B. 酸效应　　　　C. 盐效应　　　　D. 同离子效应

（2）在重量分析中，下列叙述不正确的是（　　）。

A. 当定向速度大于聚集速度时，易形成晶形沉淀

B. 当定向速度大于聚集速度时，易形成非晶形沉淀

C. 定向速度是由沉淀物质的性质所决定

D. 聚集速度是由沉淀的条件所决定

(3) 在重量分析中能使沉淀溶解度减小的因素是（　　）。

A. 酸效应　　　　　B. 盐效应　　　　　C. 同离子效应　　　D. 生成配合物

(4) 用滤纸过滤时，玻璃棒下端（　　），并尽可能接近滤纸。

A. 对着一层滤纸的一边　　　　　　　B. 对着滤纸的锥顶

C. 对着三层滤纸的一边　　　　　　　D. 对着滤纸的边缘

(5) 重量法测定铁时，过滤 $Fe(OH)_3$ 沉淀应选用（　　）。

A. 快速定量滤纸　　　B. 中速定量滤纸　　C. 慢速定量滤纸　　D. 玻璃砂芯坩埚

(6) 重量法测定硅酸盐中 SiO_2 的含量，结果分别为：37.40%，37.20%，37.32%，37.52%，37.34%，平均偏差和相对平均偏差是（　　）。

A. 0.04%，0.58%　　　　　　　　　　B. 0.08%，0.21%

C. 0.06%，0.48%　　　　　　　　　　D. 0.12%，0.32%

(7) 用重量法测定 $C_2O_4^{2-}$ 含量，在 CaC_2O_4 沉淀中有少量草酸镁（MgC_2O_4）沉淀，会对测定结果有何影响?（　　）

A. 产生正误差　　　B. 产生负误差　　　C. 降低精密度　　　D. 对结果无影响

(8) 下列瓷皿中用于灼烧沉淀和高温处理试样的是（　　）。

A. 蒸发皿　　　　　B. 坩埚　　　　　C. 研钵　　　　　　D. 布式漏斗

(9) 下列哪些要求是重量分析对称量形式的要求（　　）。

A. 性质要稳定增长　　　　　　　　　B. 颗粒要粗大

C. 相对分子质量要大　　　　　　　　D. 表面积要大

(10) 下列各条件中何者不是晶形沉淀所要求的沉淀条件（　　）。

A. 沉淀作用宜在较浓溶液中进行　　　B. 应在不断的搅拌下加入沉淀剂

C. 沉淀作用宜在热溶液中进行　　　　D. 应进行沉淀的陈化

(11) 下列关于重量分析不正确的操作是（　　）。

A. 过滤时，漏斗应贴着烧杯内壁，使滤液沿着烧杯壁流下，不至溅出

B. 沉淀的灼烧是在已恒重的坩埚中进行

C. 坩埚从电炉中取出后应立即放入干燥皿中

D. 灼烧空坩埚的条件必须与以后灼烧沉淀时的条件相同

(12) 下列离子不能与硫酸根离子产生沉淀的是（　　）。

A. Pb^{2+}　　　　　B. Fe^{3+}　　　　　C. Ba^{2+}　　　　　D. Sr^{2+}

(13) 下列关于沉淀吸附的一般规律，正确的为（　　）。

A. 离子价数低的比高的易吸附　　　　B. 离子浓度越大越易被吸附

C. 沉淀颗粒越大，吸附能力越强　　　D. 温度越高，越有利于吸附

(14) 有关影响沉淀完全的因素叙述不正确的是（　　）。

A. 利用同离子效应，可使被测组分沉淀更完全

B. 异离子效应的存在，可使被测组分沉淀完全

C. 配合效应的存在，将使被测离子沉淀不完全

D. 温度升高，会增加沉淀的溶解损失

2. 判断题

（1）（ ）在重量分析中恒重的定义是前后两次称量的质量之差不超过 0.2mg。

（2）（ ）由于滤纸的致密程度不同，一般非晶形沉淀如氢氧化铁等应选用快速滤纸过滤；粗晶形沉淀应选用中速滤纸过滤；较细小的晶形沉淀应选用慢速滤纸过滤。

（3）（ ）重量分析法准确度比吸光光度法高。

（4）（ ）重量分析中对形成胶体的溶液进行沉淀时，可放置一段时间，以促使胶体微粒的胶凝，然后再过滤。

（5）（ ）重量分析中当沉淀从溶液中析出时，其他某些组分被被测组分的沉淀带下来而混入沉淀之中这种现象称后沉淀现象。

（6）（ ）为保证被测组分沉淀完全，沉淀剂应越多越好。

（7）（ ）沉淀 $BaSO_4$ 应在热溶液中后进行，然后趁热过滤。

（8）（ ）共沉淀引入的杂质量，随陈化时间的增大而增多。

（9）（ ）根据同离子效应，可加入大量沉淀剂以降低沉淀在水中的溶解度。

（10）（ ）重量分析中使用的"无灰滤纸"，指每张滤纸的灰分重量小于 0.2mg。

（11）（ ）沉淀完全后进行陈化是为了使沉淀更为纯净、使沉淀颗粒变大。

（12）（ ）采用硝酸银试液检查氯化物时、加入硝酸使溶液酸化的目的是加速生成氯化银沉淀生成和消除某些弱酸盐的干扰。

（13）（ ）硫酸钡沉淀为强碱强酸盐的难溶化合物，所以酸度对溶解度影响不大。

（14）（ ）沉淀硫酸钡时，在盐酸存在下的热溶液中进行，目的是增大沉淀的溶解度。

（15）（ ）为了获得纯净的沉淀，洗涤沉淀时洗的次数越多，每次用的洗涤液越多，则杂质含量越少，结果的准确度越高。

（16）（ ）在沉淀反应中，沉淀的颗粒越大，沉淀吸附杂质越多。

答案

1. 选择题

（1）B （2）B （3）C （4）C （5）A （6）B （7）B （8）B （9）A （10）A
（11）C （12）B （13）B （14）B

2. 判断题

（1）√ （2）√ （3）√ （4）× （5）× （6）× （7）× （8）× （9）×
（10）√ （11）√ （12）√ （13）√ （14）√ （15）× （16）×

模块四　化验室仪器分析基本操作和维护

任务一　气体钢瓶的常用标记及使用注意事项

实验室常用气体如氢气、氮气、氧气、甲烷、乙炔等，都可以通过购置钢瓶气体获得。一些气源，如氢气、氮气、氧气等也可以购置发生器来使用，相比较，钢瓶气体具有种类齐全、压力稳定、纯度较高、使用方便等优点，但气体钢瓶属于高压容器，使用钢瓶的主要危险是当钢瓶受到撞击或受热时可能发生爆炸。另外，一些气体有剧毒，一旦泄露会造成严重后果。为此，了解钢瓶的基本知识，正确安全地使用各种钢瓶是十分重要的。

一、气体钢瓶的种类和标记

气瓶内装气体按物理性质分为压缩气体、液化气体和溶解气体。

（1）压缩气体。临界温度低于 $-10℃$ 的气体，经加高压压缩，仍处于气态的称压缩气体，如氧、氮、氢、空气、氩等。这类气体钢瓶若设计压力大于或等于 $12MPa$ 称为高压气瓶。

（2）液化气体。临界温度 $\geqslant -10℃$ 的气体，经加高压压缩，转为液态并与其蒸气处于平衡状态的称为液化气体。临界温度在 $-10 \sim 70℃$ 的称为高压液化气体，如二氧化碳、氧化亚氮。临界温度高于 $70℃$，且在 $60℃$ 时饱和蒸气压大于 $0.1MPa$ 的称低压液化气体，如氨、氯、硫化氢等。

（3）溶解气体。单纯加高压压缩，可产生分解、爆炸等危险性的气体，必须在加高压的同时，将其溶解于适当溶剂，并由多孔性固体物充盛。在 $15℃$ 以下压力达 $0.2MPa$ 以上的，称为溶解气体（或称为气体溶液），如乙炔。

按气体化学性质可分为：可燃气体（氢、乙炔、丙烷、石油气等）、助燃气体（氧、氧化亚氮等）、不燃气体（氮、二氧化碳等）、惰性气体（氦、氖、氩等）及剧毒气体（氟、氯等）

为了安全，便于识别和使用，各种气体钢瓶的瓶身必须按规定漆上相应的标志色漆，并用规定颜色的色漆写上气瓶内容物的中文名称，画出横条标志。表 4-1 列出了《气瓶安全监察规程》中的部分气瓶漆色及标志。

表 4-1　部分气瓶的漆色及标志

钢瓶名称	外表颜色	字样	字样颜色	横条颜色
氧气瓶	天蓝	氧气	黑	—
医用氧气瓶	天蓝	医用氧	黑	—

续表

钢瓶名称	外表颜色	字样	字样颜色	横条颜色
氢气瓶	深绿	氢气	红	红
氮气瓶	黑	氮气	黄	棕
纯氩气瓶	灰	氩气	绿	—
灯泡氩气瓶	黑	灯泡氩气	天蓝	天蓝
二氧化碳气瓶	黑	二氧化碳	黄	黄
氨气瓶	黄	氨气	黑	—
氯气瓶	草绿	氯气	白	白
乙烯气瓶	紫	乙烯	红	—

每个气瓶都有钢印标记，标明制造厂、气瓶编号、设计压力、制造年月等。气瓶必须定期作抗压试验，由检验单位打上钢印。

二、气瓶使用注意事项

高压气瓶是专用的压力容器，必须定期进行技术检验。一般气体钢瓶，3 年检验一次。腐蚀性气体钢瓶 2 年检验一次。惰性气体钢瓶每 5 年检验一次。气体钢瓶的安全使用，必须注意以下几点。

（1）钢瓶应存放在阴凉、干燥、远离热源的地方。钢瓶受热后，瓶内压力增大，易造成漏气甚至爆炸事故。钢瓶直立放置时要加以固定，搬运时要避免撞击及强烈震动。

（2）氧气是强烈的助燃气体，纯氧在高温下很活泼。温度不变而压力增加时，氧气可与油类发生强烈的反应而引起爆炸。因此氧气钢瓶及其专用工具严禁同油脂接触。氧气钢瓶中绝对不能混入其他可燃气体。

（3）氧气瓶、可燃性气体钢瓶与明火距离应不小于 10m，不能达到时，应有可靠的隔热防护措施，并不得小于 5m。

（4）钢瓶使用的减压阀要专用。安装时螺扣要上紧，不得漏气。为了安全起见，开启减压阀时，应站在减压阀的另一侧，以免高压气流或阀件射伤人体。

（5）钢瓶内气体不能用尽，一般应保持 0.05MPa 以上的余压，可燃性气体应保留 0.2～0.3MPa，氢气应保留更高的压力，以防重新充气或以后使用时发生危险。

（6）有下列情形之一时必须降压使用或报废。

① 瓶壁有裂纹、渗漏或明显变形的，应报废。

② 经测量最小壁厚，进行强度校核，不能按原设计压力使用的，必须降压使用。

③ 高压气瓶的容积残余变形率大于 10% 的，必须报废。

任务二　酸度计的操作和维护

一、酸度计的基本组成和测定原理简介

酸度计是对溶液中氢离子活度产生选择性响应的一种电化学传感器。在理论上，溶液的酸度可以这样测得：以参比电极、指示电极和溶液组成工作电池，测量出电池的电动势。以已知酸度的标准缓冲溶液的 pH 为基准，比较标准缓冲溶液所组成的电池的电动势和待测试液组成的电池的电动势，从而得出待测试液的 pH。

酸度计由电极和电动势测量部分组成。电极用来与试液组成工作电池；电动势测量部分则将电池产生的电动势进行放大和测量，最后显示出溶液的 pH。多数酸度计还有 mV 测量挡，可直接测量电极电位。如果配上合适的离子选择电极，还可以测量溶液中某一种离子的浓度（活度）。

酸度计通常以玻璃电极为指示电极，饱和甘汞电极为参比电极。

当玻璃电极与饱和甘汞电极以及待测溶液组成工作电池时，在 25℃下，所产生的电池电动势为

$$E = K' + 0.059\text{pH}$$

式中，K' 为常数，测量这一电动势就可获得待测溶液的 pH。可见，溶液 pH 的工作电池的电动势 E 与试液的 pH 成线性关系，据此可进行溶液的 pH 测量。

用于对酸度计进行校正的 pH 标准溶液，应保证其 pH 稳定不变，一般采用缓冲溶液，即 pH 标准缓冲溶液。我国目前使用的几种 pH 标准缓冲溶液在不同温度下的 pH 列于表 4-2 中。

表 4-2　不同温度下标准缓冲溶液的 pH

$t/℃$	0.05mol/L 四草酸钠	饱和酒石酸氢钾	0.05mol/L 邻苯二甲酸氢钾	0.05mol/L 磷酸二氢钾和磷酸氢二钠	0.05mol/L 四硼酸钠
0	1.67	—	4.01	6.98	9.40
5	1.67	—	4.01	6.95	9.39
10	1.67	—	4.00	6.92	9.33
15	1.67	—	4.00	6.90	9.27
20	1.68	—	4.00	6.88	9.22
25	1.69	3.56	4.01	6.86	9.18
30	1.69	3.55	4.01	6.84	9.14
35	1.69	3.55	4.02	6.84	9.10
40	1.70	3.54	4.03	6.84	9.07
45	1.70	3.55	4.04	6.83	9.04
50	1.71	3.55	4.06	6.83	9.01
55	1.72	3.56	4.08	6.84	8.99
60	1.73	3.57	4.10	6.84	8.96

在使用酸度计测 pH 时，一般只要有酸性、近中性和碱性三种标准缓冲溶液就可以了。应选用与待测溶液的 pH 相近的标准缓冲溶液来校正酸度计，这样可减少测量误差。

二、pHS-3C 精密酸度计的外形及主要功能

目前广泛应用的是直读式酸度计（电位计式少用），它实际上是一台高输入阻抗的直流毫伏计。测出的电池的电动势经阻抗变换后进行直流放大，带动电表直接显示出溶液的 pH。

pHS-3C 型酸度计是一种精密数字显示的 pH 计，其测量范围宽，重复性误差小。

其结构如图 4-1 所示。

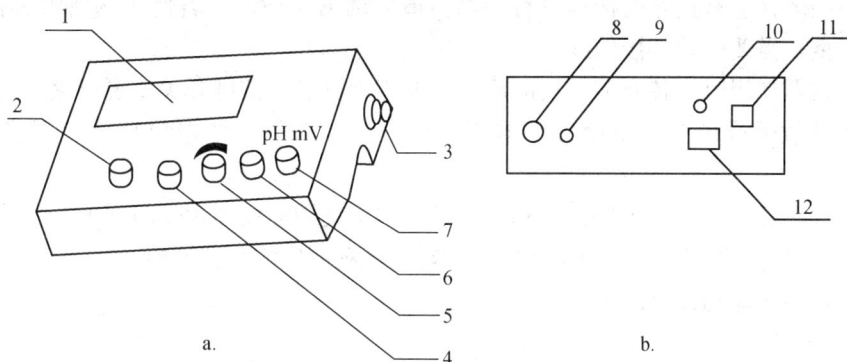

图 4-1　pHS-3C 酸度计示意图

a. 仪器正面图；b. 仪器后面板

1. 显示屏；2. 确认键；3. 电极插座；4. 温度补偿调节旋钮；5. 斜率补偿调节旋钮；6. 定位调节旋钮；
7. pH/mV 切换按钮；8. 测量电极插座；9. 参比电极插座；10. 保险丝；11. 电源开关；12. 电源插座

三、pHS-3C 精密酸度计使用方法

1. 测量前准备

（1）打开仪器电源开关预热 20min。将两电极夹在电极夹上，接上电极导线。

（2）仪器的校正。将选择旋钮 7 调到 pH 挡，调节"温度"旋钮 4，使指示的温度与溶液的温度相同。把斜率调节旋钮 5 顺时针旋到底。先用蒸馏水冲洗一下电极，用滤纸吸干，再把电极插于一 pH6.86（25℃）的缓冲溶液中。调节定位调节旋钮、使仪器显示读数与该缓冲溶液当时温度下的 pH 相一致。用蒸馏水清洗电极，用滤纸吸干电极外壁上的水，再插入 pH4.00（25℃）（或 pH9.18）的标准缓冲溶液中，调节斜率旋钮使仪器显示读数与该缓冲液中 pH 一致。直至不用再调节定位或斜率两调节旋钮为止。至此，仪器校正完毕，定位调节旋钮及斜率调节旋钮不应再有变动。

2. pH 的测定

移去标准缓冲溶液，清洗两电极，用滤纸吸干电极外壁上的水后，将其插入待测试液中，轻摇试液杯，待电极平衡后，读取被测试液的 pH。

3. 待测溶液电极电位（mV）值的测定

仪器接上各种适当的离子选择性电极和参比电极，用蒸馏水清洗选择性电极对，将电极插入待测溶液中。将功能选在按"mV"键位置上，开动磁力搅拌器，搅拌溶液使之均匀，停止搅拌，待读数稳定后，显示值即为该溶液的电极电位"mV"值，并自动显示极性。

四、酸度计的维护和保养

（1）酸度计应放置在干燥、无振动、无酸碱腐蚀性气体及环境温度稳定（一般在

5~45℃之间）的地方。

（2）酸度计应有良好的接地，否则将会造成读书不稳定。若使用场所没有接地线，或接地不良，需要另外补接地线。

（3）仪器使用时，各调节旋钮的旋动不要用力过猛，按键开关不要频繁按动，以防止发生机械故障或破损。温度补偿器不可旋过位，以免损坏电位器或使温度补偿不准确。

（4）仪器应在通电预热后进行测量。长时间不使用的仪器预热时间要长一些；平时不使用时，最好每隔1~2周通电一次，以防因潮湿而影响仪器性能。

（5）仪器不能随便拆卸。

任务三　紫外-可见分光光度计

一、仪器的基本组成和测定原理简介

吸光光度法使用的仪器，主要由图 4-2 中所示五部分组成。

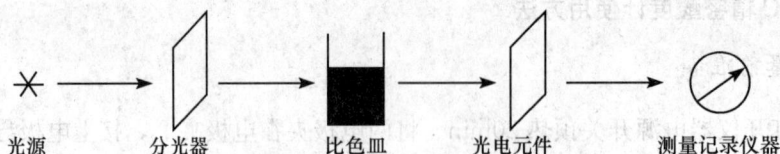

光源　　　分光器　　　比色皿　　　光电元件　　　测量记录仪器

图 4-2　分光光度计主要部件示意图

吸光光度法是根据物质对光选择性吸收而进行分析的方法。吸光光度法的理论基础是光的吸收定律——朗伯-比尔定律，其数学表达式为

$$A = \varepsilon bc$$

朗伯-比尔定律的物理意义是，当一束平行单色光垂直通过某稀溶液时，溶液的吸光度 A 与吸光物质的浓度 c 及液层厚度 b 的乘积成正比。

当吸光系数 ε 和溶液的厚度 b 不变时，吸光度是根据溶液的浓度而变化的，只要测出 A 即可算出浓度"c"。

下面以 22 型光栅分光光度计及 T6 型紫外分光光度计为例介绍分光光度计的结构、使用方法及注意事项。

二、常用紫外-可见分光光度计的外形和使用

目前商品紫外-可见分光光度计品种和型号繁多，虽然不同型号的仪器其操作方法略有不同，但仪器上主要旋钮和按键的功能基本类似，下面主要介绍一种可见分光光度计和一种紫外分光光度计的操作方法。

1. 722 型光栅分光光度计

（1）仪器外形和仪器主要控制功能见图 4-3。

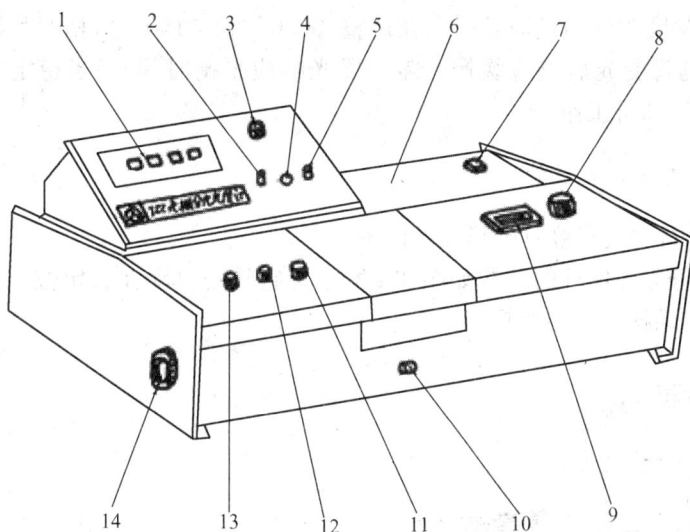

图 4-3　722 型分光光度计

1. 数字显示器；2. 吸光度调零旋钮；3. 选择开关；4. 吸光度调斜率电位器；5. 浓度旋钮；
6. 光源室；7. 电源开关；8. 波长手轮；9. 波长刻度窗；10. 式样架拉手；
11. 100％T 旋钮；12. 0％T 旋钮；13. 灵敏度调节旋钮；14. 干燥器

722 型光栅分光光度计，采用自准式色散系统和单光束结构，色散元件为衍射光栅，使用波长为 330～800nm 数字显示读数还可以直接测定溶液的浓度。如图 4-3 所示。

（2）操作步骤：

① 在接通电源前，应对仪器的安全性进行检查，电源线接线应牢固，接地线通地要良好，各个调节旋钮的起始位置应该正确，然后再接通电源。

② 将灵敏度调至"1"挡（放大倍率最小）。将波长调节器调至所需波长。

③ 开启电源开关，指示灯亮，选择开关置于"T"，调节透光度"100％"旋钮，使数字显示"100.0"左右，预热 20min。

④ 打开吸收池暗室盖（光门自动关闭），调节"0"旋钮，使数字显示为"0.00"，盖上吸收池盖，将参比溶液置于光路，使光电管受光，调节透光度"100％"旋钮，使数字显示为"100.0"。

⑤ 如果显示不到"100"，则可适当增加电流放大器灵敏度档数，但应尽可能使用低档数，这样仪器将有更高的稳定性。当改变灵敏度后必须按④重新校正"0"和"100.0"。

⑥ 按（4）连续几次调整"0.0"和"100"后，将选择开关置于 A，调节吸光度调零旋钮，使数字显示"0.00"。然后将待测溶液推入光路，显示值即为待测样品的吸光度值 A。

⑦ 浓度 c 的测量。选择开关由"A"旋至"C"，将标准溶液推入光路，调节浓度旋钮。使得数字显示值为已知标准溶液浓度数值。将待测样品溶液推入光路，即可读出待测样品的浓度值。

⑧ 如果大幅度改变测量波长时，在调整 "0.0" 和 "100" 后稍等片刻（因光能量变化急剧，光电管受光后响应缓慢，需一段光响应平衡时间），当稳定后，重新调整 "0.0" 和 "100" 即可工作。

2. T6 型紫外分光光度计

1) T6 型紫外分光光度计外形及功能图

T6 型紫外分光光度计的结构如图 4-4 所示，它具备自动波长定位、自动换灯、自动波长校准、自动样品池切换功能。

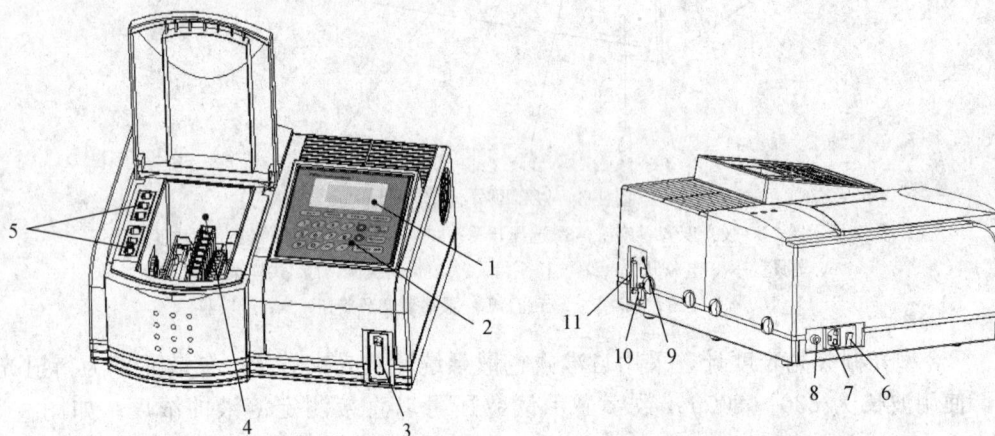

图 4-4　T6 型紫外分光光度计的结构如图

1. 液晶显示屏；2. 比色皿存放架；3. 备用接口；4. 样品室；5. 键盘；6. 电源开关；
7. 电源插座；8. 接线柱；9. 打印机接口；10. RS232 接口；11. 对比度调节旋钮

2) 使用方法

(1) 依次打开打印机、仪器主机电源，仪器开始初始化，在 LCD 上显示仪器初始化状态，约 3min 初始化完成（图 4-5）。

(2) 初始化完成后，仪器进入主菜单界面（图 4-6）。

图 4-5　初始化

图 4-6　主菜单界面

(3) 按 [START/STOP] 进入样品测量界面（图 4-7）。

(4) 按 [GOTOX] 键，在图 4-8 界面输入测量的波长，按 [ENTER←] 键确认，仪器将自动调整波长。

250.0nm	−0.002Abs
No. Abs	Conc

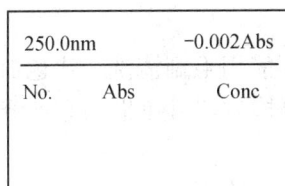

图 4-7 测量界面

请输入波长：

图 4-8 输入波长界面

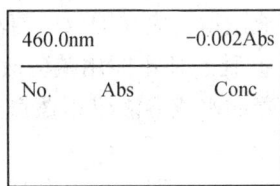

460.0nm	−0.002Abs
No. Abs	Conc

（5）按 SET 键进入参数设定界面，按 ▼ 键使光标移动到"样品设定"，按 ENTER↵ 键确认，进入设定界面（图 4-9）。

（6）按 ▼ 键使光标移动到"使用样池数"，按 ENTER↵ 键循环选择需要使用的样品池个数（主要根据使用比色皿数量确定）（图 4-10）。

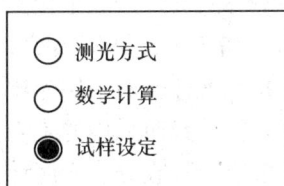

○ 测光方式
○ 数学计算
● 试样设定

图 4-9 设定界面

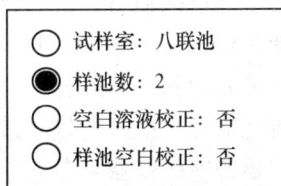

○ 试样室：八联池
● 样池数：2
○ 空白溶液校正：否
○ 样池空白校正：否

图 4-10 选择需要使用的样品池个数

（7）按 RETURN 键返回参数设定界面，再按 RETURN 键返回到光度测量界面。在 1 号样品池内放入空白溶液，其他池内放入待测样品。关闭好样品池盖后按 ZERO 键进行空白校正，再按 START/STOP 键进行样品测量。

如果需要更换波长，可以直接按 GOTOX 键，调整波长。注意：更换波长后必须重新按 ZERO 进行空白校正。

（8）测量完成后记录数据或按 PRINT 键打印数据，退出程序或关闭仪器后测量数据将消失。取出并清洗所有的比色皿。按 RETURN 键直到返回到仪器主菜单后再关闭仪器电源。

三、分光光度计的维护和保养

（1）仪器应安放在干燥的房间内，使用温度为 5～35℃，相对湿度不超过 85％。

（2）仪器应放置在坚固平稳的工作台上，且避免日光的直接照射。

（3）仪器接地要良好，否则显示数字不稳定。

（4）为了延长光源的使用寿命，不使用仪器时，尽量不要开光源，仪器连续使用时间不应超过 3h，若需长期使用最好间歇 30min。

（5）单色器是仪器的核心部分，装在密闭的盒内，不能拆开。选择波长应平衡的转动，不要用力过猛，为防止色散原件受潮生霉，必须更换色散器盒内的干燥剂，应保持其干燥，发现干燥剂变色应立即更换或烘干后再用。

（6）吸收池：

① 取拿比色皿时，手指只能捏住比色皿的毛玻璃面，而不能接触比色皿的光学表面。

② 池内盛装的液体不能太满，试剂倒入比色皿中满 2/3 即可。若发现吸收池架内

有溶液遗留，应立即取出清洗，并用纸吸干。

③ 比色皿不能用碱溶液或氧化性强的洗涤液洗涤，也不能用毛刷清洗。比色皿外壁附着的水或溶液应用擦镜纸或细而软的吸水纸吸干，不要擦拭，以免损伤它的光学表面。

（7）当仪器停止工作时，切断电源，拔下电源插头，并罩好仪器。

任务四　原子吸收仪的使用及维护

一、仪器的基本组成和测定原理简介（主要介绍火焰原子吸收）

原子吸收分光光度计由光源、原子化系统、分光系统和检测读出系统组成。光源系统提供待测元素的特征辐射光谱，目前普遍使用的是空心阴极灯；原子化系统将样品中的待测元素转化成为自由原子，原子化系统主要分为火焰原子化和石墨炉原子化两种；分光系统将待测元素的共振线分出，商品原子吸收分光光度计普遍采用光栅单色器；检测读数系统将光信号转换成电信号进而读出吸光度值，目前普遍采用的是光电倍增管。

目前使用最普遍的仪器是单道单光束和单道双光束原子吸收分光光度计。

图 4-11 是单道单光束的火焰原子吸收仪的结构示意图。

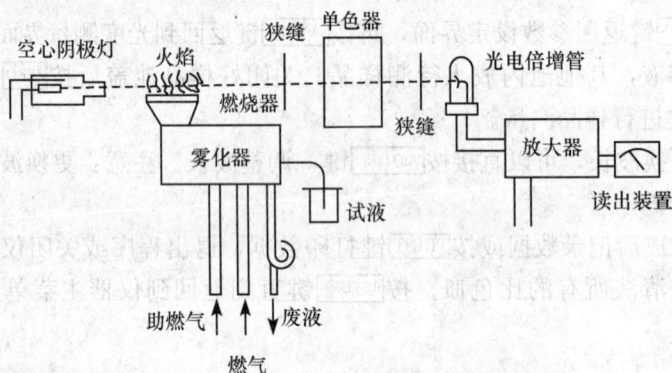

图 4-11　火焰原子吸收仪结构示意图

特征光源发射出待测元素特有波长的光辐射，被基态原子蒸汽吸收，通过测得试样中待测元素的原子蒸气对光源光辐射的吸收程度，根据在一定条件下待测元素原子的吸光度与其浓度成正比的关系，即比耳定律，求出试样中待测元素的含量。

二、原子吸收仪和使用——以 TAS-986 型火焰原子吸收分光光度计为例

1. 检查仪器连接

检查仪器各部件、各气路口是否安装正确，气密性是否良好。

2. 打开电脑

打开电脑至显示桌面，打开原子吸收主机电源，双击 AAS 色谱工作站，点"确

定"，仪器进行自检。

3. 仪器调整

根据被测元素选择、安装空心阴极灯，选择灯电流、波长、光谱带宽；调节燃烧器，对准光路。

4. 打开气瓶点燃火焰

（1）检查废液排放管是否安装妥当。

（2）开启排风装置电源开关。排风 10min 后，接通空气压缩机电源，将输出压调至 0.25MPa 左右。

（3）开启乙炔钢瓶总阀，调节乙炔钢瓶减压阀输出压为 0.05MPa。调节乙炔流量为 1500mL/min。

（4）点击点火按钮，使点火喷口喷出火焰将燃烧器点燃。点燃后应重新调节乙炔流量，选择合适的分析火焰。

5. 测量操作

（1）点火 5min 后，吸喷去离子水（或空白液），按"调零"键调零。

（2）吸喷去离子水（或空白液），再次按"调零"键调零。吸喷标准液（或试液），待能量表指针稳定后按"测量"键，3s 后显示器显示吸光度积分值，并保持 5s。为保证读数可靠，重复以上操作 3 次，取平均值。

注意：每次测量后均要吸喷去离子水（或空白液），按"调零"键调零，然后再吸喷另一试液。

6. 测量后的操作

测量完毕吸喷去离子水 5min。

7. 熄灭火焰和关机

空气-乙炔的火焰熄灭和关机　关闭乙炔钢瓶总阀使火焰熄灭，待压力表指针回到零时再旋松减压阀。关闭空气压缩机，待压力表和流量计回零时，关闭仪器总电源开关，退出 AAS 工作站，关闭计算机，最后关闭排风机开关；填写仪器使用记录。

三、原子吸收光谱仪的维护与保养

（1）开机前的检查。开机前，检查各电源插头是否接触良好。

（2）光源的维护与保养。对新购置的空心阴极灯应先进行扫描测试和登记，以方便后期使用。空心阴极灯应在最大允许电流以下使用，使用完毕后，要使灯充分冷却，然后从灯架上取下存放。当发现空心阴极灯的石英窗口有污染时，应用脱脂棉蘸无水乙醇擦拭干净。不用时不要点灯，否则会缩短灯寿命；但长期不用的元素灯需每隔 1～2 个月在额定工作电流下点燃 15～60min。光源调整机构的运动部件要定期加少量润滑油，以保持运动灵活自如。

（3）原子化器的维护与保养。每次操作完毕要立即吸喷蒸馏水数分钟，以防止雾化器和燃烧头被玷污或锈蚀。仪器不宜测定高氟浓度样品，若测定则使用后应立即用蒸馏水清洗，防止腐蚀；所用吸液聚乙烯管应保持清洁，无油污，防止弯折；发现堵塞，可用软钢丝清除。

预混室要定期用蒸馏水吸喷 5～10min 进行清洗。点火后，燃烧器的缝隙上方，应是燃烧均匀，呈带状的蓝色火焰。若火焰呈齿状，说明燃烧头缝隙上有污物可用滤纸插入缝口擦拭，必要时应卸下燃烧器，用 1∶1 乙醇丙酮清洗；如有熔珠可用金相砂纸打磨，严禁用酸浸泡。测试有机试样后应立即对燃烧器进行清洗，一般应先吸喷容易与有机样品混合的有机溶剂约 5min，再吸喷 ω_{HNO_3} 1‰的溶液 5min，并将废液排放管和废液容器倒空重新装水。

（4）单色器的维护与保养。单色器要保持干燥，要定期更换单色器内的干燥剂。严禁用手触摸和擅自调节。备用光电倍增管应轻拿轻放，严禁振动。仪器中的光电倍增管严禁强光照射，检修时要关掉负高压。

（5）气路系统的维护与保养。要定期检查气路接头和缝口是否存在漏气现象，以便及时解决。使用仪器时，若出现废液管道的水封被破坏、漏气，或燃烧器明显变宽，或助燃气与燃气流量比过大，或使用笑气-乙炔火焰时；乙炔流量小于 2000mL/min 等情况易发生"回火"现象。一旦发生"回火"，应镇定地迅速关闭燃气，然后关闭助燃气，切断仪器电源。若回火引燃了供气管道及附近物品时，应采用二氧化碳灭火器灭火。防止回火的点火操作顺序为先开助燃气，后开燃气；熄火顺序为先关燃气，待火熄灭后，再关助燃气。乙炔钢瓶严禁剧烈振动和撞击。工作时应直立，温度不宜超过 30～40℃。开启钢瓶时，阀门旋开不超过 1.5r，以防止丙酮逸出。乙炔钢瓶的输出压力应不低于 0.05MPa，否则应及时充乙炔气。要经常放掉空气压缩机气水分离器的积水，防止水进入助燃气流量计。

任务五　气相色谱仪的使用

一、仪器的基本组成和测定原理简介

气相色谱仪是由气路系统、进样系统、分离系统、检测系统、温度控制系统和数据处理系统等六大部分组成（图 4-12）。

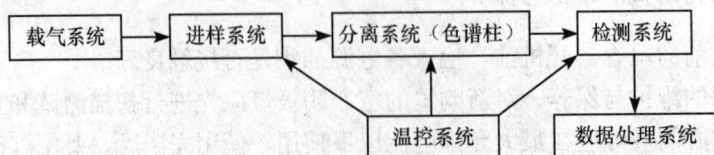

图 4-12　气相色谱仪的组成

常见的气相色谱仪有单柱单气路和双柱双气路两种类型。

单柱单气路气相色谱结构示意图如图 4-13 所示。

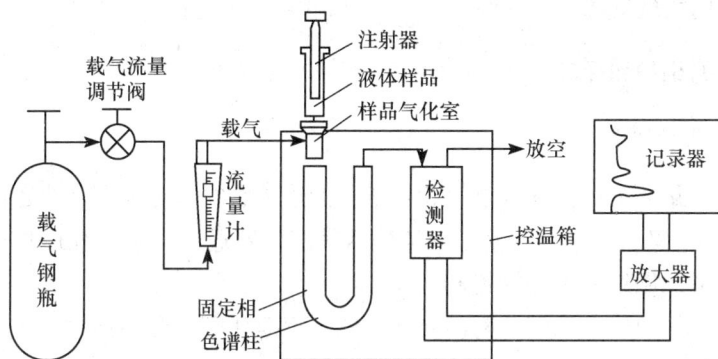

图 4-13　单柱单气路气相色谱结构示意图

气相色谱分离是利用试样中各组分在色谱柱中的气相和固定相间的分配系数不同，当气化后的试样被载气带入色谱柱中运行时，组分就在其中的两相间进行反复多次（$10^3 \sim 10^6$）的分配（吸附—脱附—放出），由于固定相对各种组分的作用力大小不同（即保存作用不同），各组分在色谱柱中的运行速度就不同，经过一定的柱长后，便彼此分离，并按作用力从小到大的顺序依次离开色谱柱进入检测器，产生的离子流信号经放大后，在记录器上描绘出各组分的色谱峰。

二、气相色谱仪的使用

气相色谱仪的品种型号繁多，但仪器的操作方法大同小异，使用时均需遵守如下规则：

（1）气相色谱仪应安置在通风良好的实验室中，对高档仪器应安装在恒温（20～25℃）空调实验室中，以保证仪器和数据处理系统的正常运行。

（2）按说明书要求安装好载气、燃气和助燃气的气源气路与气相色谱仪的连接，确保不漏气。配备与仪器功率适应的电路系统，将检测器输出信号线与数据处理系统连接好。

（3）开启仪器前，首先接通载气气路，打开稳压阀和稳流阀，调节至所需的流量。

（4）在载气气路通有载气的情况下，先打开主机总电源开关，再分别打开气化室、柱恒温箱、检测器室的电源开关，并将调温旋钮设定在预定数值。

（5）待气化室、柱恒温箱、检测器室达到设置温度后，可打开热导池检测器，调节好设定的桥电流值，调零旋钮至基线稳定后，即可进行分析。

（6）若使用氢火焰离子化检测器，应先调节燃气（氢气）和助燃气（空气）的稳压阀和针形阀，达到合适的流量后，按点火开关，使氢焰正常燃烧；调零旋钮至基线稳定后，即可进行分析。

（7）每次进样前应调整好数据处理系统，使其处于就绪状态。进样后由绘出的色谱图和打印出的各种数据来获得分析结果。

（8）分析结束后，先关闭燃气、助燃气气源，再依次关闭检测器电源；气化室、柱恒温箱、检测器室的控温电源；仪器总电源。待仪器加热部件冷至室温后，关闭仪器总电源；最后关闭载气气源。

三、气相色谱的维护和保养

1. 气路系统的维护

（1）气体管路的维护。气源至气相色谱仪的连接管线应定期用无水乙醇清洗，并用干燥 N_2 气吹扫干净。如果用无水乙醇清洗后管路仍不通，可用洗耳球加压吹洗。加压后仍无效，可考虑用细钢丝捅针疏通管路。

（2）气体自气源进入色谱柱前需要通过的干燥净化管，管中活性炭、硅胶、分子筛应定期进行更换或烘干，以保证气体的纯度。

2. 进样系统的维护

（1）气化室进样口的维护。长期使用后硅橡胶微粒会积聚造成进样口管道阻塞，或气源净化不够使进样口玷污，此时应对进样口清洗。清洗方法是：首先从进样口处拆下色谱柱，旋下散热片，清除导管和接头部件内的硅橡胶微粒（注意：接头部件千万不能碰弯），接着用丙酮和蒸馏水依次清洗导管和接头部件，并吹干。然后按拆卸的相反程序安装好，最后进行气密性检查。硅橡胶垫在几十次进样后，容易漏气，需及时更换。

（2）微量注射器的维护。使用前先用丙酮等溶剂洗净，使用后立即清洗处理以免针芯被样品中高沸点物质玷污而阻塞；切忌用重碱性溶液洗涤，以免玻璃和不锈钢零件受腐蚀而漏水漏气；不宜吸取有悬浮物质的溶液，以免卡针；针尖不能用火直接烧，以免针尖退火而失去穿戳能力。

3. 分离系统的维护

（1）新安装色谱柱使用前必须进行老化。

（2）新购买的色谱柱要在分析样品前先测试柱性能是否合格，如不合格可以退货，色谱柱使用一段时间后，柱性能可能会发生变化，当分析结果有问题时，应该用测试标样测试色谱柱，每次测试结果应保存起来作为色谱柱寿命的记录。

（3）色谱柱暂时不用时，应将其从仪器上卸下，在柱两端套上不锈钢螺帽（或者用一块硅橡胶堵上），并放在相应的柱包装盒中，以免柱头被污染。

（4）每次关机前都应将柱箱温度降到室温，然后再关电源和载气。若温度过高时切断载气，则空气（氧气）扩散进入柱管会造成固定液氧化和降解。仪器有过温保护功能时，每次新安装了色谱柱都要重新设定保护温度（超过此温度时，仪器会自动停止加热），以确保柱箱温度不超过色谱柱的最高使用温度，对色谱柱造成一定的损伤（如固定液的流失或者固定相颗粒的脱落），降低色谱柱的使用寿命。

（5）对于毛细管柱，如果使用一段时间后柱效有大幅度的降低，往往表明固定液流失太多，有时也可能只是由于一些高沸点的极性化合物的吸附而使色谱柱丧失分离能力，这时可以在高温下老化，用载气将污染物冲洗出来。若柱性能仍不能恢复，就得从仪器上卸下柱子，将柱头截去 10cm 或更长，去除掉最容易被污染的柱头后再安装测试，此时往往能恢复柱性能。如果还是不起作用，可再反复注射溶剂进行清洗，常用的溶剂依次为丙酮、甲苯、乙醇、氯仿和二氯甲烷。每次可进样 $5\sim10\mu L$，这一办法常能奏效。

4. 检测系统的维护

1）热导池检测器的维护

（1）尽量采用高纯气源；载气与样品气中应无腐蚀性物质、机械性杂质或其他污染物。

（2）载气至少通入 0.5h，保证将气路中的空气赶走后，方可通电，以防热丝元件的氧化。未通载气严禁加载桥电流。

（3）根据载气的性质，桥电流不允许超过额定值。如载气用 N_2 时，桥电流应低于 150mA；用 H_2 时，则应低于 270mA。在保证分析灵敏度的情况下，尽量使用低桥流以延长钨丝使用寿命。

（4）检测器不允许有剧烈振动。

（5）使用热导池进行高温分析时，如果停机，首先切断桥电流，等检测室温度降至 50℃以下，再关闭气源，这样可以延长热丝元件的使用寿命。

（6）当热导池使用时间长或被玷污后，必须进行清洗。

2）氢火焰离子化检测器的维护

（1）尽量采用高纯气源，空气必须经过 5A 分子筛充分的净化。

（2）在最佳的 N_2/H_2 比以及最佳空气流速的条件下使用。

（3）色谱柱必须经过严格的老化处理。

（4）离子室要注意避免外界干扰，保证使它处于屏蔽、干燥和清洁的环境中。

（5）长期使用会使喷嘴堵塞，因而造成火焰不稳、基线不准等故障，所以实际操作过程中应经常对喷嘴进行清洗。若检测器玷污不太严重时，可用如下清洗方法：将色谱柱取下，用一根管子将进样口与检测器连接起来，然后通载气将检测器恒温箱升至 120℃以上，再从进样口注入 $20\mu L$ 的蒸馏水，接着再用 $90\mu L$ 丙酮进行清洗，并在此温度下保持 $1\sim2h$，

检查基线是否平稳。若基线不理想，则可再洗一次或卸下清洗（注意！更换色谱柱，必须先切断氢气源）。

5. 温度控制系统的维护

温度控制系统每月检查一次，应严格按照仪器的说明书操作，不能随意乱动。

任务六　液相色谱仪的使用

1. 仪器的基本组成和测定原理简介

高效液相色谱分离是利用试样中各组分在色谱柱中的淋洗液和固定相间的分配系数不同，当试样随着流动相进入色谱柱中后，组分就在其中的两相间进行反复多次的分

配，由于固定相对各种组分的作用力大小不同，因此各组分在色谱柱中的运行速度就不同，经过一定的柱长后，便彼此分离，顺序离开色谱柱进入检测器，产生的离子流信号经放大后，在记录器上描绘出各组分的色谱峰（图 4-14）。

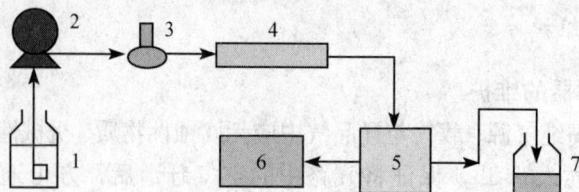

图 4-14　液相色谱流程图

1. 储液器；2. 高压输液泵；3. 进样器；4. 色谱柱；5. 检测器；6. 工作站；7. 废液瓶

高效液相色谱仪的系统由贮液器、高压输液泵、进样器、色谱柱、检测器、色谱工作站等几部分组成。贮液器中的流动相被高压泵打入系统，样品溶液经进样器进入流动相，被流动相载入色谱柱（固定相）内，由于样品溶液中的各组分在两相中具有不同的分配系数，在两相中做相对运动时，经过反复多次的吸附-解吸的分配，各组分在移动速度上产生较大的差别，被分离成单个组分依次从柱内流出，通过检测器时，样品浓度被转换成电信号传送到记录仪，数据以图谱形式打印出来。

2. HPLC 仪器的一般操作步骤

（1）根据正相还是反相色谱选择合适的流动相。

（2）对流动相进行过滤，根据需要选择不同的滤膜，一般为有机系和水系，常用滤膜的孔径为 $0.45\mu m$。

（3）对抽滤后的流动相进行超声脱气 $10\sim20min$。

（4）将带有过滤头的输液管线插入贮液器中，并确保浸没在溶剂中。

（5）打开高压输液泵电源，设定所选择的流动相的流速。一般情况下，流动相冲洗 $20\sim30min$ 后，仪器方可稳定。一般流动相的流速不要超过 $10mL/min$。压力一般不要超过 $10MPa$。

（6）打开紫外-可见光检测器电源，设定所选的波长和程序。

（7）打开智能型接口的电源。

（8）打开 HPLC 工作站（包括计算机软件和色谱仪），并设定分析方法。

（9）在泵、检测器、接口准备好的情况下，按检测器自动调零，进样，仪器自动采集数据，自动计算，并打印出分析结果。

（10）样品测试结束后，就要进行色谱仪及色谱柱的清洗和维护。用适当的溶剂清洗整个色谱系统。

（11）依次关闭检测器、接口、计算机和泵。

3. 高效液相色谱仪的维护和保养

（1）仪器的运行环境温度在 $4\sim40℃$ 之间，温度波动小于 $\pm2℃/h$（最好室内有空调设施)。

(2) 房间内相对湿度小于 80%。

(3) 仪器避免阳光直射，避免流动泵安装在能产生强磁场的仪器附近，有良好通风设施。

(4) 贮液器。保持贮液器清洁，定期清洗或更换；使用 HPLC 级溶剂；含有缓冲盐流动相一定要过滤；且应现用现配，防止微生物生长和组分改变。更换流动相应注意它们之间存在互溶性，同时也要注意存在缓冲溶液盐析出的问题。

(5) 输液泵。泵的密封圈是泵最易磨损的部件。泵的密封圈的维护保养：每天要把泵中的缓冲液冲洗干净，防止盐沉积；尽量使用 HPLC 级试剂；同时必须使用不锈钢吸液过滤头，如更换非互溶性流动相则应在更换前使用能与新旧流动相互溶的中介溶剂清洗输液泵。

(6) 进样阀。最易磨损转子密封。保养事项如下所述：

① 样品进样前要过滤。

② 停机后要用溶剂冲洗干净进样器内残留样品和缓冲盐。

③ 不要用气相色谱用的尖头针进样，使用平头进样器。

(7) 检测器。保持检测器清洁，每天与色谱柱一同清洗；用脱过气的流动相，防止空气进入检测池内；检测器灯有一定寿命，不用时不要打开灯，但也不能够经常开关灯。

(8) 色谱柱

① 在流路过滤器和分析柱之间加一"保护柱"，防止样品中的化学"垃圾"污染和堵塞分析柱。

② 流动相流速可一次改变过大，以免色谱柱受突然变化的高压冲击，使柱床产生空隙。

③ 色谱柱应在要求的 pH 范围内使用。

④ 应使用不损坏柱子的流动相，使用缓冲溶液时，盐浓度不要过高，在工作结束时后要及时用纯水冲洗柱子，不可过夜。

⑤ 每次工作结束后，应用强溶剂(乙腈或甲醇)冲洗柱子，柱子不用或贮存时，应封闭贮存在惰性溶剂中。

⑥ 使用过程中注意轻拿轻放。

项目练习题

1. 选择题

(1) 氢气通常灌装在 (　　) 颜色的钢瓶中。

A. 白色　　　　　B. 黑色　　　　　C. 深绿色　　　　　D. 天蓝色

(2) 气体钢瓶的存放要远离明火至少 (　　) 以上。

A. 3m　　　　　B. 5m　　　　　C. 10m　　　　　D. 20m

(3) 每个气体钢瓶的肩部都印有钢瓶厂的钢印标记，刻钢印的位置一律以 (　　)。

A. 白漆　　　　　　B. 黄漆　　　　　　C. 红漆　　　　　　D. 蓝漆

（4）钢瓶使用后，剩余的残压一般为（　　）。

A. 1atm　　　　　　B. 不小于 1atm　　C. 10atm　　　　　D. 不小于 10atm

（5）关闭原子吸收光谱仪的先后顺序是（　　）。

A. 关闭排风装置，关闭乙炔钢瓶总阀，关闭助燃气开关，关闭气路电源总开关，
　　关闭空气压缩机并释放剩余气体

B. 关闭空气压缩机并释放剩余气体，关闭乙炔钢瓶总阀，关闭助燃气开关，关闭
　　气路电源总开关，关闭排风装置

C. 关闭乙炔钢瓶总阀，关闭助燃气开关，关闭气路电源总开关，关闭空气压缩机
　　并释放剩余气体，关闭排风装置

D. 关闭乙炔钢瓶总阀，关闭助燃气开关，关闭气路电源总开关，关闭空气压缩机
　　并释放剩余气体，关闭排风装置

（6）原子吸收分光光度计的核心部分是（　　）。

A. 光源　　　　　　B. 原子化器　　　　C. 分光系统　　　　D. 检测系统

（7）使用 721 型分光光度计时仪器在 100％处经常漂移的原因是（　　）。

A. 保险丝断了　　　　　　　　　　　　B. 电流表动线圈不通电

C. 稳压电源输出导线断了　　　　　　　D. 电源不稳定

（8）可见-紫外分光度法的适合检测波长范围是（　　）。

A. 400～760nm　　B. 200～400nm　　C. 200～760nm　　D. 200～1000nm

（9）分光光度法的吸光度与（　　）无关。

A. 入射光的波长　　B. 液层的高度　　C. 液层的厚度　　D. 溶液的浓度

（10）在分光光度法中，宜选用的吸光度读数范围（　　）。

A. 0～0.2　　　　　B. 0.1～∞　　　　C. 1～2　　　　　D. 0.2～0.8

（11）在分光光度法中，应用光的吸收定律进行定量分析，应采用的入射光为
（　　）。

A. 白光　　　　　　B. 单色光　　　　　C. 可见光　　　　　D. 复合光

（12）紫外光检验波长准确度的方法用（　　）吸收曲线来检查

A. 甲苯蒸气　　　　B. 苯蒸气　　　　　C. 镨铷滤光片　　　D. 以上三种

（13）原子吸收分光光度法是基于从光源辐射出的待测元素的特征谱线光通过样品
蒸气时，被蒸气中待测元素的（　　）所吸收。

A. 原子　　　　　　B. 基态原子　　　　C. 激发态原子　　　D. 分子

（14）玻璃电极在使用前一定要在水中浸泡几小时，目的在于（　　）。

A. 清洗电极　　　　B. 活化电极　　　　C. 校正电极　　　　D. 检查电极好坏

（15）实验室用酸度计结构一般由（　　）组成。

A. 电极系统和高阻抗毫伏计　　　　　　B. pH 玻璃电和饱和甘汞电极

C. 显示器和高阻抗毫伏计　　　　　　　D. 显示器和电极系统

（16）K_{ij} 称为电极的选择性系数，通常 K_{ij} 越小，说明（　　）。

A. 电极的选择性越高　　　　　　　　　B. 电极的选择性越低

C. 与电极选择性无关   D. 分情况而定

(17) 在一定条件下，电极电位恒定的电极称为（　　）。

A. 指示电极   B. 参比电极   C. 膜电极   D. 惰性电极

(18) 下面说法正确的是（　　）。

A. 用玻璃电极测定溶液的 pH 时，它会受溶液中氧化剂或还原剂的影响

B. 在用玻璃电极测定 pH>9 的溶液时，它对钠离子和其他碱金属离子没有响应

C. pH 玻璃电极有内参比电极，因此整个玻璃电极的电位应是内参比电极电位和膜电位之和

D. 以上说法都不正确

(19) 膜电极（离子选择性电极）与金属电极的区别（　　）。

A. 膜电极的薄膜并不给出或得到电子，而是选择性地让一些电子渗透

B. 膜电极的薄膜并不给出或得到电子，而是选择性地让一些分子渗透

C. 膜电极的薄膜并不给出或得到电子，而是选择性地让一些原子渗透

D. 膜电极的薄膜并不给出或得到电子，而是选择性地让一些离子渗透（包含着离子交换过程）

(20) 气相色谱分析样品中各组分的分离是基于（　　）的不同。

A. 保留时间   B. 分离度   C. 容量因子   D. 分配系数

(21) 气液色谱中选择固定液的原则是（　　）。

A. 相似相溶   B. 极性相同   C. 官能团相同   D. 活性相同

(22) 高效液相色谱流动相脱气稍差造成（　　）。

A. 分离不好，噪声增加   B. 保留时间改变，灵敏度下降

C. 保留时间改变，噪声增加   D. 基线噪声增大，灵敏度下降

(23) 在气相色谱分析中，试样的出峰顺序由（　　）决定。

A. 记录仪   B. 检测系统   C. 分离系统   D. 进样系统

(24) 下列气相色谱操作条件中，正确的是（　　）。

A. 载气的热导系数尽可能与被测组分的热导系数接近

B. 使最难分离的物质在能很好分离的前提下，尽可能采用较低的柱温

C. 实际选择载气流速时，一般低于最佳流速

D. 检测室温度应低于柱温，而汽化温度越高越好

(25) 液相色谱中通用型检测器是（　　）。

A. 紫外吸收检测器   B. 示差折光检测器

C. 热导池检测器   D. 氢焰检测器

(26) pHS-2 型酸度计是由（　　）电极组成的工作电池。

A. 甘汞电极-玻璃电极   B. 银-氯化银-玻璃电极

C. 甘汞电极-银-氯化银   D. 甘汞电极-单晶膜电极

(27) 用酸度计以浓度直读法测试液的 pH，先用与试液 pH 相近的标准溶液（　　）。

A. 调零   B. 消除干扰离子   C. 定位   D. 减免迟滞效应

(28) 液相色谱流动相过滤必须使用何种粒径的过滤膜（　　）。

A. 0.5μm B. 0.45μm C. 0.6μm D. 0.55μm

（29）气相色谱仪气化室的气化温度比柱温高（　　　）℃。

A. 10～30 B. 30～70 C. 50～100 D. 100～150

2. 判断题

（1）（　　　）气体钢瓶按气体的化学性质可分为可燃气体、助燃气体、不燃气体、惰性气体。

（2）（　　　）装乙炔气体的钢瓶其减压阀的螺纹是右旋的。

（3）（　　　）高压气瓶外壳不同颜色代表灌装不同气体，氧气钢瓶的颜色为深绿色，氢气钢瓶的颜色为天蓝色，乙炔气的钢瓶颜色为白色，氮气钢瓶颜色为黑色。

（4）（　　　）不同的气体钢瓶应配专用的减压阀，为防止气瓶充气时装错发生爆炸，可燃气体钢瓶的螺纹是正扣（右旋）的，非可燃气体则为反扣（左旋）。

（5）（　　　）原子吸收分光光度计的光源是连续光源。

（6）（　　　）因高压氢气钢瓶需避免日晒，所以最好放在楼道或实验室里。

（7）（　　　）压缩气体钢瓶应避免日光或远离热源。

（8）（　　　）为防止发生意外，气体钢瓶重新充气前瓶内残余气体应尽可能用尽。

（9）（　　　）打开钢瓶总阀之前应将减压阀 T 形阀杆旋紧以免损坏减压阀。

（10）（　　　）气体钢瓶应放置于阴凉、通风、远离热源的地方，开启气体钢瓶时，人应站在出气口的对面。

（11）（　　　）对于高压气体钢瓶的存放，只要求存放环境阴凉、干燥即可。

（12）（　　　）修理后的酸度计，须经检定，并对照国家标准计量局颁布的《酸度计检定规程》技术标准合格后方可使用。

（13）（　　　）pH 玻璃电极是一种测定溶液酸度的膜电极。

（14）（　　　）酸度计的电极包括参比电极和指示电极，参比电极一般常用玻璃电极。

（15）（　　　）实验室用酸度计和离子计型号很多，但一般均由电极系统和高阻抗毫伏计、待测溶液组成原电池、数字显示器等部分构成的。

（16）（　　　）有色溶液不可以用酸度计测定 pH。

（17）（　　　）玻璃电极上有油污时，可用无水乙醇、铬酸洗液或浓硫酸浸泡、洗涤。

（18）（　　　）用酸度计测 pH 时定位器能调 pH6.86，但不能调 pH4.00 的原因是电极失效。

（19）（　　　）更换玻璃电极即能排除酸度计的零点调不到的故障。

（20）（　　　）玻璃电极测定 pH<1 的溶液时，pH 读数偏高；测定 pH>10 的溶液pH 偏低。

（21）（　　　）可见分光光度计检验波长准确度是采用苯蒸气的吸收光谱曲线检查。

（22）（　　　）原子吸收光谱仪中常见的光源是空心阴极灯。

（23）（　　　）FID 检测器对所有化合物均有响应，属于通用型检测器。

（24）（　　　）FID 检测器是典型的非破坏型质量型检测器。

　　(25)（　　）气相色谱检测器中氢火焰检测器对所有物质都产生响应信号。

　　(26)（　　）热导检测器的桥电流高，灵敏度也高，因此尽可能使用较高的桥电流。

　　(27)（　　）高效液相色谱仪的工作流程同气相色谱仪完全一样。

　　(28)（　　）气相色谱分析结束后，先关闭高压气瓶和载气稳压阀，再关闭总电源。

　　(29)（　　）在液相色谱中，试样只要目视无颗粒即不必过滤和脱气。

答案

1. 选择题

（1）C　（2）C　（3）A　（4）D　（5）C　（6）B　（7）D　（8）C　（9）B
（10）D　（11）B　（12）B　（13）B　（14）B　（15）A　（16）A　（17）B
（18）C　（19）D　（20）D　（21）A　（22）D　（23）C　（24）B　（25）B
（26）B　（27）C　（28）B　（29）B

2. 判断题

（1）√　（2）×　（3）×　（4）×　（5）×　（6）×　（7）√　（8）×　（9）√
（10）×　（11）×　（12）×　（13）√　（14）×　（15）×　（16）×　（17）×
（18）√　（19）×　（20）√　（21）×　（22）√　（23）×　（24）×　（25）×
（26）×　（27）×　（28）×　（29）×

模块五　仪器分析实训

项目一　电化学分析法

实训一　电位法测量水溶液中的 pH

1. 实训目的

（1）掌握用玻璃电极测量溶液 pH 的基本原理和测量技术。

（2）学会怎样测定玻璃电极的响应斜率，进一步加深对玻璃电极响应特性的了解。

2. 实训原理

以玻璃电极作指示电极，饱和甘汞电极作参比电极，用电位法测量溶液的 pH，组成测量电池的图解表示式为

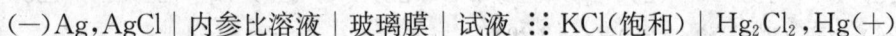

（－）$Ag, AgCl \mid$ 内参比溶液 $\mid$ 玻璃膜 $\mid$ 试液 $\colon\colon KCl(饱和) \mid Hg_2Cl_2, Hg$（＋）

电池的电动势等于各相界电位的代数和。即

$$E_{电池} = E_{SCE} - E_{膜} - E_{Ag, AgCl} + E_j$$

当测量体系确定后，式中 $E_{电池}$、$E_{Ag, AgCl}$ 及液接电位 E_j 均为常数，而

$$E_{膜} = k + \frac{RT}{nF}\ln a_H$$

合并常数项，电动势可表示为

$$E_{电池} = (E_{SCE} - E_{Ag, AgCl} - k + E_j) - \frac{RT}{nF}\ln a_H$$

$$= K - \frac{RT}{nF}\ln a_H$$

$$= K + 0.059\text{pH}$$

其中 0.059 为玻璃电极在 25℃ 的理论响应斜率。

由于玻璃电极常数项，或说电池的"常数"电位值无法准确确定，故实际中测量 pH 的方法是采用相对方法。即选用 pH 已经确定的标准缓冲溶液进行比较而得到欲测溶液的 pH。为此，pH 通常被定义为其溶液所测电动势与标准溶液的电动势差有关的函数，其关系式是：

$$\text{pH}_x = \text{pH}_s + \frac{(E_x - E_s)F}{RT\ln 10} \tag{5-1}$$

式中：pH_x 和 pH_s——欲测溶液和标准溶液的 pH；

E_x 和 E_s——其相应电动势。该式常称为 pH 的实用定义。

测定 pH 用的仪器-pH 电位计是按上述原理设计制成的。例如在 25℃时，pH 计设计为单位 pH 变化 58mV。若玻璃电极在实际测量中响应斜率不符合 59mV 的理论值，这时仍用一个标准 pH 缓冲溶液校准 pH 计，就会因电极响应斜率与仪器不一致引入测量误差。为了提高测量的准确度，需用双标准 pH 缓冲溶液法将 pH 计的单位 pH 的电位变化与电极的电位变化校定一致。

当用双标准 pH 缓冲溶液法时，电位计的单位 pH 变化率 S 可定义为

$$S = \frac{E_{s,2} - E_{s,1}}{pH_{s,1} - pH_{s,2}} \qquad (5\text{-}2)$$

式中 $pH_{s,1}$ 和 $pH_{s,2}$ 分别为标准 pH 缓冲溶液 1 和 2 的 pH，$E_{s,1}$ 和 $E_{s,2}$ 分别为其电动势。代入式（5-1），得

$$pH_x = pH_s + \frac{E_x - E_s}{S}$$

从而消除了电极响应斜率与仪器原设计值不一致引入的误差。

显然，标准缓冲溶液的 pH 是否准确可靠，是准确测量 pH 的关键。目前，我国所建立的 pH 标准溶液体系有 7 个缓冲溶液，它们在 0～95℃的标准 pH 可查阅相关文献。

3. 仪器与试剂

（1）pH/mV 计。

（2）玻璃电极，饱和甘汞电极。

（3）邻苯二甲酸氢钾标准 pH 缓冲溶液（25℃，4.01）。

（4）磷酸氢二钠与磷酸二氢钾标准 pH 缓冲溶液（25℃，6.86）。

（5）硼砂标准 pH 缓冲溶液（25℃，9.18）。

（6）未知 pH 试样溶液（至少 3 个，选 pH 分别在 3，6，9 左右为好）。

4. 实训内容及操作步骤

1）测定玻璃电极的实际响应斜率

（1）小心地在 pH 电位计上装好玻璃电极和甘汞电极。

（2）选用仪器的"mV"挡，用蒸馏水冲洗电极，并用滤纸轻轻地将附着在电极上的水吸去。然后，小心插电极在试液中，注意切勿与杯底杯壁相碰。

（3）按下测量按钮，待电位值显示稳定时，读取"mV"数值，记录在数据记录表中。松开测量按钮，从试液中提起电极，用滤纸吸去电极上残留试液，再按（2）冲洗电极。

（4）至少按上述步骤测量 3 种不同 pH 的标准缓冲溶液，用做图法求出电极的响应斜率；

（5）同上述步骤测量另一支玻璃电极的响应"mV"值。

2）单标准 pH 缓冲溶液法测量溶液 pH

这种方法适合一般要求，即待测溶液的 pH 与标准缓冲溶液的 pH 之差小于 3 个

pH 单位。

(1) 选用仪器"pH"挡，将清洗干净的电极浸入欲测标准 pH 缓冲溶液中，按下测量按钮，转动定位调节旋钮，使仪器显示的 pH 稳定在该标准缓冲溶液 pH。

(2) 松开测量按钮，取出电极，用蒸馏水冲洗几次，小心用滤纸吸干电极上溶液。

(3) 将电极置于欲测试液中，按下测量按钮，读取稳定 pH，记录。松开测量按钮，取出电极，按（2）清洗，继续下个样品溶液测量。测量完毕，清洗电极，并将玻璃电极浸泡在蒸馏水中。

3）双标准 pH 缓冲溶液法测量溶液 pH

为了获得高精确度的 pH，通常用两个标准 pH 缓冲溶液进行定位校正仪器，并且要求未知溶液的 pH 尽可能落在这两个标准溶液的 pH 之间。

(1) 按单标准 pH 缓冲溶液方法步骤（1）、（2），选择两个标准缓冲溶液，用其中一个对仪器定位。

(2) 将电极置于另一个标准缓冲溶液中，调节斜率旋钮，使仪器显示的 pH 读数至该标准缓冲溶液的 pH。

(3) 松开测量按钮，取出电极，冲洗，滤纸吸干后，再放入第一次测量的标准缓冲溶液中，按下测量按钮，其读数与该试液的 pH 相差至多不超过 0.05pH 单位，表明仪器和玻璃电极的响应特性均良好。往往要反复测量、反复调节几次，才能使测量系统达到最佳状态；

(4) 当测量系统调定后，将洗干净的电极置于欲测试样溶液中，按下测量按钮，读取稳定 pH，记录。松开测量按钮，取出电极，冲洗净后，将玻璃电极浸泡在蒸馏水中。

5. 数据记录及结果计算

列表记录两种方法测量的试样溶液 pH 结果。

6. 评价标准

(1) 达到的专项能力目标：必须掌握 pH 计的使用方法；掌握电极的检查及安装操作；具备根据不同测定对象选择适合的 pH 缓冲溶液的能力；具备比较法准确测定溶液的 pH 的能力。

(2) 2h 内完成仪器的调试、溶液的准备及各溶液电极电位的测量工作。

7. 注意事项

(1) 玻璃电极的敏感膜非常薄，易于破碎损坏，因此，使用时应该注意勿与硬物碰撞，电极上所黏附的水分，只能用滤纸轻轻吸干，不得擦拭。

(2) 不能用于含有氟离子的溶液，也不能用浓硫酸洗液、浓酒精来洗涤电极，否则会使电极表面脱水，而失去功能。

(3) 测量极稀的酸或碱溶液（小于 0.01mol/L）的 pH 时，为了保证电位计稳定工作，需要加入惰性电解质（如 KCl），提供足够的导电能力。

（4）如果需要测量精确度高的 pH，为避免空气中 CO_2 的影响，尤其测量碱性溶液 pH，要使暴露于空气中的时间尽量短，读数要尽可能的快。

（5）玻璃电极经长期使用后，会逐渐降低及失去氢电极的功能，称为"老化"。当电极响应斜率低于 52mV/pH 时，就不宜再使用。

（6）新电极或长久不用的电极在使用前先放入蒸馏水浸泡活化 24h。

（7）测定前如发现电极内部与球泡之间有气泡，应将电极向下轻轻甩动，以消除敏感球泡内的气泡，否则将影响测量精度。测定 pH 时，电极的玻璃球泡应全部浸入溶液中。

（8）电极表面受污染时，需进行处理。如果附着无机盐结垢，可用温稀盐酸溶解；对钙、镁等难溶性结垢，可用 EDTA 二钠盐溶液溶解；沾有油污时，可用丙酮清洗。电极按上述方法处理后，应在蒸馏水中浸泡 24h 后再使用。注意：忌用无水乙醇，脱水性洗涤剂处理电极。

8. 实训思考

（1）在测量溶液 pH 时，为什么 pH 计要用标准 pH 缓冲溶液进行定位？

（2）使用玻璃电极测量溶液 pH 时，应匹配何种类型的电位计？

（3）为什么用单标准 pH 缓冲溶液方法测量 pH 时，应尽量选用 pH 与它相近的标准缓冲溶液来校正 pH 计？

实训二　氟离子选择性电极测定降水中的氟

1. 实训目的

（1）掌握离子选择电极的工作原理

（2）了解总离子强度调解缓冲液的意义和作用。

（3）掌握用标准曲线法和标准加入法测定降水中微量 F^- 的方法和实训操作。

2. 实训原理

降水中阴离子包括 F^-、Cl^-、NO_3^- 和 SO_4^{2-}，F^- 的含量是反映局部地区氟污染的指标，其测定方法有离子选择电极法、离子色谱法和新氟试剂分光光度法等，本方法采用离子选择电极法。

以饱和甘汞电极为参比电极，氟离子选择电极为指示电极，测定含氟量不同水样的电位，当测量温度在 25℃，溶液总离子强度及溶液临界电位等条件一定时，测得的电位遵从能斯特方程式，即当 $-\lg[F^-]$ 改变一个单位时，其电位变化为 59.2mV，用公式为

$$E = K' - 0.0592\lg[F^-]$$

式中：E——测得的电位；

$\quad\quad K'$——常数；

　　[F⁻]——氟离子浓度。

　　氟离子浓度在 $10^{-4} \sim 10^{-1}$ mol/L 范围内，E 与 $-\lg[F^-]$ 呈线性关系，可用标准曲线法进行测定。

　　凡能与氟离子生成稳定配合物或难溶沉淀元素，如 Al、Zn、Tn、Ca、Mg 等，干扰氟离子的测定，通常用柠檬酸、EDTA、磺基水杨酸、磷酸盐等掩蔽剂掩蔽。在酸性溶液中，由于氢离子与部分氟离子生成 HF，会降低氟离子浓度；在碱性溶液中，由于 LaF₃ 薄膜与 OH⁻ 离子产生交换作用，使溶液中氟离子浓度增加，因此氟离子选择电极最宜于在 pH 为 5.5～6.0 范围测定。

　　3. 仪器与试剂

　　(1) pHS-3C 数字式 pH 计。

　　(2) 磁力搅拌器。

　　(3) 氟离子选择性电极。

　　(4) 饱和甘汞电极。

　　(5) 氟标准贮备液。称取 0.01105g 分析纯氟化钠（于 500～600℃ 干燥 40～50min，干燥器内冷却），用去离子水溶解，转入 500mL 容量瓶中，稀释至标线，此溶液每毫升含 100μg 氟，即氟离子浓度为 10.0mg/L。

　　(6) 总离子强度调节缓冲液（TISAB 溶液）：称取 58.8g 二水合柠檬酸钠和 85g 硝酸钠，加水溶解，以（1+1）盐酸调节 pH 至 5.5～6.0（试纸检验），转入 1000mL 容量瓶中，用水稀释至标线，此溶液浓度为 0.2mol/L 柠檬酸钠－1mol/L 硝酸钠。

　　4. 实训内容及操作步骤

　　(1) 仪器校准。插上电源插头，按下电源按键，指示灯亮，将选择开关置于"mV"挡，预热 0.5h 左右。

　　(2) 清洗氟离子选择性电极：氟离子电极和饱和甘汞电极连接于酸度计后，将其插于盛有蒸馏水的小烧杯中，电磁搅拌洗涤至氟离子电极空白电位为止。

　　(3) 绘制标准曲线。

　　① 分别取含氟离子为 10.0mg/L 的标准溶液 1.00mL、2.50mL、5.00mL、10.00mL、25.00mL 于一系列 50mL 容量瓶中，分别加入总离子强度调节缓冲溶液 10mL，用去离子水稀释至标线，相应浓度分别为 0.20、0.50、1.00、2.00、5.00mg/L 氟。摇匀，转入干燥的 50mL 烧杯中。

　　② 将电极插入溶液中，开动电磁搅拌器，避免氟电极的 LaF₃ 单晶薄膜周围进入空气而引进错误的读数或指针变动。在每一次测量前，都要用水冲洗电极，并用滤纸吸干，并要求从低浓度到高浓度依次转入烧杯中进行测量。

　　③ 在坐标纸上，以 E（mV）为纵坐标，以 $\lg c_{F^-}$ 为横坐标做图，得 E-$\lg c_{F^-}$ 标准曲线。

　　④ 样品的测定：分别取 2 份 25.00mL 水样于 2 个 50mL 容量瓶中，加入 10.0mL TISAB 溶液，用去离子水稀释至标线，并混合均匀，然后转入干燥的 50mL 烧杯中，

按绘制曲线的步骤操作，读取 mV 数值，并在标准曲线上查得相应的浓度。

⑤ 标准加入法步骤：在上述测量的水样中，分别准确加入 0.50mL 浓度为 1.5×10^{-3} mol/L 的氟标准溶液，搅拌均匀后测量，得 E_6'、E_7' 按标准加入法公式计算出水样中 F^- 的含量（mg/mL）。

5. 数据记录及结果计算

在坐标纸上绘制 F^- 的标准加入法工作曲线，并用外推法求得降水试样中 F^- 的含量。

6. 注意事项

（1）标准曲线与样品在同一温度下测定，可消除温度差造成的影响。

（2）要消除电极表面的气泡。

（3）氟电极使用前，需在纯水中浸泡 48h 以上，连续使用时间间隙可浸泡在水中，长期不用则风干后保存。

（4）电位平衡时间随 F^- 浓度的降低而延长，而在同一数量级内测定水样，一般在几分钟内达到平衡，在测定中以平衡电位在 2min 内无明显变化时读数。

7. 评价标准

（1）达到的专项能力目标：必须具备用标准曲线法和标准加入法测定物质含量的能力，具备配制总离子强度缓冲液的能力，能正确使用电位分析仪测定物质含量，达到国家标准规定的要求。

（2）4h 内完成仪器调试，配制被测组分标准溶液，分别测定电极电位值，通过做图计算求出被测组分含量。

8. 实训思考

（1）工作曲线法和标准加入法，各有何优点？

（2）用离子选择性电极测定溶液中的离子浓度时，为什么要用 TISAB 控制溶液的离子强度？

实训三　电位滴定法测定碘离子和氯离子

1. 实训目的

（1）用电位滴定法测定氯离子和碘离子的含量。

（2）掌握电位滴定法终点的确定方法和实训技术。

2. 实训原理

电位滴定法利用电极电位的"突跃"指示滴定终点。电位滴定终点的确定，不必知道终点电位的确定值。只要测得电位值的变化，就可通过作图法确定滴定终点。

氯化银、碘化银的溶度积分别为

AgCl：$K_{sp}=1\times10^{-10}$　　AgI：$K_{sp}=1\times10^{-16}$

用硝酸银滴定含氯离子和碘离子的试液时，先生成碘化银沉淀，当碘化银沉淀完全后，开始生成氯化银沉淀。

本实训以硝酸银为滴定剂，基于银离子与碘离子和氯离子分步沉淀原理进行测定。以银-氯化银电极为指示电极，玻璃电极为参比电极，通过测量滴定过程中电位的变化，测定待测溶液中碘离子和氯离子的浓度。

滴定过程中，溶液 pH 不发生变化，pH 玻璃电极可作为参比电极。滴定过程中，有 2 个电位"突跃"。每次滴定下 1.0mL，读数一次，当在终点附近的量，电位值变化较大时，每次可滴下 0.10mL，读数一次。

3. 仪器与试剂

（1）高输入阻抗电位计（或 pH 计，或离子计，或 ZD-2 型自动电位滴定仪），银-氯化银电极；pH 玻璃电极。

（2）200mL 烧杯；10mL 移液管。

（3）0.10mol/L AgNO$_3$ 标准溶液：准确称取 110℃ 干燥的 AgNO$_3$（优级纯）8.6g 于 500mL 烧杯中，用约 200mL 不含 Cl$^-$ 的蒸馏水溶解，转入 500mL 容量瓶中，再用不含 Cl$^-$ 的蒸馏水定容。计算其浓度。配制的溶液装入棕色瓶中暗处保存。电位滴定时，稀释成 0.050mol/L AgNO$_3$ 标准溶液。

含氯离子和碘离子的试液（各含约 0.01mol/L）。

4. 实训内容及操作步骤

移取 10.00mL 含氯离子和碘离子的试液于 200mL 烧杯中，放入搅拌子，加入 80mL 蒸馏水，将电极浸入试液中，以银-氯化银电极为指示电极，pH 玻璃电极为参比电极（也可使用外套管内装 1mol/L KNO$_3$ 溶液的双盐桥电极或用内含 1mol/L KNO$_3$ 溶液的盐桥连接的饱和甘汞电极），用 0.050mol/L AgNO$_3$ 标准溶液进行滴定，大概估计滴定终点。记录消耗 AgNO$_3$ 标准溶液的体积和电位测定值。平行测定 3 次。

5. 数据记录及结果计算

（1）以消耗 AgNO$_3$ 标准溶液的体积（V）为横坐标，以测得的电位（E）为纵坐标，绘制 E-V 曲线，确定终点体积。

（2）计算试液中氯离子和碘离子的浓度和测定结果的相对平均偏差。

6. 注意事项

（1）实训开始前，一定要将管路用标准溶液润洗。

（2）滴定过程中要充分搅拌。

（3）每次换溶液时，都必须用蒸馏水冲洗电极数次，并用吸水纸轻轻吸干。

7. 评价标准

（1）达到的专项能力目标：必须具备用电位滴定法测定卤离子含量的能力。通过使用电位滴定仪，测定有色物中卤素离子含量的能力。

（2）4h 内完成仪器调试，配制相关标准溶液，分别测定电极电位，以电极电位为纵坐标，以滴定体积为横坐标，绘制 E-V 曲线，通过做图求出被测组分含量。

8. 思考题

（1）银电极、银离子选择电极或氯离子选择电极可否用作指示电极？为什么？

（2）pH 玻璃电极为什么可用做参比电极？

（3）用本实训的方法可否连续测定氯离子、溴离子和碘离子？

实训四　蒸馏水和自来水电导的测定

1. 实训目的

（1）掌握数字电导率仪的使用方法。

（2）掌握电导率或电导的测定方法。

2. 实训原理

测定水质纯度的方法常用的主要有两种：一种是化学分析法；一种是电导法。化学分析法能够比较准确地测定水中各种不同杂质的成分和含量，但分析过程复杂费时，操作烦琐。

水的电导率反映了水中无机盐的总量，是水质纯度检验的一项重要指标。水的电导率越小（或电阻率越大），表示水的纯度越高。纯水的理论电导率为 $0.055\mu S/cm$，离子交换水的电导率为 $0.1\sim1\mu S/cm$，普通蒸馏水的电导率为 $3\sim5\mu S/cm$，自来水的电导率约为 $500\mu S/cm$。通常，电导率在 $1\mu S/cm$ 以下的纯水即可一般分析的需要。对于要求更高的分析，水的电导率应更低。但是应注意，对于水中的细菌、悬浮物等非导电性物质和非离子状态的杂质对水质纯度的影响不能检测。

测定溶液的电导实际上是测定它的电阻。测量电阻的经典方法是惠斯登电桥法，现在直接使用电导率仪，如国产 DDS-11A 型电导率仪，操作简便。测量时，使用铂黑电导电极，灵敏度较高，也可使用光亮电导电极。

$$电导池常数\ k_{cell} = k/G$$

式中：k——电导率，$\mu S/cm$；

　　　G——电导，Ω^{-1}。

3. 仪器与试剂

DDS-11A 型电导率仪，铂黑电导电极，电导池，恒温水槽。

0.02000mol/L KCl 溶液，蒸馏水，自来水。

4. 实训内容及操作步骤

1）电导池常数的测定

（1）接通电导率仪电源，将铂黑电导电极用去离子水洗净并用滤纸片吸干。预热恒温水槽，并调节好恒温水浴温度 25℃。在使用电导率仪前需要先调零，然后才能进行测定。

（2）将洗净的电导池，用去离子水洗涤 2~3 次，再用 0.02000mol/L KCl 溶液洗涤 2 次，再用 0.02000mol/L KCl 溶液洗涤一次，把废液倒入废液瓶中。

（3）将待测的 KCl 溶液倒入插到有电极的电导池中，以能淹没电极为宜。置电导池于 25℃ 的恒温水槽中，将电极导线接到电导仪上，待电导池内的温度与恒温水槽的温度平衡后（约 10min），即可进行测量 KCl 溶液的电导率。

2）水质纯度的测定

用待测水样洗涤电导池，分别测量蒸馏水，自来水的电导率。注意读数时一般让指针处于表的中间位置误差较小，若表指针偏转太小或太大可通过换挡调节。

5. 注意事项

（1）仪器应保持干燥，防止潮气，腐蚀性气体进入仪器内部，注意电极插头，插孔及连线不要弄湿。

（2）电极插头插入后应保持良好接触。

（3）电极使用完毕后应清洗干净，无离子玷污。在测量高纯水时，应迅速测量，因为空气中的二氧化碳将很快溶入水中，影响测量结果。

6. 评价标准

达到的专项能力目标：必须具备正确选择不同电导电极测定溶液电导率的能力。

7. 问题讨论

（1）新制备的蒸馏水放入电导池后，为什么要立即测定？

（2）用蒸馏法和离子交换法制得的纯水各有何优点？说明如何制备高纯水？

项目练习题

1. 选择题

（1）在直接电位法分析中，指示电极的电极电位与被测离子活度的关系为（　　　）。

A. 与其对数成正比　　　　　　　　　B. 与其成正比

C. 与其对数成反比　　　　　　　　　D. 符合能斯特方程式

（2）氟化镧单晶氟离子选择电极膜电位的产生是由于（　　　）。

A. 氟离子在膜表面的氧化层传递电子

B. 氟离子进入晶体膜表面的晶格缺陷而形成双电层结构

C. 氟离子在膜表面进行离子交换和扩散而形成双电层结构

D. 氟离子穿越膜而使膜内外溶液产生浓度差而形成双电层结构

（3）产生 pH 玻璃电极不对称电位的主要原因是（　　　）。

A. 玻璃膜内外表面的结构与特性差异

B. 玻璃膜内外溶液中 H^+ 浓度不同

C. 玻璃膜内外参比电极不同

D. 玻璃膜内外溶液中 H^+ 活度不同

（4）单点定位法测定溶液 pH 时，用标准 pH 缓冲溶液校正 pH 玻璃电极的主要目的是（　　　）。

A. 为了校正电极的不对称电位和液接电位

B. 为了校正电极的不对称电位

C. 为了校正液接电位

D. 为了校正温度的影响

（5）当 pH 玻璃电极测量超出使用的 pH 范围的溶液时，测量值将发生"酸差"和"碱差"。"酸差"和"碱差"使得测量 pH 将是（　　　）。

A. 偏高和偏高　　　　B. 偏低和偏低　　　　C. 偏高和偏低　　　　D. 偏低和偏高

（6）严格来说，根据能斯特方程电极电位与溶液中（　　　）呈线性关系。

A. 银离子的总浓度　　　　　　　　　　B. 银离子游离的活度

C. 银离子游离的活度　　　　　　　　　D. 银离子游离的活度

（7）实验用水电导率的测定要注意避免空气中的（　　　）溶于水，使水的电导率（　　　）。

A. 氧气，减小　　　　　　　　　　　　B. 二氧化碳，增大

C. 氧气，增大　　　　　　　　　　　　D. 二氧化碳，减小

（8）电位分析法中由一个指示电极和一个参比电极与试液组成（　　　）。

A. 滴定池　　　　　B. 电解池　　　　　C. 原电池　　　　　D. 电导池

（9）在电导分析中使用纯度较高的蒸馏水是为消除（　　　）对测定的影响。

A. 电极极化　　　　B. 电容　　　　　C. 温度　　　　　D. 杂质

（10）实验室纯水分三个等级，二级水的电导率（25℃时，$\mu S/cm$）应（　　　）。

A. ≤0.1　　　　　B. ≤1.0　　　　　C. ≤3.0　　　　　D. ≤5.0

（11）在自动电位滴定法测 HAc 的实验中，反应终点可以用下列哪种方法确定（　　　）。

A. 电导法　　　　　B. 滴定曲线法　　　　C. 指示剂法　　　　D. 光度法

（12）电位分析法中由一个指示电极和一个参比电极与试液组成（　　　）。

A. 滴定池　　　　　B. 电解池　　　　　C. 原电池　　　　　D. 电导池

（13）电位滴定法是根据（　　　）来确定滴定终点的。

A. 指示剂颜色变化　　B. 电极电位　　　　C. 电位突跃　　　　D. 电位大小

（14）玻璃电极在使用时，必须浸泡 24h 左右，其目的是（　　　）。

A. 消除内外水化胶层与干玻璃层之间的两个扩散电位

B. 减小玻璃膜和试液间的相界电位 E 内

C. 减小玻璃膜和内参比液间的相界电位 E 外

D. 减小不对称电位，使其趋于一稳定值

(15) 电位滴定法测定卤素时，滴定剂为 $AgNO_3$，指示电极用（　　）。

A. 铂电极　　　　　　B. 玻璃电极　　　　　　C. 银电极　　　　　　D. 甘汞电极

2. 判断题

(1) （　　）测溶液的 pH 时玻璃电极的电位与溶液的氢离子浓度成正比。

(2) （　　）电导滴定法是根据滴定过程中由于化学反应所引起溶液电导率的变化来确定滴定终点的。

(3) （　　）电极的选择性系数越小，说明干扰离子对待测离子的干扰越小。

(4) （　　）玻璃电极膜电位的产生是由于电子的转移。

(5) （　　）实验用的纯水其纯度可通过测定水的电导率大小来判断，电导率越低，说明水的纯度越高。

(6) （　　）用酸度计测定水样 pH 时，读数不正常，原因之一可能是仪器未用 pH 标准缓冲溶液较准。

(7) （　　）玻璃电极在使用前要在蒸馏水中浸泡 24h 以上。

(8) （　　）使用甘汞电极一定要注意保持电极内充满 KCl 溶液，并且没有气泡。

(9) （　　）膜电位与待测离子活度的对数成线性关系，是应用离子选择性电极测定离子活度的基础。

(10) （　　）用电位滴定法进行氧化还原滴定时，通常使用 pH 玻璃电极作指示电极。

(11) （　　）pH 玻璃电极是一种测定溶液酸度的膜电极。

(12) （　　）饱和甘汞电极是常用的参比电极，其电极电位是恒定不变的。

(13) （　　）晶体膜电极的机制是由于晶格缺陷引起离子的传导作用。

(14) （　　）使用甘汞电极时，为保证其中的氯化钾溶液不流失，不应取下电极上、下端的胶帽和胶塞。

(15) （　　）玻璃电极是离子选择性电极。

(16) （　　）氟离子电极的敏感膜材料是晶体氟化镧。

(17) （　　）玻璃电极上有污渍时，应用铬酸洗液浸泡，洗涤。

(18) （　　）玻璃电极膜电位的产生是由于电子的转移。

(19) （　　）标准氢电极是常用的指示电极。

(20) （　　）使用氟离子选择电极测定水中 F^- 含量时，主要的干扰离子是 OH^-。

答案

1. 选择题

(1) D　(2) C　(3) D　(4) A　(5) D　(6) C　(7) B　(8) C　(9) D　(10) B

(11) B　(12) C　(13) C　(14) E　(15) C

2. 判断题

(1) ×　(2) √　(3) √　(4) ×　(5) √　(6) √　(7) √　(8) √　(9) √

(10) ×　(11) √　(12) ×　(13) √　(14) ×　(15) √　(16) √　(17) ×

(18) ×　(19) ×　(20) √

项目二　分光光度法

实训一　目视比色法测定水和废水中总磷

1. 实训目的

(1) 学习用过硫酸钾消解水样的方法。

(2) 掌握水和废水中总磷的目视比色测定方法。

2. 实训原理

在天然水和废水中，磷几乎都以各种磷酸盐的形式存在。它们分别为正磷酸盐，缩合磷酸盐（焦磷酸盐、偏磷酸盐和多磷酸盐）和有机结合的磷酸盐，存在于溶液和悬浮物中。在淡水和海水中的平均含量分别为 $0.02mg/L$ 和 $0.084mg/L$ 化肥、冶炼、合成洗涤剂等行业的工业废水及生活污水中常含有较大量磷。

磷是生物生长的必需的元素之一，但水体中磷含量过高（如超过 $0.2mg/L$，可造成藻类的过度繁殖，直至数量上达到有害的程度（称为富营养化），造成湖泊、河流透明度降低，水质变坏。为了保护水质，控制危害，在环境监测中，总磷已列入正式的监测项目。

总磷分析方法由两个步骤组成：第一步可用氧化剂过硫酸钾、硝酸-硫酸等，将水样中不同形态的磷转化成正磷酸盐。第二步测定正磷酸（常用氯化亚锡钼蓝光度法、钼锑抗钼蓝光度法、以及离子色谱法等），从而求得总磷含量。

本实验采用过硫酸钾氧化-氯化亚锡钼蓝光度法测定总磷。水体中各种形态的磷酸盐在硫酸的酸性条件下，以过量的过硫酸钾为氧化剂，加热分解，使各种形式的磷酸盐转变为正磷酸盐，与酸化的钼酸铵溶液形成淡黄色的磷钼酸盐，再加氯化亚锡作用生成深蓝色（钼蓝）配合物，比色测定。

3. 仪器和试剂

(1) 250mL 锥形瓶 2 个。

(2) 50mL 容量瓶 1 个。

(3) 沸石或玻璃珠。

(4) 5mL 移液管 1 只。

（5）50mL 比色管架 1 套。

（6）电热板（电炉）。

（7）H_2SO_4：1mol/L、5mol/L。

（8）NaOH：1mol/L、6mol/L。

（9）过硫酸钾溶液 5%。

（10）磷酸盐标准贮备液 50.0μg/mL 配制：A. R. 试剂磷酸二氢钾于 110℃ 干燥 2h，在干燥器中放冷，称取 219.5mg 磷酸二氢钾，溶于蒸馏水，定量转入 1000mL 容量瓶中，用蒸馏水稀释至刻度。

（11）磷酸盐标准工作液 5.00μg/mL 配制：吸取 10.00mL 磷标准贮备溶液于 100mL 容量瓶中，用水稀释至标线并混匀，使用当天配制。

（12）钼酸铵溶液配制：称取 0.8g 钼酸铵溶液溶于 10mL 蒸馏水中，另取 10mL 浓硫酸徐徐注入 30mL 蒸馏水中，冷却后，将钼酸铵溶液在搅拌下注入硫酸溶液中，混匀。如浑浊或变色则应重配，如需贮存，则宜贮存在聚乙烯瓶中。

（13）氯化亚锡溶液配制：称取 0.5g 氯化亚锡，加入 3.5mL 浓盐酸使完全溶解成透明溶液（必要时稍微加热）后，加蒸馏水 20mL，加几粒锡粒。置暗冷处（1 周后需重配）。

4. 实训内容与操作步骤

1）水样预处理

分取适量混匀水样（含磷不超过 30μg）于锥形瓶中，加蒸馏水至 50mL，加入数粒玻璃纸或沸石，1mL 5mol/L H_2SO_4，5mL 5% 过硫酸钾溶液，置于电热板或可调电炉上加热煮沸，调节温度使保持微沸 30～40min，至最后体积约为 10mL 为止。放冷，加 1 滴酚酞指示剂，滴加 NaOH 溶液至刚成微红色，再滴加 1mol/L H_2SO_4 使红色褪去，充分摇匀。如溶液不澄清，则用滤纸过滤于 50mL 比色管中，用蒸馏水洗涤锥形瓶及滤纸，一并移入比色管中（此时总体积小于 40mL）。

2）标准色阶的配制

取 5.00μg/mL 磷标液 0mL、0.50mL、1.00mL、2.00mL、3.00mL、4.00mL、5.00mL 分别置于锥形瓶中，加蒸馏水到 50mL，经与水样相同的消解处理后，向比色管中加入 5.0mL 钼酸铵，混匀后加入 0.25mL 氯化亚锡溶液，用蒸馏水稀释至刻度，充分混匀，置于比色管架中室温（20℃）放置 15min 后使用。

3）水样的测定

将经预处理后的水样显色后（同标准色阶一样的操作），与标准色阶样进行比较。比较时，在自然光下，比色管底部衬一张白纸或白瓷板，比色管要倾斜，使光线由液柱底部向上透过。

5. 数据处理及分析结果的计算

若水样的色度处于某两相邻的标准色阶样之间，则该水样中的含磷量取相邻标样含磷量之间的某一适当值。

6. 注意事项

(1) 在实际分析工作中，标准色阶样通常为 10～20 个，其浓度变化不宜过大。

(2) 钼酸铵溶液配置时，应注意将钼酸铵水溶液徐徐加入硫酸溶液中，如相反操作，则导致显色不充分。

(3) 水样中锰、铬等离子含量较高时，影响磷钼蓝显色，遇此情况，可在结束消解时，加适量亚硫酸钠溶液使其还原，并再经煮沸以除去剩余的亚硫酸根离子。

(4) 比色管用后应以稀硝酸或稀盐酸浸泡，使去除钼蓝的吸附。

7. 评价标准

(1) 达到的专项能力目标：必须具备用目视比色法测定水和废水中总磷的能力。通过与标准色阶的颜色比较，正确测定水中总磷的含量；比较分光光度法与目视比色法的差异，分析目视比色法的误差来源。

(2) 4h 内完成水样预处理。能运用目视比色法测定其他组分的含量。

8. 实训思考

(1) 操作中所有玻璃仪器为何应避免用洗涤剂洗涤？

(2) 目视比色法有何特点？

(3) 选择一组比色管时应注意些什么？

(4) 钼锑抗钼蓝光度法也可以测定废水中总磷，这与本方法比较，哪种方法较为优越？为什么？

实训二　邻二氮菲分光光度法测定水样中微量的铁

1. 实验目的

(1) 学习如何选择吸光光度分析的实验条件。

(2) 掌握用吸光光度法测定铁的原理及方法。

(3) 熟悉用标准曲线法定量的实验技术。

(4) 学会正确使用分光光度计。

2. 实验原理

铁的吸光光度法所用的显色剂较多，有邻二氮菲（又称邻菲啰啉，邻菲绕林）及其衍生物、磺基水杨酸、硫氰酸盐等。其中邻二氮菲分光光度法的灵敏度高，稳定性好，干扰容易消除，因而邻二氮菲光度法是化工产品中微量铁测定的普遍采用的一种方法。

在酸度为 pH2.0～9.0 的溶液中，邻二氮菲和 Fe^{2+} 生成稳定的橘红色配合物 $Fe(Phen)_3^{2+}$，显色反应为

$$Fe^{2+} + 3 \quad \text{(邻二氮菲)} \Longleftrightarrow \left[\left(\text{(络合物)} \right)_3 \right]^{2+}$$

（橘红色）

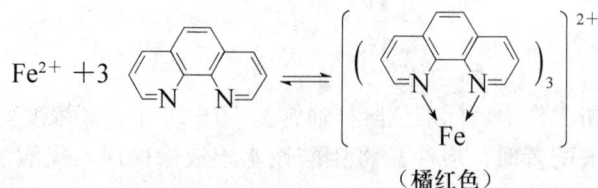

其摩尔吸光系数 $\varepsilon_{508} = 1.1 \times 10^4 L/(mol \cdot cm)$，在还原剂存在下，颜色可保持几个月不变。邻二氮菲与 Fe^{3+} 生成淡蓝色配合物，稳定性较差。因此在显色之前，常用盐酸羟胺（或抗坏血酸）作还原剂，将全部的 Fe^{3+} 还原为 Fe^{2+}。

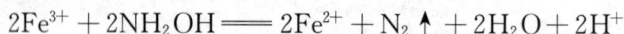

$$2Fe^{3+} + 2NH_2OH == 2Fe^{2+} + N_2\uparrow + 2H_2O + 2H^+$$

测定时，酸度高，反应进行较慢；酸度太低，测 Fe^{2+} 易水解，本实验采用 pH5.0～6.0 的 HAc-NaAc 缓冲溶液，可使显色反应进行完全。另外，Cu^{2+}、Co^{2+}、Ni^{2+}、Cd^{2+}、Hg^{2+}、Mn^{2+}、Zn^{2+} 等也能与 Phen 生成稳定络合物，在量少情况下，不影响 Fe^{2+} 的测定，量大时可用 EDTA，掩蔽或预先分离。

3. 仪器和试剂

（1）分光光度计，pH 计，50mL 容量瓶 8 个（或比色管 8 只）。

（2）吸量管（5mL，1 支），移液管（10mL，1 支）。

（3）铁标准贮备溶液 100.0μg/mL（准确称取 0.8634g A. R. 级 $NH_4Fe(SO_4)_2 \cdot 12H_2O$ 置于 100mL 烧杯中，加 20mL 6mol/L HCl 溶液及少量水，溶解后定量转移至 1L 容量瓶中，加水稀释至刻度，摇匀）。

（4）铁标准使用溶液 10.0μg/mL（用移液管移取上述铁标准贮备溶液 10.0mL 置于 100.0mL 容量瓶中，加 6mol/L HCl 2.0mL，然后用水稀释至刻度，摇匀）。

（5）盐酸羟胺 100g/L（新鲜配制）。

（6）邻二氮菲溶液 2.0g/L（温水溶解，避光保存，2 周内有效，出现红色时已不能使用）。

（7）HAc-NaAc 缓冲溶液（pH≈5.0）（称取 136g NaAc，加水使之溶解，再加入 120mL 冰醋酸，加水稀释至 500mL）。

（8）HCl 6mol/L。

4. 实训内容与操作步骤

1）邻二氮菲-Fe 吸收曲线绘制

用吸量管吸取铁标准溶液（10μg/mL）0.0mL、2.0mL、4.0mL 分别放入 3 个 50mL 容量瓶中。加 1mL 盐酸羟胺溶液，摇匀，放置 2min，加 2.0mL 邻二氮菲溶液和 5.0mL HAc-NaAc 缓冲溶液，加水至刻度，充分摇匀，放置 5min 后，用 1cm 比色皿，以试剂空白（即 0.0mL 铁标准溶液）为参比溶液，在 440～560nm 之间，每隔 10nm 测量一次吸光度，其中在 500～520nm 每间隔 5nm 测量一次吸光度。将测量结果记入表 5-1 中。

表 5-1　邻二氮菲-Fe 吸收曲线值

序　号	1	2	3	4	5	6
$V_{Fe^{2+}}$ /mL	1.0	2.0	4.0	6.0	8.0	10.0
$\rho_{Fe^{3+}}$ /(μg/mL)	0.2	0.4	0.8	1.2	1.6	2.0
A						

在坐标纸上以波长为横坐标，吸光度为纵坐标绘出吸收曲线。根据吸收曲线确定进行测定的适宜波长。

2）标准曲线的制作

用吸量管分别移取铁标准溶液（10μg/mL）0.0mL、1.0mL、2.0mL、4.0mL、6.0mL、8.0mL、10.0mL 依次加入 7 只 50mL 容量瓶中，各加入 1mL 盐酸羟胺溶液，混匀。放置 2min 后，各加入 2.0mL 邻二氮菲溶液和 5.0mL HAc-NaAc 缓冲溶液，加水至刻度，充分摇匀，放置 5min 后，用 1cm 比色皿，以试剂空白（即 0.0mL 铁标准溶液）为参比溶液，在选定的波长下测定各溶液的吸光度，将测得的数据记入表 5-1 中。

3）水样分析

取 3 只 50mL 容量瓶，分别加入 5.00mL（或 10.00mL，铁含量以在标准曲线范围内为宜）未知试样溶液，按实验步骤 2 的方法显色后，在 λ_{max} 处，用 1cm 比色皿，以不加铁的空白试剂为参比溶液，平行测定 A 值，求其平均值，在标准曲线上查出铁的质量，计算水样中铁的质量浓度。

5. 数据处理及分析结果的计算

在坐标纸上以铁的质量浓度 $\rho_{Fe^{3+}}$ 为横坐标，吸光度为纵坐标，绘制标准曲线。在标准曲线上求出水样中微量铁的含量。

6. 注意事项

（1）仪器所带来的系统误差。

（2）操作过程的不严密使得溶液浓度或参比液浓度发生了微小改变。

7. 评价标准

（1）达到的专项能力目标：必须具备用邻二氮菲分光光度法测定水样中微量的铁的能力。通过使用分光光度计，正确测定物质含量，达到 GB/T 3049—2006 规定的要求。

（2）4h 内完成仪器调试，配制被测组分标准溶液，分别测定吸光度，填入表 5-2 中，通过做图求出被测组分含量。

表 5-2　不同 Fe^{2+} 浓度测定的吸光值

λ/nm	440	450	460	470	480	490	500	505	510	515	520	530	540	550	560
A															

8. 实训思考

（1）实验中盐酸羟胺和缓冲溶液的作用是什么？

（2）根据自己的实验结果，计算最大吸收波长下的摩尔吸光系数。

（3）朗伯-比尔定律的物理意义是什么？什么叫吸收曲线，什么叫标准曲线？

（4）用邻二氮菲法测定铁时，为什么在测定前需要加入还原剂盐酸羟胺？

（5）参比溶液的作用是什么？在本实验中可否用蒸馏水作参比？

实训三　分光度法测定 Co 和 Ni 的混合物

1. 实训目的

（1）熟悉并掌握 721 型分光光度计的使用方法。

（2）学会应用分光光度计绘制吸收曲线的方法。

（3）了解分光光度计进行双组分同时测定的原理及方法。

2. 实训原理

分光光度法是通过测定被测物质在特定波长处或一定波长范围内的光吸收度，对该物质进行定性和定量分析的方法。

基本原理：单色光辐射穿过被测物质溶液时，被该物质吸收的量与该物质的浓度和液层的厚度（光路长度）成正比，即朗伯-比尔定律，这是吸收光谱法定量的理论依据，其关系式为

$$A = K \cdot c$$

同时，物质对光的吸收效应还具有加合性，即：当溶液中同时存在多种吸光物质时，若这些物质不发生相互反应，则该溶液的吸光度等于各个吸光物质的吸光度之和

$$A_{总} = A_1 + A_2 + A_3 + \cdots + A_n$$

钴、镍双组分同时存在，它们各自的光吸收曲线相互重叠，纯钴溶液的最大吸收波长为 510nm，纯-镍溶液的最大吸收波长为 660nm，要测定溶液中钴、镍组分的含量，利用分光光度法可以实现。测定步骤如下：在吸收最大的 2 个波长 λ_1、λ_2 处测量未知溶液的总吸光度 A_1、A_2，然后通过计算求出混合液中钴-镍浓度。计算依据为朗伯-比尔定律及吸光度的加合性。

3. 仪器、试剂

（1）721 型分光光度计。

（2）0.15mol/L 纯钴溶液，0.15mol/L 纯-镍溶液，钴-镍混合溶液。

4. 实训内容与操作步骤

(1) 将比色皿暗箱打开，打开电源，预热 15min。

(2) 取出比色架，将蒸馏水、钴标准溶液，镍标准溶液和未知溶液分别注入比色皿中，比色皿放入比色架中，比色架放在比色暗箱内的小滑车上，检查是否定位。

(3) 打开暗箱盖，调节 "0" 旋钮，使透光率为 0。

(4) 调节波长在 440nm，盖上暗箱盖，调节 100 旋钮，使透光率 $T=100\%$，反复调试正常后才开始读数。若指针漂移不定，须立即报告。重复步骤 (3)、(4)。

(5) 将拉杆拉出一格。这时，表头显示为第二格比色皿内溶液的吸光度，共拉出 3 次，读 3 次。

(6) 从 440nm 开始测定，每次增加 10nm，重复步骤 (3)～(5)，分别读取溶液吸光度的值直至 760nm 为止。

(7) 上述实验结束后，打开暗箱盖。取出溶液，立即洗净。比色皿放回比色盒内。数据经老师检查认可后，关闭电源，结束工作。

5. 数据处理及分析结果的计算

(1) 原始数据列表。

(2) 做图。以吸光度为纵坐标，波长为横坐标，做光吸收曲线，并由此曲线选择波长 λ_1 和 λ_2。

(3) 数据处理

列联立方程如下：

$$\begin{cases} A\lambda_1 = K_{a_1}c_a + K_{b_1}c_b \\ A\lambda_2 = K_{a_2}c_a + K_{b_2}c_b \end{cases}$$

其中 $A\lambda_1$、$A\lambda_2$ 分别为未知液在 λ_1、λ_2 波长下测定的吸光度。c_a、c_b 分别为未知液中组分 a 与组分 b 的浓度。K 由以下公式求出：

$$K_{a_1} = A_{a_1}/c_{ao} \quad K_{a_2} = A_{a_2}/c_{ao}$$

$$K_{b_1} = A_{b_1}/c_{bo} \quad K_{b_2} = A_{b_2}/c_{bo}$$

其中 A_{a_1}、A_{b_1} 分别为纯钴标准溶液和纯镍标准溶液在 λ_1 波长处测量的吸光度，其中 A_{a_2}、A_{b_2} 分别为纯钴液和纯镍标准溶液在 λ_2 波长处测量的吸光度。c_{ao}、c_{bo} 分别为纯钴标准溶液和纯镍标准溶液的浓度（本实验中 $c_{ao}=c_{bo}=0.15mol/L$）。

6. 注意事项

(1) 为防止光电管疲劳，不读数时应将暗箱盖打开。

(2) 可以在 510nm 附近反复测定数次，以防读数失误。建议由同组另一同学重测510nm 的各溶液吸光度 2～3 次，并记录之。

7. 评价标准

(1) 达到的专项能力目标：必须具备用分光度法测定 Co 和 Ni 的混合物质含量的

能力。通过使用分光光度计，同时正确测定双组分物质含量，达到 Co 和 Ni 测定的 RSD 均小于 1% 的要求。

（2）4h 内完成仪器调试，配制被测组分标准溶液，分别测定吸光度，通过做图求出被测双组分含量。

8. 实训思考

（1）分光光度计进行双组分同时测定的原理及方法与单组分测定有何区别？

（2）比较分光光度计测定法和目视比色测定法各有什么特点？适用于何种情况下的分析？

项目练习题

1. 选择题

（1）用磺基水杨酸分光光度法测定铁，得到如下数据：V_{Fe}/mL：0.00、2.00、4.00、6.00、8.00、10.00　　A：0.00、0.165、0.312、0.512、0.660、0.854 根据上述数据所得的回归方程为（　　）。

A. $y=-0.006+0.0651x$ 　　　　　　B. $y=-0.009+0.0951x$

C. $y=-0.009+0.0651x$ 　　　　　　D. $y=-0.008+0.0851x$

（2）使用 721 型分光光度计时仪器在 100% 处经常漂移的原因是（　　）。

A. 保险丝断了 　　　　　　　　　　B. 电流表动线圈不通电

C. 稳压电源输出导线断了 　　　　　D. 电源不稳定

（3）721 型分光光度计在使用时发现波长在 580nm 处，出射光不是黄色，而是其他颜色，其原因可能是（　　）。

A. 有电磁干扰，导致仪器失灵

B. 仪器零部件配置不合理，产生实验误差

C. 实验室电路的电压小于 380V

D. 波长指示值与实际出射光谱值不符合

（4）在符合朗伯-比尔定律的范围内，溶液的浓度、最大吸收波长、吸光度三者的关系是（　　）。

A. 增加、增加、增加 　　　　　　　B. 减小、不变、减小

C. 减小、增加、减小 　　　　　　　D. 增加、不变、减小

（5）紫外-可见光分光光度计结构组成为（　　）。

A. 光源—吸收池—单色器—检测器—信号显示系统

B. 光源—单色器—吸收池—检测器—信号显示系统

C. 单色器—吸收池—光源—检测器—信号显示系统

D. 光源—吸收池—单色器—检测器

（6）双波长分光光度计的输出信号是（　　）。

A. 样品吸收与参比吸收之差

B. 样品吸收与参比吸收之比

C. 样品在测定波长的吸收与参比波长的吸收之差

D. 样品在测定波长的吸收与参比波长的吸收之比

（7）721分光光度计的波长使用范围为（　　）nm。

A. 320～760　　　B. 340～760　　　C. 400～760　　　D. 520～760

（8）紫外可见分光光度计中的成套吸收池其透光率之差应为（　　）。

A. <0.5%　　　B. <0.1%　　　C. 0.1%～0.2%　　　D. <5%

（9）分光光度计中检测器灵敏度最高的是（　　）。

A. 光敏电阻　　　B. 光电管　　　C. 光电池　　　D. 光电倍增管

（10）使用紫外可见分光光度计分析样品时发现测试结果不正常，经初步判断为波长不准确，应（　　）。

A. 重新测试样品　　　　　　　B. 对吸收池进行配对校正

C. 用镨钕滤光片调校　　　　　D. 仪器疲劳、关机后再测定

（11）在比色法中，显色反应的显色剂选择原则错误的是（　　）。

A. 显色反应产物的值越大越好

B. 显色剂的值越大越好

C. 显色剂的值越小越好

D. 显色反应产物和显色剂，在同一光波下的值相差越大越好

（12）在300nm进行分光光度测定时，应选用（　　）比色皿。

A. 硬质玻璃　　　B. 软质玻璃　　　C. 石英　　　D. 透明塑料

（13）邻二氮菲分光光度法测水中微量铁的实验中，参比溶液是采用（　　）。

A. 溶液参比　　　B. 空白溶液　　　C. 样品参比　　　D. 褪色参比

（14）某分析工作者，在光度法测定前用参比溶液调节仪器时，只调至透光率为95.0%，测得某有色溶液的透光率为35.2%，此时溶液的真正透光率为（　　）。

A. 40.2%　　　B. 37.1%　　　C. 35.1%　　　D. 30.2%

（15）入射光波长选择的原则是（　　）。

A. 吸收最大　　　　　　　　　B. 干扰最小

C. 吸收最大干扰最小　　　　　D. 吸光系数最大

（16）在紫外可见分光光度法测定中，使用参比溶液的作用是（　　）。

A. 调节仪器透光率的零点

B. 吸收入射光中测定所需要的光波

C. 调节入射光的光强度

D. 消除试剂等非测定物质对入射光吸收的影响

（17）假定 $\Delta T = \pm 0.50\%$，$A = 0.699$ 则测定结果的相对误差为（　　）。

A. ±1.55%　　　B. ±1.36%　　　C. ±1.44%　　　D. ±1.63%

2. 判断题

（1）（　　）可见分光光度计检验波长准确度是采用苯蒸气的吸收光谱曲线检查。

（2）（　　）某物质的摩尔吸光系数越大，则表明该物质的浓度越大。

(3)（　　）在紫外光谱中，同一物质，浓度不同，入射光波长相同，则摩尔吸光系数相同；同一浓度，不同物质，入射光波长相同，则摩尔吸光系数一般不同。

(4)（　　）常见的紫外光源是氢灯或氘灯。

(5)（　　）分光光度计使用的光电倍增管，负高压越高灵敏度就越高。

(6)（　　）紫外分光光度计的光源常用碘钨灯。

(7)（　　）在分光光度法中，入射光非单色性是导致偏离朗伯-比尔定律的因素之一。

(8)（　　）朗伯-比尔定律中，浓度 C 与吸光度 A 之间的关系是通过原点的一条直线。

(9)（　　）朗伯-比尔定律适用于所有均匀非散射的有色溶液。

(10)（　　）凡是基准物质，使用前都要进行灼烧处理。

(11)（　　）有色溶液的最大吸收波长随溶液浓度的增大而增大。

(12)（　　）直接法配制标准溶液必须使用基准试剂。

(13)（　　）原子吸收光谱仪和 751 型分光光度计一样，都是以氢弧灯作为光源。

(14)（　　）用镨钕滤光片检测分光光度计波长误差时，若测出的最大吸收波长的仪器标示值与镨钕滤光片的吸收峰波长相差 3nm，说明仪器波长标示值准确，一般不需作校正。

(15)（　　）在光度分析法中，溶液浓度越大，吸光度越大，测量结果越准确。

(16)（　　）摩尔吸光系数。是吸光物质在特定波长和溶剂中的特征常数，值越大，表明测定结果的灵敏度越高。

(17)（　　）若待测物、显色剂、缓冲溶液等有吸收，可选用不加待测液而其他试剂都加的空白溶液为参比溶液。

(18)（　　）吸光度的读数范围不同，读数误差不同，引起最大读数误差的吸光度数值约为 0.434。

(19)（　　）在进行紫外分光光度测定时，可以用手捏吸收池的任何面。

(20)（　　）分光光度计检测器直接测定的是吸收光的强度。

答案

1. 选择题

(1) D　(2) D　(3) D　(4) B　(5) B　(6) C　(7) C　(8) A　(9) D
(10) C　(11) B　(12) B　(13) B　(14) C　(15) C　(16) D　(17) A

2. 判断题

(1) ×　(2) ×　(3) √　(4) √　(5) √　(6) ×　(7) √　(8) √　(9) √
(10) ×　(11) B　(12) √　(13) ×　(14) ×　(15) ×　(16) √　(17) √
(18) ×　(19) ×　(20) ×

项目三 原子吸收光谱法

实训一 火焰原子吸收法最佳实验条件的选择

1. 实训目的

(1) 掌握原子吸收分析条件选择的一般原则。

(2) 学习最佳实验条件的优选试验方法。

2. 实训原理

原子吸收测量的元素多为微量成分,最佳实验条件的选择以获得最高灵敏度、最佳精密度为目的。分析线、灯电流、燃气流量、燃烧器高度、光谱通带等因素直接影响分析的灵敏度和精密度。进行这些因素选择是,先将其他因素固定在一水平上,逐一改变所研究因素的条件,然后测定某一标准溶液的吸光度,选取吸光度大且稳定性好的条件作为该因素的最佳工作条件。本实验以钙的实验条件优选为例对试验中有关因素进行优化选择。

3. 仪器与试剂

(1) 仪器。原子吸收分光光度计(TAS-986)、钙空心阴极灯、空气压缩机、乙炔钢瓶。

(2) $\rho_{Ca}100\mu g/mL$ 钙标准贮备液。准确称取于 110℃ 干燥过的碳酸钙(A. R.)0.2497g 于 250mL 烧杯中,加水 20mL,滴加 HCl(1+1)溶液至完全溶解,再加 HCl(1+1)10mL。煮沸除去 CO_2,冷却后移至 1L 容量瓶中,用蒸馏水稀释至标线,摇匀,备用。

(3) 固定的实验条件。灯电流 3mA;分析线 422.7nm;光谱带宽 0.7nm;燃气流量 2100mL/min;燃烧器高度 6mm。

4. 实训内容与操作步骤

(1) 配制 $\rho_{Ca}5.00\mu g/mL$ 钙标准溶液:移取 5mL $\rho_{Ca}100\mu g/mL$ 钙标准溶液于 100mL 容量瓶中,用蒸馏水稀释至标线,摇匀。

(2) 安装钙元素空心阴极灯。

(3) 参数设置。打开主机电源,打开电脑,进入工作软件,仪器初始化,选择钙元素灯为工作灯,对元素灯的特征波长进行寻峰操作,选择最佳测定波长,并设置实验条件。

(4) 打开气源,点火。

① 开启排风装置电源开关。排风 10min 后,接通空气压缩机电源,将输出压调至

0.3MPa。

②开启乙炔钢瓶总阀，调节乙炔钢瓶减压阀输出压为0.05MPa。

③将燃气流量调节到2000～2400mL/min，点火（若火焰不能点燃，可重新点火，或适当增加乙炔流量后重新点火）。点燃后，应重新调节乙炔流量，选择合适的分析火焰。

（5）实验条件的选择。

①选择分析线。每种元素都由若干条灵敏线，为了提高测定的灵敏度，一般情况下应选用其中最灵敏线做分析线；当样品中待测元素浓度较高或为了消除邻近光谱线的干扰等，也可以选用次灵敏线。

②选择空心阴极灯工作电流。吸喷ρ_{Ca}5.00μg/mL钙标准溶液，固定其他实验条件，改变灯电流分别为2、4、6、8、10mA以不同灯电流测定钙标准溶液的吸光度并记录相应的灯电流和吸光度（表5-3）。

表5-3　不同电流测定钙标准溶液的吸光度

灯电流/mA					
A					

③选择乙炔流量　固定其他实验条件和助燃气流量，乙炔流量设定为1800mL/min、2000mL/min、2200mL/min、2400mL/min、2600mL/min喷入钙标准溶液，记录相应的乙炔流量和吸光度（表5-4）。

表5-4　乙炔流量和吸光度

空气流量/(L/min)					
乙炔流量/(L/min)					
A					

④选择燃烧器高度。吸喷钙标准溶液，改变燃烧器高度分别为2.0mm、4.0mm、6.0mm、8.0mm、10.0mm，逐一记录相应的燃烧器高度和吸光度（表5-5）。

表5-5　燃烧器高度和吸光度

燃烧器高度/mm					
A					

⑤光谱通带选择。在以上最佳燃助比及燃烧器高度条件下，改变狭缝宽度分别为0.1mm、0.2mm、0.4mm、1mm、2mm，测定钙标准溶液的吸光度并记录（表5-6）。

表5-6　钙标准溶液的吸光度

狭缝宽度/mm					
A					

（6）实验结束工作。

① 实验结束，吸喷去离子水 3～5min 后，关闭乙炔钢瓶总阀，熄灭火焰，待压力表指针回零后旋松减压阀，关闭空气压缩机。

② 退出工作软件，关闭电脑，关闭仪器电源总开关；

③ 清洗所用仪器，清理实验台面，关闭排风电源，填写仪器使用记录，打扫实验室，关闭电源总闸。

5. 数据处理

通过上面的实验得出的最佳实验条件为

分析线_____ nm；

灯电流_____ mA；

燃气流量_____ mL/min；

燃烧器高度_____ mm。

光谱带宽_____ nm。

6. 注意事项

（1）工作环境要求室温 5～35℃，相对湿度≤85%，室内保持清洁以防光学零件污染。

（2）每测量一次标准或样品试液都要吸喷去离子水调零。

（3）为了确保安全，使用燃气、助燃气应严格按操作规程进行。如果在实验过程中突然停电，应立即关闭燃气，然后将空气压缩机及主机上所有开关和旋钮都恢复至操作前状态。操作过程中，若嗅到乙炔气味，则可能气路管道或接头漏气，应立即仔细检查。

（4）定期检查废液收集容器的液面，及时倒出过多的废液，但又要保证足够的水封。

（5）为了保证分析结果有良好的重现性，应该注意燃烧器缝隙的清洁、光滑。发现火焰不整齐，中间出现锯齿状分裂时，说明缝隙内已有杂质堵塞，此时应该仔细进行清理。清理方法是：待仪器关机、燃烧器冷却以后，取下燃烧器，用洗衣粉溶液刷洗缝隙，然后用水冲，清除沉积物。

7. 评价标准

（1）达到的专项能力目标：正确使用原子吸收分光光度计，安装使用空心阴极灯，正确使用气体钢瓶，安全使用乙炔气，使用原子吸收分析软件，能根据具体的测定对象选择火焰原子吸收测量的最佳条件。

（2）4h 内完成实训。

8. 实训思考

（1）如何选择最佳实验条件？实验时，若条件发生变化，对结果有何影响？

（2）在分析工作结束后，仪器关机前，应对原子化器作怎样处理？

（3）为什么使用火焰原子吸收分光光度计时，对燃气、助燃气开关的先后顺序要严格按操作步骤进行？

实训二　原子吸收标准加入法测水中铜

1. 实训目的

（1）学习标准加入法测定元素含量的操作。

（2）熟悉原子吸收光谱仪及工作软件的使用。

2. 实训原理

当试样复杂，配制的标准溶液与试样组成之间存在较大差别时，试样的基体效应对测定有影响，或干扰不易消除，分析样品数量少时，用标准加入法较好。将已知的不同浓度的几个标准溶液加入到几个相同量的待测样品溶液中去，然后一起测定，并绘制工作曲线，将绘制的直线延长，与横轴相交，交点至原点所相应的浓度即为待测试液的浓度。

3. 仪器与试剂

（1）仪器原子吸收分光光度计（TAS-986）、铜空心阴极灯、空气压缩机、乙炔钢瓶。

（2）试剂 ρ_{Cu} 100μg/mL 的铜标准溶液。称取金属铜 0.1000g，置于 100mL 烧杯中，加 HNO_3（1+1）20mL，加热溶解。蒸至近干，冷却后加 HNO_3（1+1）5mL，加去离子水煮沸，溶解盐类，冷却后定量移入 1000mL 容量瓶中，并用去离子水稀至标线，摇匀。

（3）实验条件（参考）：灯电流 3mA；分析线 324.7nm；光谱带宽 1.0nm；燃气流量 1600mL/min；燃烧器高度 6mm。

4. 实训内容及操作步骤

（1）配制系列溶液按表 5-7 中所给数据移取溶液于 4 个 50mL 容量瓶中，以（2+100）稀硝酸稀释至标线，摇匀。

表 5-7　系列溶液配制

容量瓶编号	1#	2#	3#	4#
含 Cu^{2+} 水样/mL	25.00	25.00	25.00	25.00
100μg/mL Cu^{2+} 标准液/mL	0.0	1.0	2.0	3.0
A				

（2）按规范操作打开仪器将仪器调至选定的最佳工作状态。

（3）测量系列标准溶液吸光度。由稀至浓逐个测定各标准溶液的吸光度，并逐一记录。

注意：每测量一次都要吸喷去离子水调零。

（4）结束工作实验结束，按规范操作要求关气、关电，并将仪器开关、旋钮置于初始位置。

5. 数据处理及分析结果的计算

（1）在坐标纸上绘制铜的标准加入法工作曲线。

（2）用外推法求得试液中铜的含量。

（3）计算样品中铜的含量。

6. 注意事项

（1）标准溶液加入量应视水中铜的大致含量来设定，原则是：标准溶液加入量应视水样中铜的估计含量来设定，标准加入量与未知量尽量接近。本实验是以水样中铜含量约为 $4\mu g/mL$ 来设定标准溶液加入量的。

（2）经常检查管道，防止气体泄漏，严格遵守有关操作规定，注意安全。

7. 评价标准

（1）达到的专项能力目标：必须具备用标准加入法测定物质含量的能力，了解标准加入法适合的测定对象。通过使用原子吸收分光光度计，正确测定不同元素含量，达到相关样品中国家标准或行业标准规定的测定精确度及误差范围的要求。

（2）4h 内完成仪器调试，配制被测组分标准溶液，分别测定吸光度，通过做图求出被测组分含量。

8. 实训思考

（1）标准加入法有什么特点？适用于何种情况下的分析？

（2）标准加入法对待测元素标准溶液加入量有何要求？

实训三　原子吸收法测定人发中锌的含量

1. 实训目的

（1）了解人发中锌测定意义、原理和方法。

（2）熟悉生物样品的采取和试样分解技术。

2. 实训原理

锌是人体中重要的微量元素，它对生长发育、创伤愈合、免疫预防由重要作用。头发中的锌含量反映了人体锌营养水平。取样要有代表性，即从整体中取出的少量样品能够反映被测对象的状况。健康人体发锌（头发中锌含量）的正常值介于 $90\sim190\mu g/g$

之间，通常为 $160\mu g/g$，一般不低于 $70\mu g/g$。

配制一系列锌标准溶液，与试液在选定的实验条件下，测定它们的吸光度，然后以吸光度 A 为纵坐标，标准溶液浓度为横坐标，绘制 A-c 工作曲线，从工作曲线上查出试液的浓度，再通过计算就可以求出试样中待测元素的含量。头发样品经洗涤、干燥处理后，用硝酸、高氯酸分解，将发样中的微量锌以 Zn^{2+} 状态转入溶液中，用标准曲线法进行分析。

3. 仪器与试剂

（1）仪器。原子吸收分光光度计（TAS-986）、锌空心阴极灯、空气压缩机、乙炔钢瓶。

（2）试剂锌贮备液（1mg/mL）。溶解高纯（光谱纯）锌金属丝、棒、片或其盐于合适的溶剂中（稀盐酸或硝酸）。贮存于聚乙烯或聚四氟乙烯容器中，贮期 1 年。

（3）硝酸（A.R.）。

（4）高氯酸（A.R.）。

（5）固定的实验条件。测量波长 213.9nm；光谱带宽 0.4nm；空心阴极灯电流 2mA；乙炔流量 1800mL/min；燃烧头高度 6mm。

4. 实训内容及操作步骤

1）标准溶液的配制

标准使用溶液：ρ_{Zn} 100μg/mL 锌标准溶液。取 10mL 标准锌贮备液至 100mL 容量瓶中，用 1‰ 的高氯酸稀释至刻度，摇匀。

2）标准曲线的绘制

由 ρ_{Zn} 100μg/mL 锌标准溶液配制 ρ_{Zn} = 0.00μg/mL、0.20μg/mL、0.40μg/mL、0.60μg/mL、0.80μg/mL、1.00μg/mL 的锌标准系列溶液于 50mL 容量瓶中，用 1‰ 高氯酸溶液稀释至标线。摇匀，由稀到浓逐个测定锌标准系列溶液的吸光度，绘制标准曲线。

3）样品的测定

样品采集和预处理：采集靠近发根部 1cm 左右的发样 1g。采集的发样经 1‰ 洗发精清洗，自来水冲洗，蒸馏水冲洗，65～67℃烘干，备用。

发样处理：定量称取 0.5g 发样于 100mL 烧杯中，加 5mL 浓硝酸，低温加热溶解，冷却；加高氯酸 1mL，加热至白烟产生（不可蒸干），取下冷却，定容于 50mL 容量瓶中；同时制备空白溶液 2 份，测量样品溶液的吸光度和试样空白的吸光度，用发样吸光度减去空白溶液的吸光度所得值从标准曲线查得或通过回归方程计算发样溶液中锌的浓度。

5. 数据处理及分析结果的计算

发样中锌含量

$$\omega_{Zn} = \frac{cV}{m}$$

式中：ω_{Zn}——发样中锌的质量分数，$\mu g/g$；

   c——由标准曲线查得消化液中锌浓度，$\mu g/mL$；

   V——发样消化液定容体积，mL；

   m——样品质量，g。

6. 注意事项

（1）注意样品在消解过程中，出现黑色炭粒没有消解完全，应继续加硝酸和高氯酸消解，直至溶液透亮。

（2）测定 Zn 的实验用水，最好用去离子水。

（3）发样溶液的吸光度应在标准溶液中部，否则应调整发样溶液的浓度。

（4）检查气体管道的气密性，防止气体泄漏，严格遵守有关操作规定，注意安全。

7. 评价标准

（1）正确的采集样品，分解试样。熟练使用原子吸收分光光度计运用标准曲线法测定金属元素，用线性回归法处理数据，分析结果准确度达到要求；在测定过程中能对分析质量有自我控制能力。

（2）4h 完成实验，对所做实验结果进行自我评价的能力。

（3）正确的写出实训报告。

8. 实训思考

（1）为什么标准溶液配制使用 1‰高氯酸溶液定容？是否可用蒸馏水或其他溶液定容？

（2）样品中是否存在干扰？怎样判断？

（3）原子吸收分析中样品处理至关重要，本实验在发样处理过程中应注意哪些事项？

实训四 石墨炉原子吸收光谱法测定试样中的镉

1. 实训目的

（1）了解石墨炉原子化器的基本构造和使用方法。

（2）熟悉石墨炉原子吸收光谱法的操作和应用。

2. 实训原理

石墨炉原子吸收光谱法，采用石墨炉使石墨管升至 2000℃以上的高温，让管内试样中的待测元素分解形成气态基态原子，由于气态基态原子吸收其共振线，且吸收强度与含量成正比，故可进行定量分析。它是一种非火焰原子吸收光谱法。

石墨炉原子吸收法具有试样用量小的特点，方法的绝对灵敏度较火焰法高几个数量级，可达 10^{-14}g，并可直接测定固体试样。但仪器较复杂、背景吸收干扰较大。在石墨炉中的工作步骤可分为干燥、灰化、原子化和除残渣 4 个阶段。

3. 仪器与试剂

(1) 仪器：带石墨炉的原子吸收分光光度计。

(2) 石墨管。

(3) 镉标准贮备液，1.00mg/mL

(4) 镉标准工作液，0.025μg/mL：取 1.00mg/mL 的镉标准贮备液以逐级稀释法配制 100mL，备用。

4. 实训内容及操作步骤

(1) 按下列参数，设置测量条件

分析线波长：228.8nm；

灯电流：3mA；

通带宽度：1.3nm；

干燥温度和时间：80℃（或 120℃），30s；

灰化温度和时间：300℃，30s；

原子化温度和时间：1500℃，4s；

清洗温度和时间：1800℃，2s；

氮气或氩气流量：100mL/min。

(2) 分别取镉标准工作液 1.00mL、2.00mL、3.00mL、4.00mL、5.00mL 置于 25mL 容量瓶中，用二次蒸馏水稀释至刻度，摇匀，备用。

(3) 用微量注射器分别吸取试样溶液、标准溶液 20μL 注入石墨管中，并测出其吸光值。

5. 数据处理及分析结果的计算

(1) 以吸收光度值为纵坐标，镉含量为横坐标制作标准曲线。

(2) 从标准曲线中，用试样溶液的吸光度查出相应的镉含量。

(3) 计算试样溶液中镉的质量浓度（μg/mL）。

6. 注意事项

(1) 实验前应检查通风是否良好，确保实验中产生的废气排出室外。

(2) 使用微量注射器要严格按教师指导进行，防止损坏。

7. 评价标准

(1) 达到的专项能力目标：具备用石墨炉原子吸收法测定试样中镉的能力，设置干燥、灰化、原子化和除残渣等实验条件，完成镉的分析。分析测试数据误差来源，分析结果精确度达到相关标准的要求。将石墨炉吸收光谱法应用于不同元素的分析。

（2）2h 内完成实训。

8. 实训思考

（1）非火焰原子吸收光谱法具有哪些特点？

（2）石墨炉原子吸收分析的操作中主要应注意哪几个问题？为什么？

（3）在实验室中通入 Ar 的作用是什么？

实训五　冷原子荧光法测定废水中痕量汞

1. 实训目的

（1）了解冷原子荧光法测定汞的基本原理和方法。

（2）掌握冷原子荧光测汞仪的构造和操作。

2. 实训原理

用 $SnCl_2$ 将试样中汞盐还原为汞原子，由于汞的挥发性，用 N_2 或 Ar 气将汞蒸气带入吸收管进行测定。由于它实际上也是一种分离技术，因此，没有基体干扰。

低压汞灯发出的光束，照射在汞蒸气上，使汞原子激发而产生荧光，荧光强度与试样中汞含量呈线性关系。

3. 仪器与试剂

（1）仪器：YYG-3 型冷原子荧光测汞仪；$50\mu L$ 微量注射器。

（2）汞标准贮备液：准确称取 $0.01352gHgCl_2$ 溶于去离子水中，定容于 100mL 容量瓶，该溶液汞浓度为 0.1000mg/mL。

（3）汞标准溶液：用吸管吸取汞贮备液 5mL 于 100mL 容量瓶中，加入（1＋1）H_2SO_4 8mL，2％无汞 $KMnO_4$ 溶液 0.5mL，用去离子水稀至刻度，摇匀。该溶液汞浓度为 $5.00\mu g/mL$。再将此溶液照此法稀释 10 倍，得 $0.500\mu g/mL$ 汞的标准溶液。

（4）$SnCl_2$ 溶液（10g/L）：称取 $SnCl_2$ 10g，加入 10mL 浓 HCl，加热溶解，用去离子水稀至 1000mL。

（5）浓 H_2SO_4。

（6）质量浓度为 20g/L 的 $KMnO_4$ 溶液。

4. 实训内容及操作步骤

（1）按仪器操作方法，开启仪器，预热 30min，用空白溶液清洗还原瓶。

（2）标准曲线的测绘。在还原瓶中，加入 10g/L $SnCl_2$ 溶液 1mL，加质量分数为 5％ HNO_3 4mL，用微量注射器注入 $0.500\mu g/mL$ 汞标准溶液（分别为 10.0、20.0、30.0、40.0、50.0μL），按操作方法进行测量。

（3）样品溶液的制备和测定。将水样滤去悬浮物，取 50mL 于锥形瓶中，加（1＋

1)H_2SO_4 10mL，20g/L 的 $KMnO_4$ 溶液 1mL，加热至微沸进行消解，加热过程中若 $KMnO_4$ 颜色褪去，应补加 $KMnO_4$ 溶液 1mL，直至不褪色。冷却，转移至 100mL 容量瓶中，用去离子水稀释至刻度，摇匀。用微量注射器注入取 50μL 试液，在与标准曲线同样条件下测定样品溶液的荧光强度。

5. 数据处理及分析结果的计算

(1) 绘制汞的标准曲线。
(2) 根据样品溶液的荧光强度，从标准曲线上查出试液中汞的浓度，并计算废水中汞含量。

6. 注意事项

(1) 仪器工作的温度为 10～30℃，室温过高或过低均影响仪器正常工作。
(2) 每个数据可平行测定 2～3 次，取其平均值。

7. 评价标准

(1) 达到的专项能力目标：用冷原子吸收法测定不同试样中的汞含量。原始数据记录和计算符合有效数据的计算规则，分析结果精确度达到相关标准的要求。
(2) 2h 完成实训，写出符合要求的分析实训报告。

8. 实训思考

(1) 比较原子吸收分光光度计和原子荧光光度计在结构上的异同点，并解释其原因。
(2) 每次实验，还原瓶中各种溶液总体积是否要严格相同？为什么？
(3) 如何使用冷原子测汞仪？测量过程应注意哪些问题？

项目练习题

1. 选择题

(1) 原子吸收分光光度计的核心部分是（　　）。

A. 光源　　　　　　B. 原子化器　　　　C. 分光系统　　　　D. 检测系统

(2) 原子吸收光谱是（　　）。

A. 带状光谱　　　B. 线状光谱　　　　C. 宽带光谱　　　　D. 分子光谱

(3) 原子吸收光度法的背景干扰，主要表现为（　　）形式。

A. 火焰中被测元素发射的谱线　　　　B. 火焰中干扰元素发射的谱线

C. 光源产生的非共振线　　　　　　　D. 火焰中产生的分子吸收

(4) 下列不属于原子吸收分光光度计组成部分的是（　　）。

A. 光源　　　　　　B. 单色器　　　　　C. 吸收池　　　　　D. 检测器

（5）原子吸收光谱定量分析中，适合于高含量组分的分析的方法是（　　）。

A. 工作曲线法　　B. 标准加入法　　　　C. 稀释法　　　　　　D. 内标法

（6）在原子吸收分光光度计中，若灯不发光可（　　）。

A. 将正负极反接半小时以上　　　　　　B. 用较高电压（600V 以上）起辉

C. 串接 2～10kΩ 电阻　　　　　　　　D. 在 50mA 下放电

（7）在原子吸收分光光度法中，可消除物理干扰的定量方法是（　　）。

A. 标准曲线法　　B. 标准加入法　　　　C. 内标法　　　　　　D. 直接比较法

（8）原子吸收分光光度计开机预热 30min 后，进行点火试验，但无吸收。下列
（　　）不是导致这一现象的原因。

A. 工作电流选择过大，对于空心阴极较小的元素灯，工作电流大时没有吸收

B. 燃烧缝不平行于光轴，即元素灯发出的光线不通过火焰就没有吸收

C. 仪器部件不配套或电压不稳定

D. 标准溶液配制不合适

（9）原子吸收分光光度计噪声过大，分析其原因可能是（　　）。

A. 电压不稳定

B. 空心阴极灯有问题

C. 灯电流、狭缝、乙炔气和助燃气流量的设置不适当

D. 燃烧器缝隙被污染

（10）原子吸收仪器中溶液提升喷口与撞击球距离太近，会造成（　　）。

A. 仪器吸收值偏大

B. 火焰中原子去密度增大，吸收值很高

C. 雾化效果不好、噪声太大且吸收不稳定

D. 溶液用量减少

（11）原子吸收分光光度计工作时须用多种气体，（　　）气体不是 AAS 室使用的
气体。

A. 空气　　　　　B. 乙炔气　　　　　　C. 氮气　　　　　　　D. 氧气

（12）在原子吸收分析中，当溶液的提升速度较低时，一般在溶液中混入表面张力
小、密度小的有机溶剂，其目的是（　　）。

A. 使火焰容易燃烧　　　　　　　　　　B. 提高雾化效率

C. 增加溶液黏度　　　　　　　　　　　D. 增加溶液提升量

（13）原子吸收分析中光源的作用是（　　）。

A. 提供试样蒸发和激发所需要的能量　　B. 产生紫外光

C. 发射待测元素的特征谱线　　　　　　D. 产生足够浓度的散射光

（14）原子吸收光谱产生的原因是（　　）。

A. 分子中电子能级跃迁　　　　　　　　B. 转动能级跃迁

C. 振动能级跃迁　　　　　　　　　　　D. 原子最外层电子跃迁

（15）在原子吸收分析法中，被测定元素的灵敏度、准确度在很大程度上取决于
（　　）。

　　A. 空心阴极灯　　B. 火焰　　　　　　　C. 原子化系统　　　　D. 分光系统

2. 判断题

　　(1)（　　）原子吸收光谱是根据基态原子对特征波长光的吸收，测定试样中待测元素含量的分析方法。

　　(2)（　　）原子吸收分光光度计分光过程在试样原子化之前进行。

　　(3)（　　）原子吸收分光光度计的分光系统（光栅或凹面镜）若有灰尘，可用擦镜纸轻轻擦拭。

　　(4)（　　）空心阴极灯常采用脉冲供电方式。

　　(5)（　　）空心阴极灯若长期不用，应定期点燃，以延长灯的使用寿命。

　　(6)（　　）原子吸收光谱中灯电流的选择原则是在保证放电稳定和有适当光强输出的情况下，尽量选用最低的工作电流。

　　(7)（　　）空心阴极灯发光强度与工作电流有关，增大电流可以增加发光强度，因此使用时应选择最大额定电流的强度。

　　(8)（　　）原子吸收光谱仪的原子化装置主要分为火焰原子化器和非火焰原子化器两大类。

　　(9)（　　）单色器的狭缝宽度决定了光谱通带的大小，而增加光谱通带就可以增加光的强度，提高分析的灵敏度，因而狭缝宽度越大越好。

　　(10)（　　）每种元素的基态原子都有若干条吸收线，其中最灵敏线和次灵敏线在一定条件下均可作为分析线。

　　(11)（　　）在原子吸收分光光度法中，对谱线复杂的元素常用较小的狭缝进行测定。

　　(12)（　　）火焰原子化法中，足够的能量才能使试样充分分解为原子蒸气状态，因此，温度越高越好。

　　(13)（　　）化学干扰是原子吸收光谱分析中的主要干扰因素。

　　(14)（　　）氢化物原子化法和汞低温原子化法属于无火焰原子化分析法。

　　(15)（　　）原子吸收分光光度计实验室必须远离电场和磁场，以防干扰。

　　(16)（　　）在原子吸收测量过程中，如果测定的灵敏度降低，可能的原因之一是，雾化器没有调整好，排障方法是调整撞击球与喷嘴的位置。

答案

1. 选择题

　　(1) B　(2) B　(3) D　(4) C　(5) C　(6) B　(7) B　(8) C　(9) A

　　(10) C　(11) C　(12) D　(13) C　(14) D　(15) C

2. 判断题

　　(1)√　(2)×　(3)×　(4)√　(5)√　(6)√　(7)×　(8)√　(9)×

　　(10)√　(11)√　(12)×　(13)√　(14)×　(15)√　(16)√

项目四　色谱分析法

实训一　纸层析法分离氨基酸

1. 实训目的

（1）学习氨基酸纸层析法的基本原理。

（2）掌握氨基酸纸层析的操作技术。

2. 实训原理

层析分离技术是利用被分离的混合物中各组分物理化学的性质（分子的形状和大小、分子极性、吸附力、分子亲和力、分配系数等）的不同，使各组分以不同程度分布在两相（流动相和固定相）中，当流动相流过固定相时，各组分以不同的速度移动，从而达到分离。

纸层析法（Paper chromatography）是生物化学上分离、鉴定氨基酸混合物的常用技术，可用于蛋白质中氨基酸成分的定性鉴定和定量测定。纸层析法是用滤纸作为惰性支持物的分配层析法，其中滤纸纤维素上吸附的水是固定相，展开层用的有机溶剂是流动相。在层析时，将样品点在距滤纸一端约 $2\sim3cm$ 的某一处，该点称为原点；然后在密闭容器中层析溶剂沿滤纸的一个方向进行展开，这样混合氨基酸在两相中不断分配，由于分配系数（K_d）不同，结果它们分布在滤纸的不同位置上。物质被分离后在纸层析图谱上的位置可用比移值（R_f）来表示。所谓 R_f，是指在纸层析中，从原点至氨基酸停留点（又称为层析点）中心的距离与原点至溶剂前沿的距离的比值。即：

$$R_f = \frac{溶质的最高浓度中心至原点中心的距离}{溶剂前沿至原点中心的距离}$$

在一定条件下某种物质的 R_f 是常数。R_f 的大小与物质的结构、性质、溶剂系统、温度、湿度、层析滤纸的型号和质量等因素有关。

3. 仪器与试剂

（1）仪器：层析缸、分液漏斗、滤纸、喷雾器、电吹风、铅笔、直尺。

（2）试剂：乙酸、正丁醇 0.1％茚三酮的乙醇溶液。

A：0.1％甘氨酸水溶液。

B：0.1％酪氨酸水溶液。

C：0.1％苯丙氨酸水溶液。

D：A、B、C 的等量混合液。

4. 实训内容及操作步骤

（1）配制展开剂。正丁醇∶水∶乙酸＝4∶1∶1（体积比）按它们用量比例，先将正丁醇与水在分液漏斗中一起振摇 10～15min，然后加乙酸再振摇。静置分层，下层弃去，上层作为展开剂，将展开剂倒入层析缸内盖上盖，放置 0.5h，使缸内形成饱和蒸气。

（2）准备滤纸。在纸的一端距边缘 2～3cm 处用铅笔划一条直线，间隔 2cm 做一记号。

（3）点样。用毛细管将 A、B、C、D 等氨基酸样品分别点在标记的位置上，点样时，毛细管口应与滤纸轻轻接触，样点直径一般控制在 0.3cm 之内。用电吹风稍加吹干后再点下一次，重复 2～3 次。

（4）扩展。将滤纸固定在层析缸盖的玻璃勾上，使滤纸条下端点样部位不被展开剂浸没，距下端 1cm 左右为宜，展开剂即在滤纸上上升，样品中的各组分也随之而展开。待展开剂升至距离滤纸上端 1～2cm 处时，小心取出，迅速用铅笔画出展开剂上升的位置。将滤纸晾干或用电吹风吹干。

（5）显色。用喷雾器将 0.1% 茚三酮的乙醇溶液均匀的喷在滤纸上，再用电吹风吹干（或 80℃ 烘干）后，即在滤纸上显出氨基酸的色斑，用铅笔标记各斑点中心的位置。

5. 数据记录及结果计算

用一直尺度量每一显色斑点中心与原点之间的距离和原点到溶剂前沿的距离，计算各色斑的 R_f，将混合氨基酸样品 D 的 R_f 与单一氨基酸 A、B、C 的 R_f 对照，从而对氨基酸进行定性分析。

6. 注意事项

（1）点样时要避免手指或唾液等污染滤纸有效面（即展层时样品可能达到的部分）。

（2）点样斑点不能太大（直径应小于 0.3cm），防止层析后氨基酸斑点过度扩散和重叠，且吹风温度不宜过高，否则斑点变黄。

（3）展层开始时切勿使样品点浸入溶剂中。

7. 评价标准

（1）达到的专项能力目标：必须具备用纸层析法分离混合物的能力。通过将测定值与标准值进行比较，对混合物进行定性分析的能力。

（2）2h 内完成仪器调试，配制扩展剂，并用上行法对混合物进行分离。

8. 思考题

（1）纸层析法的原理是什么？

（2）何谓 R_f？影响 R_f 的主要因素是什么？

（3）展开剂的液面高出滤纸上的样点，将会产生什么后果？

（4）纸色谱为什么要在密闭的容器中进行？

实训二　薄层色谱法分离混合磺胺类药物

1. 实训目的

（1）掌握制备薄层硬板的方法。

（2）掌握薄层色谱法分离鉴定混合物的操作方法。

2. 实训原理

薄层层析是一种微量、快速和简便的色谱方法。由于各种化合物的极性不同，吸附能力不相同，在展开剂上移动，进行不同程度的解析，根据原点至主斑点中心及展开剂前沿的距离，计算比移值（R_f）：

$$R_f = \frac{\text{化合物移动位置到原点的距离}}{\text{展开剂移动位置到原点的距离}}$$

化合物的吸附能力与它们的极性成正比，具有较大极性的化合物吸附较强，因此 R_f 较小。在给定的条件下（吸附剂、展开剂、板层厚度等），化合物移动的距离和展开剂移动的距离之比是一定的，即 R_f 是化合物的物理常数，其大小只与化合物本身的结构有关，因此可以根据 R_f 鉴别化合物。

由于不同的磺胺类药物结构不同，极性也不同，极性大的组分在吸附剂中被吸附得牢固，不易展开，而极性小的组分在吸附剂中被吸附得不牢固，容易展开，从而可将混合物中不同的磺胺类药物分开，通过斑点定位后即可用于定性和定量分析。

3. 仪器及试剂

（1）仪器：层析缸、薄层玻璃板、研钵、毛细管、喷雾器、红外灯、直尺。

（2）试剂：硅胶 G、高分子微球 GDX、1％的氨水、对二甲胺基苯甲醛。

显色剂（Ehrlich）的配制：称取 1g 对二甲胺基苯甲醛溶于 100mL96％的乙醇中。

A：0.5％磺胺嘧啶甲醇溶液。

B：0.5％磺胺甲嘧啶甲醇溶液。

C：0.5％磺胺二甲嘧啶甲醇溶液。

D：A、B、C 的等量混合液。

4. 实训内容及操作步骤

（1）硅胶薄板的制备。取硅胶 G 与 GDX 以 1∶1 均匀混合，置于研钵内研成匀浆液，将匀浆液平铺于玻璃板上成一均匀薄层，晾干，活化。

（2）点样。在距薄板一端 1.5～2cm 处划一起始线，并在点样处作一记号为原点，取 4 根毛细管，分别蘸取 0.5％磺胺嘧啶的甲醇溶液 A、0.5％磺胺甲嘧啶的甲醇溶液 B、0.5％磺胺二甲嘧啶的甲醇溶液 C，3 种磺胺类药物的混合甲醇溶液 D，点于各原点记号上。

（3）展开。将薄板放入装有 1％的氨水溶液的层析缸内，等展开到 3/4～4/5 高度后取出，划出溶剂前沿，晾干。

（4）显色。将显色剂喷于薄层板上，记录斑点颜色。

5. 数据记录及结果计算

（1）定性。框出各斑点，并找出化合物的斑点中心，量出斑点中心到原点的距离和溶剂前沿到原点的距离，计算各种磺胺类药物的 R_f。

（2）定量。将一个斑点显色，将与其相同 R_f 的另一未显色斑点从薄层板上连同吸附剂一起刮下，然后用适当的溶剂将被分离的物质从吸附剂上洗脱下来，进行定量测定。

6. 注意事项

（1）铺板用的匀浆不宜过稠或过稀。

（2）尽量用小的点样管。

（3）温湿度对薄层影响都很大。不冻结的前提下，通常温度越低分离越好。湿度应根据实际情况确定。

7. 评价标准

（1）达到的专项能力目标：必须具备用薄层层析法对混合物进行定性定量分析的能力。

（2）4h 内完成点样、展开、显色、定性定量分析等所有测试工作。

8. 思考题

（1）在一定的操作条件下为什么可利用 R_f 值来鉴定化合物？

（2）在混合物薄层色谱中，如何判定各组分在薄层上的位置？

（3）展开剂的高度若超过了点样线，对薄层色谱有何影响？

实训三　乙醇中微量水分的测定（内标法）

1. 实训目的

（1）掌握气相色谱仪使用热导检测器的操作及液体进样技术。

（2）掌握内标法定量分析的原理和方法。

（3）了解聚合物固定相的色谱特性。

（4）了解色谱工作站的应用。

2. 实验原理

用气相色谱法测定有机物中的微量水，最好选用聚合物固定相如 GDX 系列或有机 401～408 系列。这类多孔高分子微球表面无亲水基团，一般是水先出峰，出峰很快，且峰形对称，有机物主峰在后对测定水峰无干扰。使用 GDX 类固定相，一般不需涂固定液，只将一定粒度的 GDX 装柱老化即可使用，制柱也较简单。

本实验用 GDX-104 作固定相，采用内标法测定乙醇中少量水。以甲醇作内标物，其色谱峰在乙醇和水之间。首先配制标准样，求出水对甲醇的峰高相对校正因子；然后测出试样乙醇中水的质量分数。

3. 仪器与试剂

仪器：气相色谱仪（热导检测器）；$10\mu L$ 微量注射器。

试剂：GDX-104 $60\sim80$ 目；无水乙醇：在分析纯试剂无水乙醇中，加入 500℃ 加热处理过的 5A 分子筛，密封放置 1d，以除去试剂中的微量水分；无水甲醇：按照无水乙醇同样方法做脱水处理。

4. 实训内容及操作步骤

1）色谱条件

柱温 90℃；气化温度 120℃；检测温度 120℃；载气 H_2，流速 30mL/min；桥电流 150mA。

色谱柱：将 $60\sim80$ 目的聚合物固定相 GDX-104 装入长 2m 的不锈钢柱中，于 150℃ 老化处理数小时。

2）实验步骤

（1）峰高相对校正因子的测定。将试样瓶洗净、烘干。加入约 3mL 无水乙醇，称量（称准至 0.0001g，下同）；再加入蒸馏水和无水甲醇各约 0.1mL，分别称量。混匀。吸取 $5.0\mu L$ 上述配制的标准溶液，进样，记录色谱图，测量水和甲醇的峰高。

平行进样二次。

（2）乙醇试样的测定。将试样瓶洗净、烘干、称量。加入 3mL 乙醇试样，称量；再加入适量体积的无水甲醇（视试样中水含量而定，应使甲醇峰高接近试样中水的峰高），称量。混匀后吸取 $5.0\mu L$ 进样，记录色谱图，测量水和甲醇的峰高。

平行进样二次。

5. 数据记录及结果计算

（1）峰高相对校正因子。

$$f'_{水/甲醇} = \frac{m_{水} \cdot h_{甲醇}}{m_{甲醇} \cdot h_{水}}$$

式中：$m_{水}$，$m_{甲醇}$——分别为水和甲醇的质量，g；

$h_{水}$，$h_{甲醇}$——分别为水和甲醇的峰高，mm。

（2）乙醇试样中水的质量分数。

$$w_{水} = f'_{水/甲醇} \times \frac{h_{水}}{h_{甲醇}} \times \frac{m_{甲醇}}{m}$$

式中：$f'_{水/甲醇}$——水对甲醇的峰高相对校正因子；

$m_{甲醇}$——加入甲醇的质量，g；

$h_{水}$，$h_{甲醇}$——分别为水和甲醇的峰高，mm。

（3）数据记录（表 5-8）。

表 5-8　数据记录

校正因子的测定		试样的测定	
$H_{甲醇}$	$h_{水}$	$h_{甲醇}$	$h_{水}$

6. 注意事项

（1）用微量注射器进液体样时，注射器应与进样口垂直。一手捏住针头迅速刺穿硅橡胶垫，另一手平稳地推进针筒，使针头尽可能插得深一些，切勿使针尖碰着气化室内壁。迅速将样品注入后，立即拔针。

（2）本实验适用于 95％试剂乙醇或不含甲醇的工业乙醇中少量水分的测定。若测定无水乙醇中的微量水，则需适当改变操作条件进行精密测定。

7. 评价标准

（1）达到的专项能力目标：必须具备正确选择内标物能力，正确用内标法测定物质含量的能力。

（2）4h 内完成仪器调试及待测溶液的配制与测定工作。

8. 思考题

（1）热导检测器中载气流速与峰高、峰面积的关系如何？试解释内标法中以峰面积定量时为何载气流速的变化对测定结果影响较小？

（2）试解释本实验色谱峰的流出顺序为何按水、甲醇、乙醇流出？

（3）色谱内标法有哪些优点？在什么情况下采用内标法较方便？

实训四　水质中苯系物的色谱分析（外标法）

1. 实训目的

（1）了解苯系物的气相色谱分离分析方法

（2）掌握外标法的定量分析测定

（3）掌握用顶空法预处理水样，用气相色谱法测定苯系物的原理和操作方法。

2. 实训原理

苯系物通常包括苯、甲苯、乙苯、邻位二甲苯、间位二甲苯、对位二甲苯、异丙苯、苯乙烯八种化合物，是生活饮用水、地表水质量标准和污水排放标准中控制的有毒物质指标。测定苯系物的方法有顶空气相色谱法、二硫化碳萃取气相色谱法和气相色谱-质谱（GC-MS）法。本实验采用顶空气相气色谱法，其原理基于：在恒温的密闭容器中，水样中的苯系物挥发进入容器上层气相中，当气、液两相间达到平衡后，取液上气相样品进入氢火焰检测器进行检测，在记录仪上得到色谱图。然后用外标法进行定量测定。

3. 仪器及试剂

(1) 气相色谱仪，具有 FID 检测器。

(2) 涂有 SE-30 色谱固定液的毛细管柱。

(3) 苯系物标准物质：苯、甲苯、乙苯、对二甲苯、间二甲苯、邻二甲苯均为色谱纯。

(4) 苯系物标准贮备液：用 $10\mu L$ 微量注射器取苯系物标准物质，配成浓度各为 $10mg/L$ 的混合水溶液。该贮备液于冰箱内保存，一周内有效。

(5) 康氏电动振荡机，振荡次数不小于 200 次。需在机上自配水槽一个（有进、出水口，并有 100mL 注射器固定夹）；100mL 医用全玻璃注射器；封堵 100mL 注射器用胶帽若干。

(6) 氯化钠（G. R.）。

(7) 高纯氮气（99.999%）。

4. 实训内容及操作步骤

(1) 顶空样品的制备。称取 20.0g 氯化钠，放入 100mL 注射器中，加入 40mL 水样，排出针筒内空气，再吸入 40mL 氮气然后将注射器用胶帽封好，置于康氏振荡器水槽中固定，在 35℃恒温下振荡 5min，抽取液上空中的气体 5mL 做色谱分析。当废水中苯系物浓度较高时，可减少进样量。

(2) 标准曲线的绘制。用苯系物标准贮备液配成浓度为 5、20、40、60、80、100μg/L 的苯系物标准系列水溶液，吸取不同浓度的标准系列溶液，按"顶空样品的制备"方法处理，取 5mL 液上空间气样进行色谱分析，绘制浓度-峰高标准曲线。

(3) 色谱条件。

色谱柱：长 30m，内径 0.32mm，液膜厚度为 $0.32\mu m$ 的弹性石英毛细管柱。

温度：柱温 80℃；汽化室温度 180℃；检测器温度 180℃。

气体流量：氮气 1mL/min，氢气 40mL/min；空气 400mL/min。分流比为 1：50。

(4) 进样测定。按预处理步骤抽取液上空中的气样到已预热到稍高于 35℃的 5mL 注射器中，迅速注射至色谱仪中，立即拔出注射器。

根据样品色谱图上苯系物各组分的峰高，从各自的标准曲线上查得样品中苯系物的浓度。

5. 数据记录及结果计算

(1) 峰高的计算。色谱峰的测量以峰的起点和终点联线作为峰底从峰高极大值对时间轴作垂线对应的时间即为保留时间此线从峰顶至峰底间的线段即为峰高。

(2) 根据测定苯系物标准系列溶液和水样得到的色谱图，绘制各组分浓度-峰高标准曲线；由水样中苯系物各组分的峰高，从各自的标准曲线上查得样品中的浓度。

（3）根据实训操作和条件控制等方面的实际情况，分析可能导致测定误差的因素。

6. 注意事项

配制苯系物标准贮备液时，可先将移取的苯系物加入到少量甲醇中后，再配制成水溶液。配制工作要在通风良好的条件下进行，以免危害健康。

7. 评价标准

（1）达到的专项能力目标：必须具备用外标法测定混合物中有机物含量的能力。通过使用气相色谱仪，正确测定物质含量，分析监测过程中，产生误差的原因。

（2）4h 内完成仪器调试，配制被测组分标准溶液，分别测定待测组分的峰面积，以峰面积对时间做图求出被测组分含量。

8. 思考题

（1）氢火焰离子化检测器的工作原理是什么？
（2）什么叫外标法？它在什么情况下适用？
（3）影响定量准确度的主要因素有哪些？

实训五　高效液相色谱测定奶粉中三聚氰胺的含量（GB/T 22388—2008）

1. 实训目的

三聚氰胺（化学式：$C_3H_6N_6$）呈弱碱性，能溶于甲醛、乙酸等，微溶于水和醇，不可用于食品加工或食品添加物。三聚氰胺可用于生产食品包装材料、农药和化肥，可能从环境、食品包装材料等途径进入到食品中，在产品中检出微量属于正常。三聚氰胺的含氮量为 66% 左右，常被不法商人添加到食品中，以提升检测中蛋白质的含量指标。

2. 实训原理

试样用三氯乙酸-乙腈溶液提取，经阳离子交换固相萃取柱净化后，用高效液相色谱测定，外标法定量。

3. 仪器与试剂

1）仪器

高效液相色谱（HPLC）仪：配有紫外检测器或二极管阵列检测器；离心机：转速不低于 4000r/min；超声波水浴；固相萃取装置；氮气吹干仪；涡旋混合器；50mL 具塞塑料离心管；研钵。

2）试剂

甲醇、乙腈、辛烷磺酸钠均为色谱纯。

氨水（含量为 25%～28%）、柠檬酸（G. R.）。

甲醇水溶液（1+1 体积分数）。

1% 三氯乙酸溶液：准确称取 10g 三氯乙酸于 1L 容量瓶中，用水溶解并定容至刻度，混匀后备用。

5% 氨化甲醇溶液：准确量取 5mL 氨水和 95mL 甲醇，混匀后备用。

离子对试剂缓冲液：准确称取 2.10g 柠檬酸和 2.16g 辛烷磺酸钠，加入约 980mL 水溶解，调节 pH 至 3.0 后，定容至 1L 备用。

三聚氰胺标准品：纯度大于 99.0%。

1mg/mL 的三聚氰胺标准贮备液（用 1+1 甲醇-水溶液溶解定容）。

阳离子交换固相萃取柱：临用前依次用 3mL 甲醇和 5mL 水活化。

微孔滤膜：0.2μm，有机相。

氮气：纯度大于 99.999%。

3）色谱条件

色谱柱：C_8 柱，250mm×4.6mm，5μm（或 C_{18} 三聚氰胺专用柱）；流动相：离子对试剂缓冲液-乙腈（90+10，体积分数）；流速：1.0mL/min；柱温：40℃；波长：240nm；进样量：20μL。

4. 实训内容及操作步骤

（1）标准曲线的绘制。用流动相将三聚氰胺标准贮备液逐级稀释得到的浓度为 0.8μg/mL、2μg/mL、20μg/mL、40μg/mL、80μg/mL 的标准工作液，以峰面积-浓度作图，得到标准曲线回归方程。

（2）样品的测定。

① 提取。称取 2g（精确至 0.01g）试样于 50mL 具塞塑料离心管中，加入 15mL 三氯乙酸溶液（3.2.8）和 5mL 乙腈，超声提取 10min，再振荡提取 10min 后，以不低于 4000r/min 离心 10min。上清液经三氯乙酸溶液润湿的滤纸过滤后，用三氯乙酸溶液定容至 25mL，移取 5mL 滤液，加入 5mL 水混匀后做待净化液。

② 净化。将上一步骤中的待净化液转移至固相萃取柱（临用前已经活化）中。依次用 3mL 水和 3mL 甲醇洗涤，抽至近干后，用 6mL 5% 的氨化甲醇溶液洗脱。整个固相萃取过程流速不超过 1mL/min。洗脱液于 50℃ 下用氮气吹干，残留物（相当于 0.4g 样品）用 1mL 流动相定容，涡旋混合 1min，过微孔滤膜后，供 HPLC 测定。

待测样液中三聚氰胺的响应值应在标准曲线线性范围内，超过线性范围则应稀释后再进样分析。

③ 样品分析。将得到的样品在与标准曲线相同的条件下进行分析，从图上可查出萃取后的待测液中三聚氰胺的含量。

同时做空白试验。

5. 数据记录及结果计算

试样中三聚氰胺的含量 X 按下式进行计算：

$$X = \frac{A \times c \times V \times 1000}{A_s \times m \times 1000} \times f$$

式中：X——试样中三聚氰胺的含量，mg/kg，

　　　A——样液中三聚氰胺的峰面积；

　　　c——标准溶液中三聚氰胺的浓度，μg/mL；

　　　V——样液最终定容体积，mL；

　　　A_s——标准溶液中三聚氰胺的峰面积；

　　　m——试样的质量，g；

　　　f——稀释倍数。

6. 注意事项

（1）流动相应选用色谱纯试剂、高纯水或重蒸水，酸碱液及缓冲液需经过滤后使用，过滤时注意区分水系膜和油系膜的使用范围。

（2）手动进样时，进样量尽量小，使用定量管定量时，进样体积应为定量管的 3~5 倍；

（3）注意色谱柱的适用范围，如 pH 范围、流动相类型等；工作完成后，及时清洗缓冲液。

7. 评价标准

（1）达到的专项能力目标：必须具备用外标法测定混合物中高沸点有机物含量的能力。通过使用液相色谱仪，正确测定物质含量，达到标准规定的要求。

（2）4h 内完成仪器调试，配制被测组分标准溶液，分别测定待测组分的峰面积，以峰面积对浓度作图求出被测组分含量。

（3）具备基本的样品预处理能力。

8. 思考题

（1）内标法与外标法各有哪些特点？本实训为什么采用外标法为好？

（2）为什么要对色谱分析中的样品进行预处理？简单列出 3 个以上的原因。

项目练习题

1. 选择题

（1）在气相色谱法中，可用做定量的参数是（　　　）。

A. 保留时间　　　　B. 相对保留值　　　　C. 半峰宽　　　　D. 峰面积

（2）用气相色谱法进行定量分析时，要求每个组分都出峰的定量方法是（　　　）。

A. 外标法　　　　B. 内标法　　　　C. 标准曲线法　　　D. 归一化法

（3）气相色谱分析中，用于定性分析的参数是（　　　）。

A. 保留值　　　　B. 峰面积　　　　C. 分离度　　　　D. 半峰宽

（4）在气相色谱定量分析中，只有试样的所有组分都能出彼此分离较好的峰才能使用的方法是（　　　）。

A. 归一化法　　　　　　　　　　　　B. 内标法

C. 外标法的单点校正法　　　　　　　D. 外标法的标准曲线法

（5）下列（　　　）是气相色谱的通用型检测器。

A. FID　　　　　　B. DAD　　　　　　C. ECD　　　　　　D. FPD

（6）气相色谱定量分析时，当样品中各组分不能全部出峰或在多种组分中只需定量其中某几个组分时，可选用（　　　）。

A. 归一化法　　　　B. 标准曲线法　　　　C. 比较法　　　　D. 内标法

（7）液相色谱流动相过滤必须使用何种粒径的过滤膜（　　　）。

A. $0.5\mu m$　　　　B. $0.45\mu m$　　　　C. $0.6\mu m$　　　　D. $0.55\mu m$

（8）在液相色谱中用作制备目的的色谱柱内径一般在（　　　）mm 以上

A. 3　　　　　　　B. 4　　　　　　　C. 5　　　　　　　D. 6

（9）高压液相色谱分析实验用水，需使用（　　　）。

A. 一级水　　　　　B. 二级水　　　　　C. 自来水　　　　　D. 三级水

（10）在气液色谱固定相中担体的作用是（　　　）。

A. 提供大的表面涂上固定液　　　　　B. 吸附样品

C. 分离样品　　　　　　　　　　　　D. 脱附样品

（11）将气相色谱用的担体进行酸洗主要是除去担体中的（　　　）。

A. 酸性物质　　　　B. 金属氧化物　　　　C. 氧化硅　　　　D. 阴离子

（12）在气固色谱中各组分在吸附剂上分离开的原理是（　　　）。

A. 各组分的溶解度不一样　　　　　　B. 各组分电负性不一样

C. 各组分颗粒大小不一样　　　　　　D. 各组分的吸附能力不一样

（13）气相色谱中试样组分的分配系数越大，则（　　　）。

A. 每次分配在气相中的浓度越大，保留时间越长

B. 每次分配在气相中的浓度越大，保留时间越短

C. 每次分配在气相中的浓度越小，保留时间越长

D. 每次分配在气相中的浓度越小，保留时间越短

（14）气相色谱固定液不应具备的性质是（　　　）。

A. 选择性好　　　　　　　　　　　　B. 沸点高

C. 对被测组分有适当的溶解能力　　　D. 与样品或载气反应强烈

（15）有效塔板数越多，表示（　　　）。

A. 柱效能越高，越有利组分分离　　　B. 柱效能越高，越不利组分分离

C. 柱效能越低，越有利组分分离　　　D. 柱效能越低，越不利组分分离

（16）对于色谱柱柱温的选择，应该使其温度（　　　）。

A. 高于各组分的平均沸点和固定液的最高使用温度

B. 低于各组分的平均沸点和固定液的最高使用温度

C. 高于各组分的平均沸点，低于固定液的最高使用温度

D. 低于各组分的平均沸点，高于固定液的最高使用温度

（17）在气相色谱分析中，采用程序升温技术的目的是（　　）。

　　A. 改善峰形　　　　　B. 增加峰面积　　　　C. 缩短柱长　　　　D. 改善分离度

（18）反相色谱中，以甲醇-水为流动相，增加流动相中甲醇的比例，组分的保留因子 k 和保留时间 t_R 的变化，下列描述正确的是（　　）。

　　A. k 和 t_R 减小　　　　　　　　　　　　B. k 和 t_R 增大

　　C. k 和 t_R 不变　　　　　　　　　　　　D. k 增大，t_R 减小

（19）气相色谱分离操作条件下列描述错误的是（　　）。

　　A. 当载气流速较小时，采用相对分子质量较大的载气（氮气、氩气）。

　　B. 进样速度必须尽可能的快，一般要求进样时间应小于 1s。

　　C. 进样量多少应以能瞬间气化为准，在线性范围之内。

　　D. 气化室的温度一般比柱温低 $30\sim70℃$。

（20）气相色谱法定量分析中，如果采用氢火焰离子化检测器，测定相对校正因子时应选用下列哪一种物质为基准（　　）。

　　A. 苯　　　　　　　　B. 正己烷　　　　　　C. 正庚烷　　　　　D. 丙酮

2. 判断题

（1）（　　）FID 检测器对所有化合物均有响应，属于通用型检测器。

（2）（　　）气相色谱分析中，混合物能否完全分离取决于色谱柱，分离后的组分能否准确检测出来，取决于检测器。

（3）（　　）液相色谱的流动相配置完成后应先进行超声，再进行过滤。

（4）（　　）氢火焰离子化检测器是一种质量型检测器。

（5）（　　）FID 检测器是典型的非破坏型质量型检测器。

（6）（　　）检测器池体温度不能低于样品的沸点，以免样品在检测器内冷凝。

（7）（　　）在气相色谱分析中，检测器温度可以低于柱温度。

（8）（　　）气相色谱检测器中氢火焰检测器对所有物质都产生响应信号。

（9）（　　）影响热导池检测灵敏度的因素主要有：桥路电流、载气质量、池体温度和热敏元件材料及性质。

（10）（　　）氢火焰离子化检测器的使用温度不应超过 100℃、温度高可能损坏离子头。

（11）（　　）氢火焰离子化检测器是依据不同组分气体的热导系数不同来实现物质测定的。

（12）（　　）相对保留值仅与柱温、固定相性质有关，与其他操作条件无关。

（13）（　　）在液相色谱分析中选择流动相比选择柱温更重要。

（14）（　　）在液相色谱中，试样只要目视无颗粒即不必过滤和脱气。

（15）（　　）在气相色谱分析中通过保留值完全可以准确地给被测物定性。

（16）（　　）气相色谱分析中的归一化法定量的唯一要求是：样品中所有组分都流出色谱柱。

（17）（　　）色谱外标法定量时，须用校正因子，且要求操作条件稳定，进样量准

确且重现性好，否则影响测定结果。

  (18)（ ）归一化法要求样品中所有组分都出峰。

  (19)（ ）高效液相色谱仪的工作流程同气相色谱仪完全一样。

  (20)（ ）反相键合液相色谱法中常用的流动相是水-甲醇。

答案

1. 选择题

(1) D (2) D (3) A (4) D (5) C (6) D (7) B (8) B (9) A

(10) A (11) A (12) D (13) C (14) D (15) A (16) C (17) D

(18) A (19) D (20) C

2. 判断题

(1) × (2) √ (3) × (4) √ (5) × (6) √ (7) × (8) × (9) √

(10) × (11) × (12) √ (13) √ (14) × (15) × (16) × (17) ×

(18) √ (19) × (20) √

模块六　分析化学综合实训

综合实训一　设计用酸碱滴定、配位滴定和氧化还原滴定方法测定蛋壳中钙的含量

1. 实训目的

(1) 巩固滴定分析法的基本理论知识、基本操作技能和试验方法。
(2) 培养学习能够根据试样的性质，灵活运用所学的知识设计分析方案。
(3) 并比较三种方法的难易程度和准确度。

2. 实训要求

(1) 方法、原理（测定条件、反应式、指示剂）。
(2) 实验的仪器（名称、规格、数量）和试剂（名称、浓度、配制方法及标准溶液的标定方法）。
(3) 实验步骤（试样取用量，实验步骤、实验条件，加入试液及现象，加入指示剂级终点颜色变化、注意事项）。
(4) 实验记录（数据列成表格，表格应有的名称，表格中的原始数据项目，计量单位）。
(5) 结果的计算（计算公式，计算步骤）。
(6) 问题的讨论。

3. 提示

一般来说，分析方法的选择原则之一，就是考虑被测组分的性质，即试样是否具有酸碱性、配位性、氧化还原性以及能否生成沉淀等性质，只有充分了解了被测组分的性质，才可以正确选择测定方法。因此，学生要深入了解蛋壳中钙的性质，据此选择分析方法。

综合实训二　十六水泥的分析（GB/T 176—2008）

1. 实训目的

(1) 了解水泥分析的国家标准，学会水泥试样的制备。
(2) 通过水泥样的全分析，掌握系统分析的全过程。
(3) 复习巩固相关的理论知识，提高分析问题、解决问题的能力；为以后在工作中选择分析方法制定分析方案，研究解决实际问题，奠定良好的基础。

2. 水泥试样的制备

将取得的具有代表性的均匀样品。采用四分法或缩分器将试样缩分至约 100g，经 80μm 方孔筛筛析，用磁铁吸去筛余物中金属铁，将筛余物经过研磨后使其全部通过 80μm 方孔筛。将样品充分混匀后，装入带有磨口塞的瓶中并密封保存，供测定用。

3. 分析方法

1）烧矢量的测定（基准法）

（1）实验原理。试样在（950±25）℃的马弗炉中灼烧，驱除水分和二氧化碳，同时将存在的易氧化元素氧化。通常矿渣硅酸盐水泥应对由硫化物的氧化引起的烧矢量误差进行校正，而其他元素引起的误差一般可忽略不计。

（2）仪器设备。

① 马弗炉。

② 瓷坩埚。

（3）实验步骤。称取约 1g 试样，精确至 0.0001g，置于已灼烧恒重的瓷坩埚中，将盖斜置于坩埚上，放在马弗炉内从低温开始逐渐升高温度，在（950±25）℃下灼烧 15～20min，取出坩埚置于干燥器中，冷却至室温。称量。反复灼烧，直至恒重。

（4）烧矢量结果的计算和表示

$$w_{LOI} = \frac{m_{样} - m_1}{m_{样}} \times 100\%$$

式中：w_{LOI}——烧矢量的质量分数，%；

$m_{样}$——试样的质量，g；

m_1——灼烧后试样的质量，g。

（5）矿渣硅酸盐水泥和掺入大量矿渣的其他水泥烧矢量的校正。称取 2 份试样，一份用来直接测定其中的三氧化硫含量；另一份则按测定烧矢量的条件于（950±25）℃下灼烧 15～20min，然后测定灼烧后的试料中的三氧化硫含量。

根据灼烧前后三氧化硫含量的变化，矿渣硅酸盐水泥在灼烧过程中由于硫化物氧化引起灼烧量误差可按下式进行校正：

$$w'_{LOI} = w_{LOI} + 0.8 \times (w_{后} - w_{前})$$

式中：w'_{LOI}——校正后烧矢量的质量分数，%；

w_{LOI}——实际测定的烧矢量的质量分数，%；

$w_{后}$——灼烧后试料中三氧化硫的质量分数，%；

$w_{前}$——灼烧前试料中三氧化硫的质量分数，%；

0.8——S^{2-} 氧化为 SO_4^{2-} 时增加的氧与 SO_3 的摩尔质量比，即（4×6）/80＝0.8。

（6）允许差。取平行测定结果的算术平均值为测定结果。同一实验室的允许差≤ 0.15%；不同实验室的允许差为≤0.20%。

2）不溶物的测定（基准法）

（1）实验原理。试样先以盐酸溶液处理，尽量避免可溶性二氧化硅的析出，滤出的不溶残渣再以氢氧化钠溶液处理，进一步溶解可能已沉淀的痕量二氧化硅，经盐酸中和、过滤后，残渣在高温下灼烧后称量。

（2）仪器与试剂。

① 马弗炉。

② 瓷坩埚。

③ 中速滤纸。

④ 10g/L 氢氧化钠溶液。将 10g 氢氧化钠溶于水中，加水稀释至 1L，贮存于塑料瓶中。

⑤ 甲基红指示剂溶液。将 0.2g 甲基红溶于 100mL 95%（体积分数）乙醇中。

⑥ HCl(1+1)。

⑦ 20g/L 硝酸铵溶液。将 20g 硝酸铵溶于水中，加水稀释至 1L。

（3）实验步骤。称取约 1g 试样，精确至 0.0001g，置于 150mL 烧杯中，加 25mL 水，搅拌使其分散。在搅拌下加入 5mL 盐酸，用平头玻璃棒压碎块状物使其分解完全（必要时可将溶液稍稍加温几分钟），用近沸的热水稀释至 50mL，盖上表面皿，将烧杯置于蒸汽水浴中加热 15min。用中速定量滤纸过滤，用热水充分洗涤 10 次以上。

将残渣和滤纸一并移入原烧杯中，加入 100mL 近沸的氢氧化钠溶液，盖上表面皿，将烧杯置于蒸汽水浴中加热 15min，加热期间搅动滤纸及残渣 2～3 次。取下烧杯，加入 1～2 滴甲基红指示液，滴加盐酸溶液（1+1）至溶液呈红色，再过量 8～10 滴。用中速定量滤纸过滤，用热的硝酸铵溶液充分洗涤至少 14 次。

将残渣和滤纸一并移入已灼烧恒重的瓷坩埚中，灰化后在（950±25）℃的马弗炉内灼烧 30min，取出坩埚置于干燥器中冷却至室温，称量。反复灼烧，直至恒重。

（4）水不溶物结果的计算和表示

$$w_{水不溶物} = \frac{m_1 - m_2}{m_{样}} \times 100\%$$

式中：$w_{水不溶物}$——水不溶物的质量分数，%；

　　　m_1——瓷坩埚加水不溶物质量，g；

　　　m_2——瓷坩埚质量，g；

　　　$m_{样}$——称取样品质量，g。

（5）允许差。取平行测定结果的算术平均值为测定结果。同一实验室的允许差为：含量≤3%时，0.10%；含量>3%时，0.15%；不同实验室的允许差为：含量≤3%时，0.10%；含量>3%时，0.20%。

3）二氧化硅的测定（基准法）

（1）实验原理。试样以无水碳酸钠烧结，盐酸溶解，加固体氯化铵于沸水浴上加热蒸发，使硅酸凝聚。经过滤灼烧称量，用氢氟酸处理后，失去的质量即为凝胶性二氧化硅含量，加上从滤液中比色回收可溶性的二氧化硅量即为总二氧化硅含量。

（2）仪器药品。

① 马弗炉。

② 铂坩埚：15～30mL。

③ 瓷蒸发皿：150～200mL。

④ 无水碳酸钠。

⑤ 氯化铵。

⑥ 盐酸：浓盐酸；(1+1)；(1+11)；(3+97)。

⑦ 浓硝酸。

⑧ 硫酸 (1+4)。

⑨ 氢氟酸。

⑩ 硝酸银溶液 (0.1mol/L)。

⑪ 焦硫酸钾：将市售焦硫酸钾在瓷蒸发皿中加热熔化，待气泡停止发生后，冷却，砸碎，贮存于磨口瓶中。

⑫ 二氧化硅：光谱纯。

⑬ 乙醇 [95%(体积分数)]。

⑭ 50g/L 钼酸铵溶液：将 5g 钼酸铵 $[(NH_4)_6Mo_7O_{24} \cdot 4H_2O]$ 溶于水中，加水稀释至 100mL，过滤后贮存于塑料瓶中。此溶液可保存约 1 周。

⑮ 5g/L 抗坏血酸：将 0.5g 抗坏血酸溶于 100mL 水中，过滤后使用。用时现配。

(3) 实验步骤。

① 凝胶性二氧化硅的测定。称取约 0.5g 试样，精确至 0.0001g，置于铂坩埚中，将盖斜置于坩埚上，在 950～1000℃下灼烧 5min，取出坩埚冷却。用玻璃棒仔细压碎块状物，加入 (0.3±0.01)g 已磨碎的无水碳酸钠，混匀，再将坩埚置于 950～1000℃下灼烧 10min，取出坩埚冷却。

将烧结块移入瓷蒸发皿中，加少量的水润湿，用平头玻璃棒压碎块状物，盖上表面皿，从皿口慢慢加入 5mL 盐酸及 2～3 滴硝酸，待反应停止后取下表面皿，用平头玻璃棒压碎块状物使其分解完全，用热盐酸 (1+1) 清洗坩埚数次，洗液合并于蒸发皿中。将蒸发皿置于蒸汽水浴上，皿上放一玻璃三角架，再盖上表面皿。蒸发至糊状后，加入 1g 氯化铵，充分搅匀，在蒸汽水浴上蒸发至干后继续蒸发 10～15min，蒸发期间用平头玻璃棒仔细搅拌并压碎大颗粒。

取下蒸发皿，加入 10～20mL 热盐酸 (3+97)，搅拌使可溶性盐类溶解。用中速定量滤纸过滤，用胶头擦棒擦洗玻璃棒和蒸发皿，用热盐酸 (3+97) 洗涤沉淀 3～4 次，然后用热水充分洗涤沉淀，直至检验无氯离子为止 (硝酸银检验)。滤液及洗液收集于 250mL 容量瓶中。

将沉淀连同滤纸一并移入铂坩埚中，将盖斜置于坩埚上，在电炉上干燥、灰化完全后，放入 950～1000℃的马弗炉内灼烧 60min，取出坩埚置于干燥器中冷却至室温，称量。反复灼烧，直至恒量 (m_1)。

向坩埚中慢慢加数滴水润湿沉淀，加 3 滴硫酸 (1+4) 和 10mL 氢氟酸，放入通风橱内电热板上缓慢加热，蒸发至干，升高温度继续加热至三氧化硫白烟完全逸尽。将坩埚放入 950～1000℃的马弗炉内灼烧 30min，取出坩埚置于干燥器中冷却至室温，称量。反复灼烧，直至恒量 (m_2)。

② 可溶性二氧化硅的测定。

a. 经氢氟酸处理后的残渣的分解。向上述凝胶性二氧化硅测定中经过氢氟酸处理后得到的残渣内加入 0.5g 焦硫酸钾，在喷灯上熔融，熔块用热水和数滴盐酸（1＋1）溶解，溶液合并入凝胶性二氧化硅测定中分离二氧化硅后得到的滤液和洗液中。用水稀释至标线，摇匀，此溶液为溶液 A。

溶液 A 供测定滤液中残留的可溶性二氧化硅、三氧化二铁、三氧化二铝、氧化钙、氧化镁、二氧化钛和五氧化二磷用。

b. 工作曲线的绘制。称取 0.2000g 经 1000～1100℃ 新灼烧过 60min 以上的二氧化硅（光谱纯），精确至 0.0001g，置于铂坩埚中，加入 2g 无水碳酸钠，搅拌均匀，在 950～1000℃ 高温下熔融 15min。冷却，将熔融物浸出于盛有约 100mL 沸水的塑料杯中，待全部溶解后冷却至室温，移入 1000mL 容量瓶中，用水稀释至标线，摇匀，移入塑料瓶中保存。此标准溶液每毫升含有 0.2mg 二氧化硅。

吸取 50.00mL 上述溶液于 500mL 容量瓶中，用水稀释至标线，摇匀，移入塑料瓶中保存。此标准溶液每毫升含有 0.02mg 二氧化硅。

吸取每毫升含有 0.02mg 二氧化硅的标准溶液 0mL、2.00mL、4.00mL、5.00mL、6.00mL、8.00mL、10.00mL 分别放入 100mL 容量瓶中，加水稀释至约 40mL，依次加入 5mL 盐酸（1＋10），8mL 95%（体积分数）乙醇，6mL 钼酸铵溶液，摇匀。放置 30min 后，加入 20mL 盐酸（1＋1）、5mL 抗坏血酸，用水稀释至标线，摇匀。放置 60min 后，使用分光光度计，10mm 比色皿，以水作参比，于 660nm 处测定溶液的吸光度。用测得的吸光度作为相应的二氧化硅含量的函数，绘制工作曲线。

c. 可溶性二氧化硅的测定。吸取 25.00mL 溶液 A 放入 100mL 容量瓶中，用水稀释至 40mL，依次加入 5mL 盐酸（1＋10），8mL 95%（体积分数）乙醇，6mL 钼酸铵溶液，放置 30min 后加入 20mL 盐酸（1＋1）、5mL 抗坏血酸溶液，用水稀释至标线，摇匀。放置 60min 后，用分光光度计，10mm 比色皿，以水作参比，于 660nm 处测定溶液的吸光度。在工作曲线上查出二氧化硅的含量（m_3）。

（4）二氧化硅含量的计算和结果的表示

① 纯二氧化硅含量按下式计算。

$$w_{\text{纯SiO}_2} = \frac{m_1 - m_2}{m_{\text{样}}} \times 100\%$$

式中：$w_{\text{纯SiO}_2}$——纯二氧化硅的质量分数，%；

　　　m_1——灼烧后未经氢氟酸处理的沉淀及坩埚的质量，g；

　　　m_2——用氢氟酸处理并经灼烧后的残渣及坩埚的质量，g；

　　　$m_{\text{样}}$——称取样品的质量，g。

② 可溶性二氧化硅含量按下式计算。

$$w_{\text{可溶性SiO}_2} = \frac{m_3}{m_{\text{样}} \times \dfrac{25}{250} \times 1000} \times 100\%$$

式中：$w_{\text{可溶性SiO}_2}$——可溶性二氧化硅的质量分数，%；

　　　m_3——25.00mL 溶液 A 中二氧化硅的质量，mg；

$m_{样}$——称取样品的质量，g。

③ 总 SiO_2＝纯 SiO_2＋可溶性 SiO_2。

（5）允许差。取平行测定结果的算术平均值为测定结果。同一实验室的允许差≤0.15%；不同实验室的允许差≤0.20%。

4）三氧化二铁的测定（基准法）

（1）实验原理。在 pH 为 1.8～2.0，温度为 60～70℃的溶液中，以磺基水杨酸钠为指示剂，用 EDTA 标准溶液滴定。

（2）仪器与试剂。

① 一般实验室仪器。

② 精密 pH 试纸检验。

③ 氨水（1+1）。

④ 盐酸（1+1）。

⑤ 磺基水杨酸钠指示剂溶液。配制：将 10g 磺基水杨酸钠溶于水中，加水稀释至100mL。

⑥ 钙黄绿素-甲基百里香酚蓝-酚酞混合指示剂（简称 CMP 混合指示剂）：称取1.000g 钙黄绿素、1.000g 甲基百里香酚蓝、0.200g 酚酞与 50g 已在 105℃烘干过的硝酸钾混合研细，保存在磨口瓶中。

⑦ 200g/L 氢氧化钾溶液。配制：将 200g 氢氧化钾溶于水中，加水稀释至 1L。贮存于塑料瓶中。

⑧ 碳酸钙：基准试剂。

⑨ c_{EDTA} 0.015mol/L EDTA 标准溶液。

配制：称取约 5.6gEDTA 置于烧杯中，加约 200mL 水，加热溶解，过滤，用水稀释至 1L，摇匀。

标定：称取 0.6g 已于 105～110℃烘过 2h 的碳酸钙，精确至 0.0001g，置于 400mL 烧杯中，加入约 100mL 水，盖上表面皿，沿杯口慢慢滴加 5～10mL 盐酸（1+1），至碳酸钙全部溶解，加热煮沸数分钟。将溶液冷至室温，移入 250mL 容量瓶中，用水稀释至标线，摇匀。

吸取 25.00mL 碳酸钙标准溶液于 300mL 烧杯中，加水稀释至 200mL，加入适量的 CMP 混合指示剂，在搅拌下加入氢氧化钾溶液至出现绿色荧光后再过量 2～3mL，以 EDTA 标准滴定溶液滴定至绿色荧光消失并呈现红色。

EDTA 标准滴定溶液的物质的量浓度按下式计算：

$$c_{EDTA} = \frac{m \times \frac{25}{250}}{M_{CaCO_3}V}$$

式中：c_{EDTA}——EDTA 标准溶液的物质的量浓度，mol/L；

$\quad\quad V$——标定时消耗 EDTA 标准溶液的体积，L；

$\quad\quad m$——碳酸钙的质量，g；

$\quad\quad M_{CaCO_3}$——$CaCO_3$ 的摩尔质量，g/mol。

（3）实验步骤。吸取 25.00mL 溶液 A 放入 300mL 烧杯中，加水稀释至约 100mL，用氨水（1+1）和盐酸（1+1）调节溶液 pH 在 1.8～2.0 之间（用精密 pH 试纸或酸度计检验）。将溶液加热至 70℃，加 10 滴磺基水杨酸钠指示液，用 c_{EDTA} 0.015mol/L EDTA 标准溶液缓慢地滴定至亮黄色（终点时溶液温度应不低于 60℃）。保留此溶液供测定氧化铝用。

（4）三氧化二铁含量的计算和表示。

$$w_{Fe_2O_3} = \frac{c_{EDTA}VM_{1/2\,Fe_2O_3}}{m_{样} \times \dfrac{25}{250}} \times 100\%$$

式中：$w_{Fe_2O_3}$——Fe$_2$O$_3$ 的质量分数，%；

c_{EDTA}——EDTA 标准溶液的物质的量浓度，mol/L；

V——测定 Fe$_2$O$_3$ 时消耗 EDTA 标准溶液的体积，L；

$M_{1/2\,Fe_2O_3}$——1/2 Fe$_2$O$_3$ 的摩尔质量，g/mol；

$m_{样}$——称取样品的质量，g。

（5）允许差。取平行测定结果的算术平均值为测定结果。同一实验室的允许差≤0.15%；不同实验室的允许差≤0.20%。

5）三氧化二铝的测定（基准法）

（1）实验原理。于滴定铁后的溶液中，调整 pH 至 3，在煮沸下用 EDTA-铜溶液和 PAN 为指示剂，用 EDTA 标准溶液滴定。

（2）仪器与试剂。

① 一般实验室仪器。

② 溴酚蓝指示剂溶液：将 0.2g 溴酚蓝溶于 100mL 乙醇（1+4）中。

③ 氨水（1+1）。

④ 盐酸（1+1）。

⑤ 硫酸（1+1）。

⑥ pH3 的缓冲溶液：将 3.2g 无水乙酸钠溶于水中，加 120mL 冰乙酸，用水稀释至 1L，摇匀。

⑦ pH4.3 的缓冲溶液：将 42.3g 无水乙酸钠溶于水中，加 80mL 冰乙酸，用水稀释至 lL，摇匀。

⑧ 1-(2-吡啶偶氮)-2 萘酚（PAN）指示剂溶液：将 0.2gPAN 溶于 100mL 95%（体积分数）乙醇中。

⑨ EDTA-铜溶液（EDTA 标准溶液与硫酸铜标准溶液体积比的标定）。

a. c_{EDTA} 0.015mol/L EDTA 标准溶液（制备与测定三氧化二铁中同）。

b. 将 3.7g 硫酸铜（CuSO$_4$·5H$_2$O）溶于水中，加 4～5 滴硫酸（1+1），用水稀释至 1L，摇匀。

c. 从滴定管缓慢放出 10～15mL c_{EDTA} 0.015mol/L EDTA 标准溶液于 300mL 烧杯中，用水稀释至约 150mL，加 15mL pH4.3 的缓冲溶液，加热至沸，取下稍冷，加 4～5 滴 PAN 指示液，以硫酸铜标准溶液滴定至亮紫色。

EDTA 标准溶液与硫酸铜标准溶液的体积比按下式计算。

$$K = \frac{V_1}{V_2}$$

式中：K——每毫升硫酸铜标准溶液相当于 EDTA 标准溶液的毫升数；

$\quad V_1$——EDTA 标准溶液的体积，mL；

$\quad V_2$——滴定时消耗硫酸铜标准溶液的体积，mL。

d. 将 $c_{EDTA} = 0.015mol/L$ EDTA 标准溶液与 c_{CuSO_4} 0.015mol/L 硫酸铜标准溶液的按测得的体积比，准确配制成等物质的量浓度的混合溶液。

（3）实验步骤。将测完铁的溶液用水稀释至约 200mL，加 1～2 滴溴酚蓝指示液，滴加氨水（1＋1）至出现蓝紫色，再滴加盐酸（1＋1）至黄色，加入 15mL pH3.0 的缓冲溶液，加热煮沸并保持微沸 1min，加入 10 滴 EDTA-铜溶液及 2～3 滴 PAN 指示液，用 c_{EDTA} 0.015mol/L 的 EDTA 标准溶液滴定至红色消失，继续煮沸，滴定，直至溶液经煮沸后红色不再出现呈现稳定的亮黄色为止。

（4）氧化铝含量的计算和表示

$$w_{Al_2O_3} = \frac{c_{EDTA} V M_{1/2\,Al_2O_3}}{m_{样} \times \dfrac{25}{250}} \times 100\%$$

式中：$w_{Al_2O_3}$——Al_2O_3 的质量分数，%；

$\quad c_{EDTA}$——EDTA 标准溶液的物质的量浓度，mol/L；

$\quad V$——测定 Al_2O_3 时消耗 EDTA 标准溶液的体积，L；

$\quad M_{1/2\,Al_2O_3}$——$1/2\ Al_2O_3$ 的摩尔质量，g/mol；

$\quad m_{样}$——称取样品的质量，g。

（5）允许差。取平行测定结果的算术平均值为测定结果。同一实验室的允许差≤0.20%；不同实验室的允许差≤0.30%。

6）氧化钙的测定（基准法）

（1）实验原理。在 pH13 以上强碱性溶液中，以三乙醇胺为掩蔽剂，用钙黄绿素-甲基百里香酚蓝-酚酞混合指示剂（简称 CMP 指示剂），用 EDTA 标准滴定溶液滴定。

（2）仪器与试剂。

① 一般实验室仪器。

② 三乙醇胺（1＋2）。

③ 钙黄绿素-甲基百里香酚蓝-酚酞混合指示剂：称取 1.000g 钙黄绿素、1.000g 甲基百里香酚蓝、0.200g 酚酞与 50g 已在 105℃烘干过的硝酸钾混合研细，保存在磨口瓶中。

④ 200g/L 氢氧化钾溶液。配制：将 200g 氢氧化钾溶于水中，加水稀释至 1L。贮存于塑料瓶中。

⑤ c_{EDTA}-0.015mol/L EDTA 标准溶液。制备与三氧化二铁（基准法）测定中相同。

（3）实验步骤。吸取 25.00mL 溶液 A 放入 300mL 烧杯中，加水稀释至约 200mL，加 5mL 三乙醇胺（1＋2）及适量的钙黄绿素-甲基百里香酚蓝-酚酞混合指示剂，在搅拌下加入氢氧化钾溶液至出现绿色荧光后再过量 5～8mL，此时溶液在 pH13 以上，用

c_{EDTA}＝0.015mol/L EDTA 标准滴定溶液滴定至绿色荧光消失并呈现红色。

（4）氧化钙含量的计算和表示

$$w_{CaO} = \frac{c_{EDTA} V M_{CaO}}{m_{样} \times \dfrac{25}{250}} \times 100\%$$

式中：w_{CaO}——CaO 的质量分数，％；

　　　c_{EDTA}——EDTA 标准溶液的物质的量浓度，mol/L。

　　　V——测定 CaO 时消耗 EDTA 标准溶液的体积，L；

　　　M_{CaO}——CaO 的摩尔质量，g/mol；

　　　$m_{样}$——称取样品的质量，g。

（5）允许差。取平行测定结果的算术平均值为测定结果。同一实验室的允许差≤0.25％，不同实验室的允许差≤0.40％。

7）氧化镁的测定（基准法）

（1）实验原理。以氢氟酸-高氯酸分解或氢氧化钠熔融-盐酸分解试样的方法制备溶液，分取一定量的溶液，用锶盐消除硅、铝、钛等对镁的干扰，在空气-乙炔火焰中，于波长 285.2nm 处测定溶液的吸光度。

（2）仪器与试剂。

① 氯化锶溶液（Sr 50g/L）：将 152.2g 氯化锶（$SrCl_2 \cdot 6H_2O$）溶解于水中，用水稀释至 1L，必要时过滤。

② 氢氟酸。

③ 高氯酸。

④ 氢氧化钠。

⑤ 乙炔气体。

⑥ 空气压缩机。

⑦ 原子吸收光谱仪。

⑧ 马弗炉。

⑨ 氧化镁（光谱纯）。

（3）实验步骤。

① 氧化镁标准溶液的配制。称取 1.000g 已于（950±25）℃灼烧过 60min 的氧化镁（基准试剂或光谱纯试剂），精确至 0.0001g，置于 250mL 烧杯中，加入 50mL 水，再缓缓加入 20mL 盐酸（1+1），低温加热至完全溶解，冷却至室温后，移入 1000mL 容量瓶中，用水稀释至标线，摇匀。此标准溶液每毫升含镁 1mg。

吸取 25.00mL 上述标准溶液放入 500mL 容量瓶中，用水稀释至标线，摇匀。此标准溶液每毫升含镁 0.05mg。

② 工作曲线的绘制。吸取每毫升含 0.05mg 的镁标准溶液 0mL、2.00mL、4.00mL、6.00mL、8.00mL、10.00mL、12.00mL 分别放入 500mL 容量瓶中，加入 30mL 盐酸及 10mL 氯化锶，用水稀释至标线摇匀，将原子吸收光谱仪调制最佳工作状态，在空气-乙炔火焰中用镁元素空心阴极灯，于波长 285.2nm 处，以水校零测定溶液吸光度，

用测得的吸光度作为对应的氧化镁含量的函数,绘制工作曲线。

③ 样品的分析。

a. 氢氟酸-高氯酸分解试样。称取约 0.1g 试样 (m_{19}),精确至 0.0001g,置于铂坩埚中,加入 0.5~1mL 水润湿,加入 5~7mL 氢氟酸和 0.5mL 高氯酸,放入通风橱内低温电热板上加热,近干时摇动铂坩埚以防溅失。待白色浓烟完全驱尽后,取下冷却,加入 20mL 盐酸 (1+1) 温热至溶液澄清,冷却后,移入 250mL 容量瓶中,加入 5mL 氯化锶溶液,用水稀释至标线,摇匀。

b. 氢氧化钠熔融-盐酸分解试样。称取约 0.1g 试样 (m_{20}),精确至 0.0001g,置于银坩埚中,加入 3~4g 氢氧化钠,盖上坩埚盖(留有缝隙),放入马弗炉中,在 750℃ 的高温下熔融 10min,取出冷却,将坩埚放入已盛有约 100mL 沸水的 300mL 烧杯中,盖上表面皿,待熔块完全浸出后(必要时适当加热),取出坩埚,用水冲洗坩埚和盖。在搅拌下一次加入 35mL 盐酸 (1+1),用热盐酸 (1+9) 洗净坩埚和盖。将溶液加热煮沸,冷却后移入 250mL 容量瓶中,用水稀释至标线,摇匀。

从上述两种分解试样的溶液之一中,吸取一定量的溶液放入容量瓶中(试样溶液的分取量及容量瓶的容积视氧化镁的含量而定),加入盐酸 (1+1) 及氯化锶溶液,使测定溶液中盐酸的体积分数为 6%,锶的浓度为 1mg/mL。用水稀释至标线,摇匀。用原子吸收光谱仪在空气-乙炔火焰中,用镁空心阴极灯,与波长 285.2nm 处,在与标准溶液相同的仪器条件下测定溶液吸光值,在工作曲线上查出氧化镁的浓度 (c_1)。

(4) 氧化镁含量的计算和表示

$$w_{MgO} = \frac{c_1 \times V \times n}{m_{样} \times 1000} \times 100$$

式中:w_{MgO}——氧化镁的质量分数,%;

c_1——测定溶液中氧化镁的浓度,mg/L;

V——测定溶液的体积,mL;

n——全部试样溶液与所取试样溶液的体积比;

$m_{样}$——试样的质量,g。

(5) 允许差。取平行测定结果的算术平均值为测定结果。同一实验室的允许差 ≤0.15%,

不同实验室的允许差 ≤0.25%。

8) 二氧化钛的测定

(1) 实验原理。在酸性溶液中 TiO^{2+} 与二安替比林甲烷生成黄色配合物,于波长 420nm 处测定吸光度,用抗坏血酸消除三价铁离子的干扰。

(2) 仪器与试剂。

① 焦硫酸钾 ($K_2S_2O_7$):将市售焦硫酸钾在瓷蒸发皿中加热融化,待气泡停止发生后,冷却、砸碎,贮存于磨口瓶中。

② 抗坏血酸 (5g/L):将 0.5g 抗坏血酸溶于 100mL 的水中,必要时过滤后使用,用时现配。

③ 乙醇:95%(体积分数)。

④ 二安替比林甲烷（30g/L 盐酸溶液）：将 3g 二安替比林甲烷（$C_{23}H_{24}N_4O_2$）溶于 100mL 盐酸（1+10）中，必要时过滤后使用。

⑤ 氧化钛（光谱纯）。

⑥ 马弗炉。

⑦ 分光光度计。

（3）实验步骤。

① 二氧化钛标准溶液的配制：称取 0.1000g 已于（950±25）℃灼烧过 60min 的二氧化钛（TiO_2，光谱纯），精确至 0.0001g，置于铂坩埚中，加入 2g 焦硫酸钾，在 500～600℃下熔融至透明，冷却后，熔块用硫酸（1+9）浸出，加热至 50～60℃使熔块完全溶解，冷却至室温后，移入 1000mL 容量瓶中，用硫酸（1+9）稀释至标线，摇匀。此标准溶液每毫升含 0.1mg 二氧化钛。

吸取 100.0mL 上述标准溶液放入 500mL 容量瓶中，用硫酸（1+9）稀释至标线，摇匀，此标准溶液每毫升含 0.02mg 氧化钛。

② 标准曲线的绘制：吸取每毫升含 0.02mg 二氧化钛溶液 0mL、2.00mL、4.00mL、6.00mL、8.00mL、10.00mL、12.00mL、15.00mL 分别放入 100mL 容量瓶中，依次加入 10mL 盐酸（1+2）、10mL 抗坏血酸、5mL 乙醇、20mL 二安替比林甲烷溶液，用水稀释至标线，摇匀，放置 40min 后，用分光光度计，10mm 比色皿，以水作参比，于波长 420nm 处测定溶液的吸光度，用测得的吸光值作为相对应的二氧化钛含量的函数，绘制工作曲线。

③ 样品的测定：吸取溶液 A 25.00mL 放入 100mL 容量瓶中，加入 10mL(1+2) 盐酸、10mL 抗坏血酸，放置 5min，加入 5mL 乙醇、20mL 二安替比林甲烷溶液，用水稀释至标线，摇匀，放置 40min 后，用分光光度计，10mm 比色皿，以水作参比，于波长 420nm 处测定溶液的吸光度，在工作曲线上查出二氧化钛的含量（m）。

（4）氧化钛含量的计算和表示

$$w_{TiO_2} = \frac{m \times 10}{m_{样} \times 1000} \times 100 = \frac{m}{m_{样}}$$

式中：w_{TiO_2}——二氧化钛的质量分数，%；

　　　　m——移取 25.00mL 溶液 A 中二氧化钛的含量，mg；

　　　　$m_{样}$——试样的质量，g。

（5）允许差。取平行测定结果的算术平均值为测定结果。同一实验室的允许差 ≤0.05%，不同实验室的允许差≤0.10%。

9）氧化钾和氧化钠的测定——火焰光度法（基准法）

（1）实验原理。实验经氢氟酸-硫酸蒸发处理除去硅，用热水浸取残渣，以氨水和碳酸铵分离铁、铝、钙、镁。滤液中的钾钠用火焰光度计进行测定。

（2）仪器与试剂。

① 氨水（1+1）。

② 碳酸铵（100g/L）：将 10g 碳酸铵溶于 100mL 水中。用时现配。

③ 快速滤纸。

④ 火焰光度计：可稳定地测定钾在波长 768nm 处和钠在波长 589nm 处的谱线强度。

⑤ 氯化钾和氯化钠：光谱纯。

（3）实验步骤。

① 氧化钾（K_2O）、氧化钠（Na_2O）标准溶液的配制。称取于 105～110℃烘过 2h 的氯化钾和氯化钠（两者均为基准试剂或光谱纯）1.5829g 和 1.8859g，精确至 0.0001g，置于烧杯中，加水溶解后移入 1000mL 容量瓶，用水稀释至标线，摇匀，贮存于塑料瓶中。此标准溶液每毫升含 1mg 氧化钾及 1mg 氧化钠。

② 工作曲线的绘制：吸取每毫升含 1mg 氧化钾及 1mg 氧化钠的标准溶液 0mL、2.50mL、5.00mL、10.00mL、15.00mL、20.00mL 分别放入 500mL 容量瓶中用水稀释至标线，摇匀，贮存于塑料瓶中，将火焰光度计调节至最佳工作状态，按仪器使用规程进行测定，用测得的检流计读数作为相对应的氧化钾和氧化钠含量的函数，绘制工作曲线。

③ 样品的测定。称取约 0.2g 试样，精确至 0.0001g，置于铂坩埚中，加少量水润湿，加 5～7mL 氢氟酸和 15～20 滴硫酸（1+1），放入通风橱内低温电热板上加热，近干时摇动铂皿，以防溅失，待氢氟酸驱赶后逐渐升高温度，继续将三氧化硫白烟驱尽，取下冷却，加 40～50mL 热水，压碎残渣使其溶解，加入 1 滴甲基红溶液，用氨水（1+1）中和至黄色，再加入 10mL 碳酸铵溶液搅拌，然后放入通风橱电热板上加热至沸并继续微沸 20～30min，用快速滤纸过滤，以热水充分洗涤，滤液及洗液收集于 100mL 容量瓶中冷却至室温。用盐酸（1+1）中和至微红色，用水稀释至标线，摇匀。在火焰光度计上，按仪器使用规程，在与标准溶液测定相同的仪器条件下进行测定，在工作曲线上分别查出氧化钾和氧化钠的含量（m_1）和（m_2）。

（4）氧化钾和氧化钠含量的计算和表示。

氧化钾和氧化钠的质量分数 w_{K_2O} 和 w_{Na_2O} 分别按下式计算：

$$w_{K_2O} = \frac{m_1}{m_{样} \times 1000} \times 100$$

$$w_{Na_2O} = \frac{m_2}{m_{样} \times 1000} \times 100$$

式中：w_{K_2O}——氧化钾的质量分数，%；

w_{Na_2O}——氧化钠的质量分数，%；

m_1——100mL 测定溶液中氧化钾的含量，mg；

m_2——100mL 测定溶液中氧化钠的含量，mg；

$m_{样}$——试样的质量，g。

（5）允许差。取平行测定结果的算术平均值为测定结果。氧化钾同一实验室的允许差≤0.10%，不同实验室的允许差≤0.15%；氧化钾同一实验室的允许差≤0.05%，不同实验室的允许差≤0.10%。

10）硫酸盐-三氧化硫的测定（基准法）

（1）实验原理。在酸性溶液中，用氯化钡溶液沉淀硫酸盐，经过滤灼烧后，以硫酸钡形式称量。测定结果以三氧化硫计。

（2）仪器药品。

① 一般实验室仪器。

② 马弗炉。

③ 瓷坩埚。

④ 中速滤纸、定量慢速滤纸。

⑤ 盐酸（1+1）。

⑥ 100g/L 氯化钡溶液：将 100g 二水氯化钡溶于水中，加水稀释至 1L。

（3）实验步骤。称取约 0.5 试祥，精确至 0.0001g，置于 200mL 烧杯中，加入约 40mL 水搅拌使试样完全分散。在搅拌下加入 10mL 盐酸（1+1），用平头玻璃棒压碎块状物，加热煮沸，并保持微沸（5±0.5）min。用中速滤纸过滤，用热水洗涤 10～12 次。滤液和洗液收集于 400mL 烧杯中，加水稀释至约 250mL，玻璃棒底部压一片定量滤纸，盖上表面皿，加热煮沸，在微沸下从杯口缓慢逐滴加入 10mL 热的氯化钡溶液，继续微沸 3min 以上，使沉淀良好的形成，然后在常温下静置 12～24h 或温热处静置至少 4h（仲裁分析应在常温下静置 12～24h），此时溶液的体积应保持在 200mL。用慢速定量滤纸过滤，用温水洗涤，直至检验无氯离子为止（AgNO₃ 溶液检验）。

将沉淀及滤纸一并移入已灼烧恒重的瓷坩埚中，灰化后在 800～950℃马弗炉内灼烧 30min，取出坩埚置于干燥器中冷却至室温，称量。反复灼烧，直至恒重。

（4）三氧化硫含量的计算和表示。

$$w_{SO_3} = \frac{(m_1 - m_2) \times \dfrac{M_{SO_3}}{M_{BaSO_4}}}{m_{样}} \times 100\%$$

式中：w_{SO_3}——SO₃ 的质量分数，%；

　　　m_1——瓷坩埚加硫酸钡质量，g；

　　　m_2——瓷坩埚质量，g；

　　　M_{SO_3}——SO₃ 的摩尔质量，g/mol；

　　　M_{BaSO_4}——BaSO₄ 的摩尔质量，g/mol；

　　　$m_{样}$——称取样品质量，g。

（5）允许差。取平行测定结果的算术平均值为测定结果。同一实验室的允许误差为 0.15%；不同实验室的允许误差为 0.20%。

11）氯离子的测定——硫氰酸铵容量法（基准法）

（1）实验原理。本方法测定除氟以外的卤素含量，以氯离子（Cl⁻）表示结果，试样用硝酸进行分解，同时消除硫化物的干扰。加入已知量的硝酸银标准溶液使氯离子以氯化银的形式沉淀。煮沸、过滤后，将滤液和洗涤液冷却至 25℃以下，以铁（Ⅲ）盐为指示剂，用硫氰酸铵标准溶液滴定过量的硝酸银。

（2）仪器与试剂。

① 硝酸银标准溶液 c_{AgNO_3} 0.05mol/L。称取 8.4940g 已于（150±5）℃烘过 2h 的硝酸银，精确至 0.0001g，加水溶解后，移入 1000mL 容量瓶中，加水稀释至标线，摇匀，贮存于棕色瓶中，避光保存。

② 硫氰酸铵标准滴定溶液 c_{NH_4SCN} 0.05mol/L。称取 3.8g 硫氰酸铵溶于水，稀释至 1L。

③ 硫酸铁铵指示剂溶液：将 10mL 硝酸（1+2）加入到 100mL 冷的硫酸铁（Ⅲ）铵 $[NH_4Fe(SO_4)_2 \cdot H_2O]$ 饱和水溶液中。

④ 滤纸浆：将定量滤纸撕成小块，放入烧杯，加水浸没，在搅拌下，加热煮沸 10min 以上，冷却后，放入广口瓶中备用。

⑤ 玻璃砂芯漏斗：直径 50mm，型号 G4（平均孔径 4~7μm）。

（3）实验步骤。称取约 5g 试样，精确至 0.0001g，置于 400mL 烧杯中，加入 50mL 水，搅拌使试样完全分散，在搅拌下加入 50mL 硝酸（1+2），加热煮沸，在搅拌下微沸 1~2min，准确移取 5.00mL 硝酸银标准溶液放入溶液中，煮沸 1~2min，加入少许滤纸浆，预先用硝酸（1+100）洗涤过的慢速滤纸抽气过滤或玻璃砂芯漏斗抽气过滤，滤液收集于 250mL 锥形瓶中，用硝酸（1+100）洗涤烧杯、玻璃棒和滤纸。直至滤液和洗液总体积达到约 200mL，溶液在弱光线或暗处冷却至 25℃以下。

加入 5mL 硫酸铁铵指示剂溶液，用硫氰酸铵标准滴定溶液滴定至产生的红棕色在摇动下不消失为止。记录滴定所用硫氰酸铵标准滴定溶液的体积 V，如果 V 小于 0.5mL，用减少一半的试样质量重新实验。

不加入试样按上述步骤进行空白实验，记录空白滴定所用硫氰酸铵标准滴定溶液的体积 V_0。

（4）氯离子含量的计算和表示

$$w_{Cl^-} = \frac{1.773 \times 5.00 \times (V_0 - V)}{V_0 \times m_{样} \times 1000} \times 100$$

式中：w_{Cl^-}——氯离子的质量分数，%；

V——滴定时消耗硫氰酸铵标准滴定溶液的体积，mL；

V_0——空白试验滴定时消耗硫氰酸铵标准滴定溶液的体积，mL；

$m_{样}$——称取样品质量，g；

1.773——硝酸银标准溶液对氯离子的滴定度，mg/mL。

（5）允许差。取平行测定结果的算术平均值为测定结果。含量≤0.10%，同一实验室的允许误差≤0.003%，不同实验室的允许误差≤0.005%；含量＞0.10%，同一实验室的允许误差≤0.010%，不同实验室的允许误差≤0.015%。

12）一氧化锰的测定

（1）方法原理。在硫酸介质中，用高碘酸钾将锰氧化成高锰酸根，于波长 530nm 处测定溶液的吸光值。用磷酸掩蔽三价铁的干扰。

（2）仪器与试剂。

① 碳酸钠-硼砂混合熔剂：将 2 份质量的无水碳酸钠（Na_2CO_3）与 1 份质量的无水硼砂（$Na_2B_4O_7$）混匀磨细。

② 马弗炉。

③ 分光光度计。

④ 高碘酸钾（KIO_3）。

⑤ 磷酸（1+1）。

⑥ 硫酸：(1+1)；(5+95)。

⑦ 硝酸 (1+9)。

⑧ 硫酸锰（光谱纯）。

（3）实验步骤。

① 标准溶液的配置：取一定量硫酸锰（$MnSO_4$，基准试剂或光谱纯）或含水硫酸锰（$MnSO_4 \cdot xH_2O$ 基准试剂或光谱纯试剂）置于称量瓶中，在 (250±10)℃ 下烘干至恒重，所获得的产物为无水硫酸锰（$MnSO_4$）。

称取 0.1064g 无水硫酸锰，精确至 0.0001g，置于 300mL 烧杯中，加水溶解后，加入约 1mL 硫酸 (1+1)，移入 1000mL 容量瓶中，用水稀释至标线，摇匀，此标准溶液每毫升含 0.05mg 一氧化锰。

② 工作曲线的绘制：吸取每毫升含 0.05mg 一氧化锰标准溶液 0mL、2.00mL、6.00mL、10.00mL、14.00mL、20.00mL 分别放入 150mL 烧杯中，加入 5mL 磷酸 (1+1)、10mL 硫酸 (1+1)，加水稀释至约 50mL，加入约 1g 高碘酸钾，加热微沸 10~15min 至溶液达到最大颜色深度，冷却至室温后，移入 100mL 容量瓶中。用水稀释至标线，摇匀。用分光光度计、10mm 比色皿以水作参比，于波长 530nm 处测定溶液的吸光度，用测得的吸光值作为相对应的一氧化锰含量的函数，绘制工作曲线。

③ 样品的测定：称取约 0.5g 试样，精确到 0.0001g，至于铂坩埚中，加入 3g 碳酸钠-硼砂混合熔剂，混匀，在 950~1000℃ 下熔融 10min，用坩埚钳夹持坩埚旋转，使熔融物均匀地附于坩埚内壁，冷却后，将坩埚放入已盛有 50mL 硝酸 (1+9) 及 100mL 硫酸 (5+95) 并加热至微沸的 300mL 烧杯中，并继续保持微沸状态，直至熔融物完全溶解，用水洗净坩埚及盖，用快速滤纸将溶液过滤至 250mL 容量瓶中，并用热水洗涤数次。将溶液冷却至室温后，用水稀释至标线，摇匀。

吸取 50.00mL 上述溶液放入 150mL 烧杯中，依次加入 5mL 磷酸 (1+1)、10mL 硫酸 (1+1) 和约 1g 高碘酸钾，加热微沸 10~15min 至溶液达到最大颜色深度，冷却至室温后，移入 100mL 容量瓶中。用水稀释至标线，摇匀。用分光光度计、10mm 比色皿，以水作参比，于波长 530nm 处测定溶液的吸光度，在工作曲线上查出一氧化锰的含量 (m)。

（4）一氧化锰含量的计算和表示

$$w_{MnO} = \frac{m \times 5}{m_{样} \times 1000} \times 100$$

式中：w_{MnO}——一氧化锰的质量分数，%；

$\qquad m$——所取 50mL 测定溶液中一氧化锰的含量，mg；

$\qquad m_{样}$——试样的质量，g。

（5）允许差。取平行测定结果的算术平均值为测定结果。同一实验室的允许误差 ≤0.05%，不同实验室的允许误差≤0.10%。

13）硫化物的测定（基准法）

（1）实验原理。在还原条件下，试样用盐酸分解，产生的硫化氢收集于氨性硫酸锌溶液中，然后用碘量法测定。

如试样中除硫化物和硫酸盐外，还有其他状态硫存在时，将给测定造成误差。

（2）仪器药品。

① 一般实验室仪器。

② 氯化亚锡固体（$SnCl_2 \cdot 2H_2O$）。

③ 盐酸（1+1）。

④ 5g/L 明胶溶液：将 0.5g 明胶（动物胶）溶于 100mL 70～80℃的水中，用时现配。

⑤ 10g/L 淀粉溶液：将 1g 淀粉（水溶性）置于小烧杯中，加水调成糊状后，加入沸水稀释至 100mL，再煮沸约 1min，冷却后使用。

⑥ 硫酸（1+2）。

⑦ KI 固体。

⑧ $c_{1/6\,K_2Cr_2O_7}$ 0.03000mol/L 重铬酸钾基准溶液：称取 1.4710g 已于 150～180℃烘过 2h 的重铬酸钾，精确至 0.0001g，置于烧杯中，用 100～150mL 水溶解后，移入 1000mL 容量瓶中，用水稀释至标线，摇匀。

⑨ $c_{Na_2S_2O_3}$ 0.03mol/L 硫代硫酸钠标准溶液的配制和标定。

配制：将 37.5g 硫代硫酸钠（$Na_2S_2O_3 \cdot 5H_2O$）溶于 200mL 新煮沸过的冷水中，加入约 0.25g 无水碳酸钠，搅拌溶解后移入棕色玻璃下口瓶中，再以新煮沸过的冷水稀释至 5L，摇匀。

提示：由于硫代硫酸钠标准溶液不稳定，建议在每批试验前，要重新继续标定。

标定：取 15.00mL 重铬酸钾基准溶液放入带有磨口塞的 200mL 锥形瓶中，加入 3g 碘化钾及 50mL 水，溶解后加入 10mL 硫酸（1+2），盖上磨口瓶塞，水封，于暗处放置 15～20min。用少量水冲洗瓶壁及瓶塞，以硫代硫酸钠标准溶液滴定至淡黄色，加入约 2mL 淀粉指示液，再继续滴定至蓝色消失。

另以 15mL 水代替重铬酸钾基准溶液，按上述标定步骤进行空白实验。

$$c_{Na_2S_2O_3} = \frac{0.03000 \times 15.00}{V_2 - V_1}$$

式中：$c_{Na_2S_2O_3}$——硫代硫酸钠标准溶液的物质的量浓度，mol/L；

0.03000——1/6 $K_2Cr_2O_7$ 标准溶液的物质的量浓度，mol/L；

V_1——空白实验时消耗硫代硫酸钠标准溶液的体积，mL；

V_2——标定时消耗硫代硫酸钠标准溶液的体积，mL；

15.00——加入重铬酸钾标准溶液的体积，mL。

⑩ $c_{1/6\,KIO_3}$ 0.03mol/L 碘酸钾标准溶液。

配制：将 5.4g 碘酸钾溶于 200mL 新煮沸过的冷水中，加入 5g 氢氧化钠及 150g 碘化钾，溶解后移入棕色玻璃下口瓶中，再以新煮沸过的冷水稀释至 5L，摇匀。

标定：取 15.00mL 碘酸钾标准溶液于 200mL 锥形瓶中，加 25mL 水及 10mL 硫酸（1+2），在摇动下用硫代硫酸钠标准溶液滴定至淡黄色，加入约 2mL 淀粉指示液，再继续滴定至蓝色消失。

$$c_{1/6\,KIO_3} = \frac{c_{Na_2S_2O_3}V}{15.00}$$

式中：$c_{Na_2S_2O_3}$——硫代硫酸钠标准滴定溶液的物质的量浓度，mol/L；

　　　$c_{1/6\,KIO_3}$——1/6 KIO_3 标准滴定溶液的物质的量浓度，mol/L；

　　　V——标定 KIO_3 溶液时消耗硫代硫酸钠标准溶液的体积，mL；

　　　15.00——KIO_3 溶液的体积，mL。

⑪ 100g/L 氨性硫酸锌溶液。配制：将 100g 硫酸锌（$ZnSO_4 \cdot 7H_2O$）溶于水后加 700mL 氨水，用水稀释至 1L，静置 24h，过滤后使用。

（3）实验步骤。称取约 1g 试样，精确至 0.0001g，置于 100mL 的干燥反应瓶中，轻轻摇动使其均匀地分散于反应瓶底部，加入 2g 氯化亚锡，按图 6-1 中仪器装置图连接各部件。

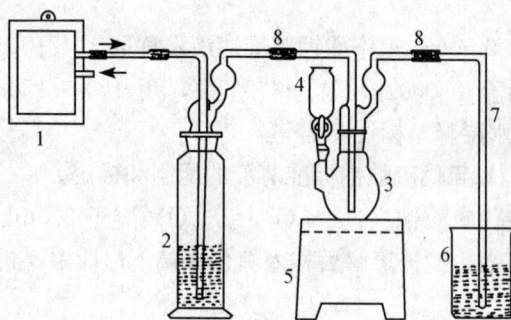

图 6-1　测定硫化物及硫酸盐的仪器装置

1. 微型空气泵；2. 洗气瓶（250mL），内盛 100mL 硫酸铜溶液（50g/L）；3. 反应瓶（100ml）；
4. 加液漏斗（20mL）；5. 电炉（600W，与 1~2kV·A 调压变压器相连接）；6. 吸收杯（400mL）
内盛 300mL 水及 20mL 氨性硫酸锌溶液；7. 导气管；8. 硅橡胶管

由分液漏斗向反应瓶中加 20mL 盐酸（1+1），迅速关闭活塞。开动空气泵，在保持通气速度为每秒钟 4~5 个气泡的条件下加热反应瓶中，当吸收杯中刚出现氯化铵白色烟雾时（一般约在加热后 5min 左右），停止加热，再继续通气 5min。

取下吸收杯，关闭空气泵，用水冲洗插入吸收液内的玻璃管，加 10mL 明胶溶液，准确加入 5.00mL $c_{1/6\,KIO_3}$ 0.03mol/L 碘酸钾标准溶液，在搅拌下一次性快速加入 30mL 硫酸（1+2），用 $c_{Na_2S_2O_3}$ 0.03mol/L 硫代硫酸钠标准溶液滴定至淡黄色，加入 2mL 淀粉指示液，再继续滴定至蓝色消失。

（4）硫化物（以 S 计）含量的计算与表示

$$\omega_S = \frac{(c_{1/6\,KIO_3} V_1 - c_{Na_2S_2O_3} V_2) M_{1/2\,S}}{m_{样}}$$

式中：ω_S——硫化物（以 S 计）的质量分数，%；

　　　$c_{1/6\,KIO_3}$——1/6 KIO_3 标准滴定溶液的物质的量浓度，mol/L；

　　　$c_{Na_2S_2O_3}$——硫代硫酸钠标准滴定溶液的物质的量浓度，mol/L；

　　　V_1——加入的碘酸钾标准滴定溶液的体积，L；

　　　V_2——消耗硫代硫酸钠标准滴定溶液的体积，L；

　　　$M_{1/2\,S}$——1/2 S 的摩尔质量，g/mol；

$m_样$——称取样品质量，g。

（5）允许差。取平行测定结果的算术平均值为测定结果。同一实验室的允许差为0.03％；不同实验室的允许差为0.05％。

14）五氧化二磷的测定

（1）实验原理。在一定的酸性介质中，磷与钼酸铵和抗坏血酸生成蓝色配合物，于波长730nm处测定溶液的吸光值。

（2）仪器与试剂。

① 氢氧化钠溶液（200g/L）：将20g氢氧化钠（NaOH）溶于水，加水稀释至100mL，贮存于塑料瓶中。

② 钼酸铵溶液（15g/L）：将3g钼酸铵〔$(NH_4)_6Mo_7O_{24} \cdot 4H_2O$〕溶于100mL热水中，加入60mL硫酸（1＋1），混匀，冷却后加水稀释至200mL，贮存于塑料瓶中，必要时过滤后使用，此溶液在1周内使用。

③ 抗坏血酸（50g/L）：将5g抗坏血酸溶于100mL水中，必要时过滤后使用。用时现配。

④ 对硝基酚指示剂溶液（2g/L）：将0.2g对硝基酚溶于100mL水中。

（3）分析步骤。

① 五氧化二磷标准溶液的配置。称取0.1917g已于105～110℃烘过2h的磷酸二氢钾（KH_2PO_4，基础试剂），精确至0.0001g，置于300mL烧杯中，加水溶解后，移入1000mL容量瓶中，用水稀释至标线，摇匀。此标准溶液每毫升含0.1mg五氧化二磷。

吸取50.00mL上述标准溶液放入500mL容量瓶中，用水稀释至标线，摇匀。此标准溶液每毫升含0.01mg五氧化二磷。

② 工作曲线的绘制：吸取每毫升含0.01mg五氧化二磷标准溶液0mL、2.00mL、4.00mL、6.00mL、8.00mL、10.00mL、15.00mL、20.00mL、25.00mL分别放入200mL烧杯中，加水稀释至50mL，加入10mL钼酸铵溶液和2mL抗坏血酸，加热微沸（1.5±0.5）min，冷却至室温后，移入100mL容量瓶中，用盐酸（1＋10）洗涤烧杯并用盐酸（1＋10）稀释至标线，摇匀。用分光光度计，10mm比色皿，以水作参比，于波长730nm处测定溶液的吸光值，用测得的吸光值作为相对应的五氧化二磷含量的函数，绘制工作曲线。

③ 样品的测定。吸取50.00mL溶液A放入200mL烧杯中（试样溶液的分取量视五氧化二磷的含量而定，如分取试样溶液不足50mL，需加水稀释至50mL），加入1滴对硝基酚指示剂溶液，滴加氢氧化钠溶液至黄色，再滴加盐酸（1＋1）至无色，加入10mL钼酸铵溶液和2mL抗坏血酸，加热微沸（1.5±0.5）min，冷却至室温后，移入100mL容量瓶中，用盐酸（1＋10）洗涤烧杯并用盐酸（1＋10）稀释至标线，摇匀。用分光光度计，10mm比色皿，以水作参比，于波长730nm处测定溶液的吸光值，在工作曲线上查出五氧化二磷的含量（m）。

（4）五氧化二磷含量的计算和表示

$$w_{P_2O_5} = \frac{m \times 5}{m_样 \times 1000} \times 100$$

式中：$w_{P_2O_5}$——五氧化二磷的质量分数，%；

$\quad\quad\quad m$——所取 50mL 溶液 A 中五氧化二磷的含量，mg；

$\quad\quad\quad m_样$——试样的质量，g。

（5）允许差。取平行测定结果的算术平均值为测定结果。同一实验室的允许差为 0.05%；不同实验室的允许差为 0.10%。

15）氟离子的测定

（1）实验原理。在 pH6.0 的总离子强度配位缓冲溶液的存在下，以氟离子选择电极作指示电极，饱和氯化钾甘汞电极作参比电极，用离子计或酸度计测量含氟离子溶液的电极电位。

（2）仪器与试剂。

① pH6.0 的总离子强度配位缓冲液：将 294.1g 柠檬酸钠（$C_6H_5Na_3O_7 \cdot 2H_2O$）溶于水中，用盐酸（1+1）和氢氧化钠调整的 pH 至 6.0，加水稀释至 1L。

② 氢氧化钠溶液（200g/L）：将 20g 氢氧化钠（NaOH）溶于水，加水稀释至 100mL，贮存于塑料瓶中。

③ 磁力搅拌器：带有塑料壳的搅拌子，具有调速和加热功能。

④ 离子计或酸度计：可连接氟离子选择电极和饱和氯化钾甘汞电极。

⑤ 溴酚蓝指示剂溶液（2g/L）：将 0.2g 溴酚蓝溶于 100mL 乙醇（1+4）中。

（3）分析步骤。

① 氟离子标准溶液的配制。称取 0.2763g 已于 105～110℃ 烘过 2h 的氟化钠（NaF，G.R.），精确至 0.0001g，置于塑料烧杯中，加水溶解后，移入 500mL 容量瓶中，用水稀释至标线，摇匀。贮存于塑料瓶中。此标准溶液每毫升含 0.25mg 氟离子。

吸取每毫升含 0.25mg 氟离子标准溶液 10.00、20.00、40.00、60.00mL 分别放入 500mL 容量瓶中，用水稀释至标线，摇匀。贮存于塑料瓶中。此系列标准溶液分别每毫升含 0.005mg、0.010mg、0.020mg、0.030mg F^-。

② 工作曲线的绘制。移取上述系列中标准溶液各 10.00mL，放入置有一磁力搅拌子的 50mL 干烧杯中，加入 10.00mLpH6.0 的总离子强度配位缓冲溶液，将烧杯置于磁力搅拌器上，在溶液中插入氟离子选择性电极和饱和氯化钾甘汞电极，搅拌 2min，停止搅拌 30s，用离子计或酸度计测量溶液的平衡电位，用单对数坐标纸，以对数坐标为氟离子的浓度，常数坐标为电位值，绘制工作曲线。

③ 样品的测定。称取约 0.2g 试样，精确到 0.0001g。置于 100mL 烧杯中，加入 10mL 水使试样分散，在搅拌下加入 5mL 盐酸（1+1），加热煮沸并继续微沸 1～2min。用快速滤纸过滤，用热水洗涤 5～6 次，冷却至室温，加入 2～3 滴溴酚蓝指示剂溶液，用盐酸（1+1）和氢氧化钠溶液调节溶液酸度，使溶液颜色刚由蓝色变为黄色（应防止氢氧化铝沉淀生成），然后移入 100mL 容量瓶中，用水稀释至标线，摇匀。

吸取 10.00mL 放入 50mL 干烧杯中，加入 10.00mLpH6.0 的总离子强度配位缓冲溶液，放入一根搅拌子，将烧杯置于磁力搅拌器上，在溶液中插入氟离子选择性电极和饱和氯化钾甘汞电极，搅拌 2min，停止搅拌 30s，用离子计或酸度计测量溶液的平衡电位，在工作曲线上查出 F^- 的浓度（c）。

(4) F^- 含量的计算和表示

$$w_{F^-} = \frac{c \times 100}{m_{样} \times 1000} \times 100$$

式中：w_{F^-}——F^- 的质量分数，%；

      c——测定溶液中 F^- 的浓度，mg/mL；

      100——试样溶液的总体，mL；

      $m_{样}$——试样的质量，g。

(5) 允许差。取平行测定结果的算术平均值为测定结果。同一实验室的允许差为 0.05%；不同实验室的允许差为 0.10%。

16) 二氧化碳的测定

(1) 实验原理。用磷酸分解试样，碳酸盐分解释放出来的二氧化碳由不含二氧化碳的气流带入一系列的 U 形管，先除去硫化氢和水分，然后被碱石棉吸收，通过称量来取得二氧化碳的含量。

(2) 仪器与试剂。

① 硫酸铜（$CuSO_4 \cdot H_2O$）饱和溶液。

② 硫化氢吸收剂：将称量过的、粒度在 1~2.5mm 的干燥浮石放在一个平盘内，然后用一定体积的硫酸铜饱和溶液浸泡，硫酸铜溶液的质量约为浮石质量的一半，把混合物放在（150±5）℃的干燥箱内，在玻璃棒经常搅拌下，蒸发混合物至干，烘干 5h 以上，将固体混合物冷却后，密封保存。

③ 碱石棉（二氧化碳吸收剂）：碱石棉，粒度 1~2mm（10~20 目），化学纯，密闭保存。

④ 水分吸收剂：无水高氯酸镁 $[Mg(ClO_4)_2]$，制成粒度 0.6~2mm，密封保存；或无水氯化钙（$CaCl_2$），制成粒度 1~4mm，密封保存。

⑤ 钠石灰：粒度 2~5mm，医药用或化学纯，密封保存。

⑥ 二氧化碳测定装置。

碱石棉吸收重量法-二氧化碳测定装置如图 6-2 所示。安装一个适宜的抽气泵和一个玻璃转子流量计，以保证气体通过装置均匀流动。

进入装置的气体先通过含钠石灰或碱石棉的吸收塔 1 和含碱石棉的 U 形管 2，气体中的二氧化碳被除去。反应瓶 4 上部与球形冷凝管 7 连接。

气体通过球形冷凝管 7 后，进入含硫酸的气体瓶 8，然后通过含硫化氢吸收剂的 U 形管 9 和水分吸收剂的 U 形管 10，气体中的硫化氢和水分被除去。接着通过 2 个可以称量的 U 形管 11 和 12，分别内装 3/4 碱石棉和 1/4 水分吸收剂，对气体流向而言，碱石棉应装在水分吸收剂之前，U 形管 11 和 12 后面接一个附加的 U 形管 13，内装钠石灰或碱石棉，以防止空气中的二氧化碳和水分进入 U 形管 12 中。

可称量的 U 形管 11 和 12 的尺寸应符合下述规定：

二支直管之间内侧距离：25~30mm；内径：15~20mm；管底部和磨口段上部之间距离：100~120mm，管壁厚度：1~1.5mm。

(3) 分析步骤。

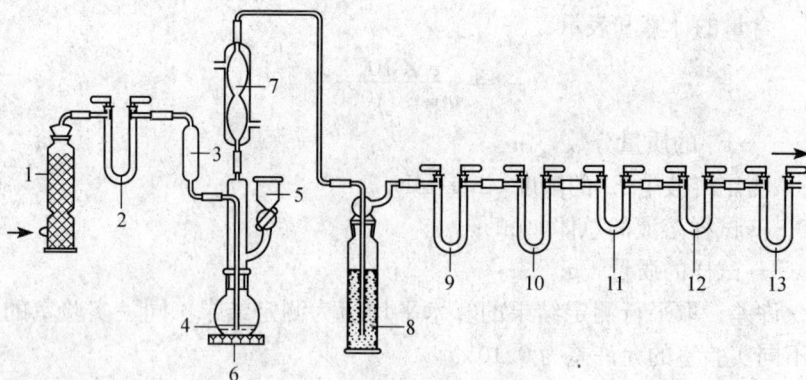

图 6-2 碱石棉吸收重量法-二氧化碳测定装置示意图

1. 吸收塔，内装钠石灰或碱石棉；2. U形管，内装碱石棉；3. 缓冲瓶；4. 反应瓶，100mL；5. 分液漏斗；6. 电炉；7. 球形冷凝管；8. 洗气瓶，内装浓硫酸；9. U形管，内装硫化氢吸收剂；10. U形管内装水分吸收剂；11、12. U形管，内装碱石棉和水分吸收剂；13. U形管，内装钠石灰或碱石棉

使用如图 6-2 规定的仪器装置进行测定。

每次测定前，将一个空的反应瓶连接到如图 6-2 所示的仪器装置上，连通 U 形管 9、10、11、12、13。启动抽气泵，控制气流速度为 50～100mL/min（每秒 3～5 个气泡）通气 30min 以上，以除去系统中的二氧化碳和水分。

关闭抽气泵，关闭 U 形管 10、11、12、13 磨口塞。取下 U 形管 11 和 12 放在平盘上，在天平室恒温 10min，然后分别称量。重复此操作，再通气 10min，取下，恒温，称量，直至每个管子连续二次称量结果之差不超过 0.0010g 为止，以最后一次称量值为准。

提示：取用 U 形管时，应小心避免影响质量、打碎或破坏。建议进行操作时带防护手套。

如果 U 形管 11 和 12 的质量变化连续超过 0.0010g，更换 U 形管 9 和 10。

称取约 1g 试样，精确到 0.0001g，置于 100mL 的干燥反应瓶中，将反应瓶连接到如图 6-2 所示的仪器装置上。并将已称量的 U 形管 11 和 12 连接到如图 6-2 所示的位置上。启动抽气泵，控制气体流速为 50～100mL/min（每秒 3～5 个气饱），加入 20mL 磷酸到分液漏斗 5 中，小心旋开分液漏斗活塞，使磷酸滴入反应瓶 4 中，并留少许磷酸在漏斗中起液封作用，关闭活塞。打开反应瓶下面的小电炉，调节电压使电炉丝呈暗红色，慢慢低温加热使反应瓶中的液体至沸，并加热微沸 5min，关闭电炉，并继续通气 25min。

提示：切勿剧烈加热，以防反应瓶中的液体产生倒流现象。

关闭抽气泵，关闭 U 形管 10、11、12、13 的磨口塞。取下 U 形管 11 和 12 放在平盘上，在天平室恒温 10min，然后分别称量。用每根 U 形管增加的质量（m_1 和 m_2）计算水泥中二氧化碳的含量。

如果第二根 U 形管 12 增加的质量变化小于 0.0005g，计算时忽略。实际二氧化碳应全部被第一根 U 形管 11 吸收。如果第二根 U 形管 12 质量变化连续超过 0.0010g，应更换第一根 U 形管 11，并重新开始试验。

　　同时进行空白试验。计算时从测定结果中，扣除空白试验值。

　　如果试样中碳酸盐含量高，应按比例适当较少试样称取量。

　　（4）二氧化碳含量的计算和表示

$$w_{CO_2} = \frac{m_1 + m_2 - m_3}{m_样} \times 100$$

式中：w_{CO_2}——水泥中二氧化碳的质量分数，%；

　　　　m_1——吸收后 U 形管 11 增加的质量，g；

　　　　m_2——吸收后 U 形管 12 增加的质量，g；

　　　　m_3——空白试验值，g；

　　　　$m_样$——试样的质量，g。

　　（5）允许差。取平行测定结果的算术平均值为测定结果。含量≤5%，同一实验室的允许误差≤0.20%，不同实验室的允许误差≤0.35%；含量>5%，同一实验室的允许误差≤0.30%，不同实验室的允许误差≤0.45%。

　　17）游离氧化钙的测定（代用法）——甘油酒精法

　　（1）实验原理。在加热搅拌下，以硝酸锶为催化剂，使试样中的游离氧化钙与甘油作用生成弱碱性的甘油钙，以酚酞为指示剂，用苯甲酸-无水乙醇标准溶液滴定。

　　（2）仪器与试剂。

　　① 一般实验室仪器。

　　② 冷凝管。

　　③ 硝酸锶。

　　④ 酚酞指示剂溶液：将 1g 酚酞溶于 100mL95%（体积分数）乙醇中。

　　⑤ 0.4g/L 氢氧化钠无水乙醇溶液：将 0.2 氢氧化钠溶于 500mL 无水乙醇中。

　　⑥ 甘油无水乙醇溶液：将 220mL 甘油放入 500mL 烧杯中，在有石棉网的电炉上加热，在不断搅拌下分批加入 30g 硝酸锶，直至溶解。然后在 160~170℃下加热 2~3h（甘油在加热后易变成微黄色，但对试验无影响），取下，冷却至 60~70℃后将其倒入 1L 无水乙醇中。加 0.05g 酚酞指示剂溶液，以氢氧化钠-无水乙醇溶液中和至微红色。

　　⑦ 游离氧化钙测定仪：具有加热、搅拌、计时功能，并配有冷凝管。

　　⑧ $c_{C_6H_5COOH}$ 0.1mol/L 的苯甲酸无水乙醇标准溶液。

　　配制：将苯甲酸置于硅胶干燥器中干燥 24h 后，称取 12.3g 溶于 1L 无水乙醇中，贮存在带胶塞（装有硅胶干燥管）的玻璃瓶内。

　　标定：取一定量碳酸钙置于铂（或瓷）坩埚中，在 950~1000℃下灼烧至恒量。从中称取 0.04~0.05g 氧化钙，精确至 0.0001g，置于 150mL 干燥的锥形瓶中，加入 15mL 甘油无水乙醇溶液，装上回流冷凝器，在放有石棉网的电炉上加热煮沸，至溶液呈现红色后取下锥形瓶，立即以苯甲酸无水乙醇标准溶液滴定至红色消失。再将冷凝器装上，继续加热煮沸至红色出现，再取下滴定。如此反复操作，直至在加热 10min 后不出现红色为止。

　　苯甲酸无水乙醇标准溶液对氧化钙的滴定度按下式计算。

$$T_{CaO/C_6H_5COOH} = \frac{m}{V}$$

式中：T_{CaO/C_6H_5COOH}——苯甲酸无水乙醇标准溶液对氧化钙的滴定度，g/mL；

V——标定时消耗苯甲酸无水乙醇标准溶液的总体积，mL；

m——氧化钙的质量，g。

（3）实验步骤。称取约 0.5g 试样，精确至 0.0001g，置于 250mL 干燥锥形瓶中，加入 30mL 甘油-无水乙醇溶液，加入 1g 硝酸锶，放入一根搅拌子，装上回流冷凝器，置于游离氧化钙测定仪上，以适当的速度搅拌溶液，同时升温并加热煮沸，在搅拌下微沸 10min，取下锥形瓶，立即以 $c_{C_6H_5COOH}$ 0.1mol/L 的苯甲酸-无水乙醇标准溶液滴定至红色消失。再将冷凝器装上，继续在搅拌下煮沸至红色出现，再取下滴定，如此反复操作，直至在加热 10min 后不出现红色为止。

（4）游离氧化钙含量的计算及结果的表示

$$w_{CaO} = \frac{T_{CaO/C_6H_5COOH}V}{m_{样}} \times 100\%$$

式中：w_{CaO}——CaO 的质量分数，%；

T_{CaO/C_6H_5COOH}——苯甲酸无水乙醇标准溶液对氧化钙的滴定度，g/mL；

V——标定时消耗苯甲酸无水乙醇标准溶液的总体积，mL；

$m_{样}$——称取样品质量，g。

（5）允许差。取平行测定结果的算术平均值为测定结果。同一实验室的允许误差为：含量<2%时，0.10%；含量>2%时，0.20%。

4. 注意事项

（1）本实训分析上述项目，只是介绍了基准法，其他方法参阅 GB/T176—2008 中的相关分析方法。

（2）用酸溶、熔融试样时，正确选择器皿和使用。如铂坩埚、银坩埚等使用时注意酸、碱腐蚀和玷污。

（3）用碳酸钠熔融后的样品加酸溶解时，要盖上表面皿防止样品溅失。

（4）烧矢量测定中马弗炉的温度要逐渐升高。

（5）不溶物测定中，要将块状物压碎分解完全，否则会引起误差。

（6）二氧化硅测定（基准法）中可溶性二氧化硅的含量可由老师预先测定，作为已知值告诉学生。

（7）氢氟酸具有很强的腐蚀性，使用时应带橡胶手套。

5. 评价标准

（1）达到的专项能力目标：正确理解百分总和的涵义，肯定其在质量控制中有作用的同时了解其局限性，善于从百分总和的偏离中发现分析工作可能存在的问题。

（2）合理支配时间，遵守标准化法，理解说明书以确定操作规程，撰写试验报告，分析项目达到规定的误差范围要求。

（3）具有团队精神，5d 完成全分析。

6. 思考题

（1）烧矢量测定中，为什么由硫化物氧化引起的误差需校正，而其他元素引起的误差可忽略不计？

（2）不溶物测定中在灼烧前为什么要用硝酸铵溶液洗涤 14 次以上？

（3）不溶物测定中试样处理时，为什么既用盐酸又用氢氧化钠？

（4）EDTA 配位滴定法测定三氧化二铁的适宜酸度范围是多少？请从理论上加以解释。

（5）基准法测定氧化铝中加入 EDTA-铜的作用是什么？阐述其原理。

（6）甘油酒精法测定游离氧化钙中为什么要反复回流、反复滴定？

综合实训三　程序升温毛细管柱色谱法分析白酒主要成分

1. 实训目的

（1）学会程序升温的操作方法。

（2）了解毛细管柱的功能、操作方法与应用。

（3）了解毛细管柱色谱法分析白酒的主要成分。

2. 实训原理

程序升温是气相色谱分析中一项常用而且十分重要的技术。对于比较复杂、沸程很宽的样品分析，若使用同一个柱温进行分离，其分离效果很差，低沸点的组分如果柱温太高，很早流出色谱柱，色谱峰重叠在一起不易分开，高沸点的组分则如果柱温太低，很晚流行出色谱柱，甚至不流出色谱柱，其结果是各组分的色谱峰疏密不均。因此，这时往往采用程序升温来代替等温操作。程序升温的方式可分为线性升温和非线性升温，根据分析任务的具体情况，可通过实验来选择适宜的升温方式，以期达到比较理想的分离效果。白酒的成分中除了含有乙醇外，还含有其他的醇、醛类和酯类等组分，因此用程序升温毛细管柱色谱法来达到分离目的进行检测。

3. 仪器与试剂

（1）仪器：岛津 GC2010 型的气相谱仪（或其他型号气相色谱仪）；交联石英毛细管柱（冠醚＋FFAP30m×0.25mm）；微量注射器（1μL）。

（2）试剂：氢气、压缩空气、氮气、乙醛、甲醇、乙酸乙酯、正丙醇、仲丁醇、乙缩醛、异丁醇、正丁醇、丁酸乙酯、醋酸正丁酯（内标）、异戊醇、戊酸乙酯、乳酸乙酯、己酸乙酯（均为 G.R.）；市售白酒一瓶。

（3）标样和试样的配制。

① 标样（1%～2%）的配制：分别吸取乙醛、甲醇、乙酸乙酯、正丙醇、仲丁醇、

乙缩醛、异丁醇、正丁醇、丁酸乙酯、异戊醇、戊酸乙酯、乳酸乙酯、己酸乙酯各 2.00mL，用 60％乙醇（无甲醇）溶液定溶至 100mL。

② 内标（2％）的配制：吸取醋酸正丁酯 2mL，用上述乙醇定溶至 100mL。

③ 混合标样（带内标）的配制：分别吸取①标样 0.80mL 与②内标样 0.40mL，混合后用上述 60％乙醇溶液酸成 25mL 混合标样。

④ 白酒试样的配制：取白酒试样 10mL，加入 22％内标 0.40mL，混合均匀。

4. 实训内容及操作步骤

（1）开机。

① 通载气。

② 打开色谱仪总电源和温度控制开关。

③ 设置分析时的色谱参数。

a. 载气（N_2），调节流速 30mL/min，调分流比为 1∶100。

b. 设置柱温升温程序，初始温度为 50℃，恒温 6min，然后以 4℃/min 的速率升至 220℃，恒温在 5min，气化室温度为 250℃，氢气和空气流量分别为 30mL/min 和 300mL/min。

④ 点火，检查氢火焰是否点燃。

⑤ 打开色谱工作站，输入测量参数，走基线。

（2）标样的分析。待基线平直后，依次用微量注射器吸取乙醛、甲醇、乙酸乙酯、正丙醇、仲丁醇、乙缩醛、异丁醇、正丁醇、丁酸乙酯、异戊醇、戊酸乙酯、乳酸乙酯、己酸乙酯标样溶液 0.2μL，进行分析，记录下样品名对应的文件名，打印出色谱图和分析结果。

（3）白酒试样的分析。

① 用微量注射器吸取混合标样 0.2μL，进样分析，记录下样品名对应的文件名，打印出色谱图和分析结果，重复 2 次。

② 用微量注射器吸取白酒试样 0.2μL，进行分析，记录下样品名对应的文件名，打印出色谱图和分析结果，重复 2 次。

（4）结束工作。实验完成以后，在 240℃柱温下老化 2h 后，先关闭氢气，再关闭空气，然后关闭温度控制开关，待温度降至室温后关闭气相色谱仪总电源开关，最后关闭载气。

清理实验台面，填写仪器使用记录。

5. 数据处理和结果计算

（1）定性。测定酒样中各组分的保留时间，求出相对保留时间值（r），即各组分与标准物（异戊醇）的保留时间的比值 $r_{is} = t'_{R_i} / t'_{R_S}$，将酒样中各组分的相对保留值与标样的相对保留值进行比较定性。也可以在酒样中加入纯组分，使被测组分峰增大的方法来进一步证实和定性。

（2）求相对校正的因子。相对校正因子计算公式 $f'_i = \dfrac{A_s m_i}{A_i m_S}$，其中 A_i、A_s 分别为组分 i 和内标 s 的面积，m_i、m_s 分别为组分 i 和内标 s 的质量。根据所测的实验数据计算出各个物质的相对校正因子。

（3）计算酒样中各物质的质量浓度。计算公式为 $\omega_i = \dfrac{h_i}{h_s} \times \dfrac{m_s}{m_{样}} f'_S$。式中，$i$ 为酒样中各种物质，s 为内标物。

6. 注意事项

（1）毛细管柱易碎，安装时要特别小心。
（2）不同型号的色谱柱，其色谱操作条件有所不同，应视具体情况作相应调整。
（3）进样量不宜太大。

7. 评价标准

（1）达到的专项能力目标：使用气相色谱仪，选择色谱柱，设置分析条件，使用氢焰检测器，选择内标物，用程序升温对白酒中主要成分进行定性定量分析。维护气相色谱仪并应用于其他复杂样品的分析。
（2）4h 内完成实训。

8. 思考题

（1）白酒分析时为什么用 FID，而不用 TCD？
（2）程序升温和起始温度如何设置？升温速度率如何设置？
（3）分流比如何调节？

综合实训四　高效液相色谱法测定水样中邻苯二甲酸酯类

1. 实训目的

（1）学会正相液相色谱的操作方法。
（2）对邻苯二甲酸酯类多组分的定量测定及条件的选择。

2. 实训原理

水样用正己烷萃取，经无水硫酸钠脱水后，用 K-D 浓缩瓶，在腈基柱或胺基柱上，以正己烷-异丙醇为流动相将邻苯二甲酸酯分离成单个化合物，用紫外检测器测定各化合物的峰高或峰面积，以外标法进行定量。

3. 仪器与试剂

（1）高效液相色谱仪，具紫外检测器。

（2）样品瓶：100mL 具玻璃磨口瓶。

（3）分液漏斗：250mL。

（4）K-D 浓缩瓶：具 1mL 刻度的浓缩瓶。

（5）色谱柱：腈基柱或胺基柱均可（如用腈基柱常温即可，胺基柱需要 30℃）。

（6）正己烷（G. R.）。

（7）异丙酮（A. R.）。

（8）丙酮（A. R.）。

（9）无水硫酸钠：用前在马弗炉中 350℃烘干 4h。

（10）盐酸（A. R.），配成 1mol/L。

（11）氢氧化钠（A. R.）：配成 1mol/L。

（12）甲醇（G. R.）。

（13）邻苯二甲酸二甲酯、邻苯二甲酸二丁酯、邻苯二甲酸二辛脂，优级纯。

（14）石油醚（A. R.）。

（15）标准贮备溶液：1000mg/L，分别称取每种标准物 100mg，准确至 0.0001g，溶于甲醇（A. R.）中，在容量瓶定容至 100mL。

（16）中间标准溶液：100mg/L，分别准确移取 3 种标准贮备液和 10.00mL 于同一100mL 容量瓶中，用甲醇（A. R.）稀释至刻度，摇匀。

（17）玻璃棉或脱脂棉。

4. 实训内容及操作步骤

1）样品的预处理

将 100mL 水样全部置于 250mL 分液漏斗中，取 10mL 正己烷，冲洗采样品后，倒入分液漏斗中，手动振荡 5min（注意放气），静止 30min。先将水相放入一干净的烧杯中，再将有机相通过上面装有无水硫酸钠的漏斗，接至浓缩瓶中。将水相倒回分液漏斗中，以同样步骤再萃取一次。弃去水相，有机相通过原装有无水硫酸钠的漏斗仍装有第一次萃取的浓缩瓶中，再用少量正己烷洗涤分液漏斗和无水硫酸钠，接至原浓缩瓶内，在 70～80℃水浴上浓缩至 1mL 以下，定容至 1mL，备色谱分析用。

2）色谱条件

流动相：99％正己烷+1％异丙醇，流速：1.5mL/min；

色谱柱：腈基柱 30cm×4mm；

检测器：紫外检测器，测定波长 224nm；进样体积：10μL。

3）校正曲线

准确移取中间标准溶液 1.00mL 于 100mL 容量瓶中，用优级纯甲醇定容至 100mL，此溶液即为混合标准使用液，分取 6 个 250mL 分液漏斗分别放入 100mL 二次蒸馏水，依次加入混合标准使用液 0mL、0.5mL、1.5mL、2.0mL、2.5mL、3.0mL 按照样品预处理方法进行处理，按照上述色谱条件进行色谱分析。

4）测定

预处理后的样品，通过外标法进行定量测定。出峰的顺序是邻苯二甲酸二辛酯、邻苯二甲酸二丁酯、邻苯二甲酸二甲酯。

5. 数据处理和结果计算

$$c = \frac{A_i \times h_{1i} \times V_2}{h_{2i} \times V_1}$$

式中：c——样品中邻苯二甲酸酯的浓度，mg/L；

A_i——标样中组分 i 的浓度；mg/L；

h_1——样品中组分 i 的峰高，mm；

V_1——提取液体积，mL；

h_{2i}——标样中组分 i 的峰高，mm；

V_2——被提取的样品体积，mL。

6. 注意事项

（1）在采样及测试过程中，注意一定避免使用塑料制品。

（2）样在浓缩过程一定不要将样品蒸干，要仔细冲洗浓缩管壁到预定体积，因为管壁吸附会给测定带来误差。

（3）在分析完样品后，要用流动相多冲洗一段时间，直到基线走平为止，以免样品玷污柱子，可延长柱子寿命。

7. 评价标准

（1）达到的专项能力目标：使用液相色谱仪，选择仪器条件，使用紫外检测器，用正相色谱进行邻苯二甲酸酯类定性定量分析。维护高效液相色谱仪。并应用于其他复杂样品的分析。

（2）4h 内完成实训。

8. 思考题

（1）为什么在测定过程中注意样品不要和塑料制品接触？

（2）液相色谱分为正相和反相液相色谱，该实训是正相还是反相色谱，两者如何区分？

附　　录

附录一　我国法定计量单位

我国法定计量单位主要包括下列单位。

1）国际单位制（简称 SI）的基本单位

量的名称	单位名称	单位符号
长度	米	m
质量	千克（公斤）	kg
时间	秒	s
电流	安〔培〕	A
热力学温度	开〔尔文〕	K
物质的量	摩〔尔〕	mol
发光强度	坎〔德拉〕	cd

2）国家选定的非国际单位制单位（摘录）

量的名称	单位名称	单位符号	换算关系和说明
时间	分 〔小〕时 天（日）	min h d	$1min=60s$　$1h=60min=3600s$ $1d=24h=86400s$
平面角	〔角〕秒 〔角〕分 度	$('')$ $(')$ $(°)$	$1''=(\pi/648000)rad$ （π 为圆周率） $1'=60''=(\pi/10800)rad$ $1°=60'=(\pi/180)rad$
旋转速度	转每分	r/min	$1r/min=(1/60)s^{-1}$
质量	吨 原子质量单位	t u	$1t=10^3kg$ $1u≈1.6605402×10^{-27}kg$
体积	升	L(l)	$1L=1dm^3=10^{-3}m^3$
能	电子伏	eV	$1eV≈1.60217733×10^{-19}J$

3）用于构成十进倍数和分数单位的词头

所表示的因数	词头名称	词头符号	所表示的因数	词头名称	词头符号
10^{24}	尧〔它〕	Y	10^{12}	太〔拉〕	T
10^{21}	泽〔它〕	Z	10^{9}	吉〔咖〕	G
10^{18}	艾〔可萨〕	E	10^{6}	兆	M
10^{15}	拍〔它〕	P	10^{3}	千	k
10^{2}	百	h	10^{-9}	纳〔诺〕	n
10^{1}	十	da	10^{-12}	皮〔可〕	p
10^{-1}	分	d	10^{-15}	飞〔母托〕	f
10^{-2}	厘	c	10^{-18}	阿〔托〕	a
10^{-3}	毫	m	10^{-21}	仄〔普托〕	z
10^{-6}	微	μ	10^{-24}	幺〔科托〕	y

附录二　元素相对原子质量表

原子序数	元素名称	元素符号	相对原子质量	原子序数	元素名称	元素符号	相对原子质量
1	氢	H	1.007 94 (7)	41	铌	Nb	92.906 38 (2)
2	氦	He	4.002 602 (2)	42	钼	Mo	95.94 (2)
3	锂	Li	6.941 (2)	43	锝	Tc	[97.9072]
4	铍	Be	9.012 182 (3)	44	钌	Ru	101.07 (2)
5	硼	B	10.811 (7)	45	铑	Rh	102.905 50 (2)
6	碳	C	12.017 (8)	46	钯	Pd	106.42 (1)
7	氮	N	14.006 7 (2)	47	银	Ag	107.868 2 (2)
8	氧	O	15.999 4 (3)	48	镉	Cd	112.411 (8)
9	氟	F	18.998 403 2 (5)	49	铟	In	114.818 (3)
10	氖	Ne	20.179 7 (6)	50	锡	Sn	118.710 (7)
11	钠	Na	22.989 769 28 (2)	51	锑	Sb	121.760 (1)
12	镁	Mg	24.305 0 (6)	52	碲	Te	127.60 (3)
13	铝	Al	26.981 538 6 (8)	53	碘	I	126.904 47 (3)
14	硅	Si	28.085 5 (3)	54	氙	Xe	131.293 (6)
15	磷	P	30.973 762 (2)	55	铯	Cs	132.905 451 9 (2)
16	硫	S	32.065 (5)	56	钡	Ba	137.327 (7)
17	氯	Cl	35.453 (2)	57	镧	La	138.905 47 (7)
18	氩	Ar	39.948 (1)	58	铈	Ce	140.116 (1)
19	钾	K	39.098 3 (1)	59	镨	Pr	140.907 65 (2)
20	钙	Ca	40.078 (4)	60	钕	Nd	144.242 (3)
21	钪	Sc	44.955 912 (6)	61	钷	Pm	[145]
22	钛	Ti	47.867 (1)	62	钐	Sm	150.36 (2)
23	钒	V	50.941 5 (1)	63	铕	Eu	151.964 (1)
24	铬	Cr	51.996 1 (6)	64	钆	Gd	157.25 (3)
25	锰	Mn	54.938 045 (5)	65	铽	Tb	158.925 35 (2)
26	铁	Fe	55.845 (2)	66	镝	Dy	162.500 (1)
27	钴	Co	58.933 195 (5)	67	钬	Ho	164.930 32 (2)
28	镍	Ni	58.693 4 (2)	68	铒	Er	167.259 (3)
29	铜	Cu	63.546 (3)	69	铥	Tm	168.934 21 (2)
30	锌	Zn	65.409 (4)	70	镱	Yb	173.04 (3)
31	镓	Ga	69.723 (1)	71	镥	Lu	174.967 (1)
32	锗	Ge	72.64 (1)	72	铪	Hf	178.49 (2)
33	砷	As	74.921 60 (2)	73	钽	Ta	180.947 88 (2)
34	硒	Se	78.96 (3)	74	钨	W	183.84 (1)
35	溴	Br	79.904 (1)	75	铼	Re	186.207 (1)
36	氪	Kr	83.798 (2)	76	锇	Os	190.23 (3)
37	铷	Rb	85.467 8 (3)	77	铱	Ir	192.217 (3)
38	锶	Sr	87.62 (1)	78	铂	Pt	195.084 (9)
39	钇	Y	88.905 85 (2)	79	金	Au	196.966 569 (4)
40	锆	Zr	91.224 (2)	80	汞	Hg	200.59 (2)

续表

原子序数	元素名称	元素符号	相对原子质量	原子序数	元素名称	元素符号	相对原子质量
81	铊	Tl	204.383 3 (2)	100	镄	Fm	[257]
82	铅	Pb	207.2 (1)	101	钔	Md	[258]
83	铋	Bi	208.980 40 (1)	102	锘	No	[259]
84	钋	Po	[208.982 4]	103	铹	Lr	[262]
85	砹	At	[209.987 1]	104	𬬻	Rf	[261]
86	氡	Rn	[222.017 6]	105	𬭊	Db	[262]
87	钫	Fr	[223]	106	𬭶	Sg	[266]
88	镭	Re	[226]	107	𬭳	Bh	[264]
89	锕	Ac	[227]	108	𬭛	Hs	[277]
90	钍	Th	232.038 06 (2)	109	鿏	Mt	[268]
91	镤	Pa	231.035 88 (2)	110	𫟼	Ds	[271]
92	铀	U	238.028 91 (3)	111	𬬭	Rg	[272]
93	镎	Np	[237]	112	—	Uub	[285]
94	钚	Pu	[244]	113	—	Uut	[284]
95	镅	Am	[243]	114	—	Uuq	[289]
96	锔	Cm	[247]	115	—	Uup	[288]
97	锫	Bk	[247]	116	—	Uuh	[292]
98	锎	Cf	[251]	117	—	Uus	[291]
99	锿	Es	[252]	118	—	Uuo	[293]

注：1. 本表中相对原子质量末位数的不确定度加注在其后的括号内。
　　2. 方括号内的原子质量为放射性元素的半衰期最长的同位素质量数。

附录三　常用化合物的相对分子质量表

化学式	$M/(g/mol)$	化学式	$M/(g/mol)$	化学式	$M/(g/mol)$
Ag_3AsO_4	462.52	CaO	56.08	CuI	190.45
$AgBr$	187.77	$CaCO_3$	100.09	$Cu(NO_3)_2$	187.56
$AgCl$	143.32	CaC_2O_4	128.10	$Cu(NO_3)_2 \cdot 3H_2O$	241.60
$AgCN$	133.89	$CaCl_2$	110.99	CuO	79.55
$AgSCN$	165.95	$CaCl_2 \cdot 6H_2O$	219.08	Cu_2O	143.09
$AgCrO_4$	331.73	$Ca(NO_3) \cdot 4H_2O$	236.15	CuS	95.61
AgI	234.77	$Ca(OH)_2$	74.10	$CuSO_4$	159.06
$AgNO_3$	169.87	$Ca_3(PO_4)_2$	310.18	$CuSO_4 \cdot 5H_2O$	249.68
$AgNO_3 \cdot 9H_2O$	133.34	$CaSO_4$	136.14	$FeCl_2$	126.75
$AlCl_3$	241.43	$CdCO_3$	172.42	$FeCl_2 \cdot 4H_2O$	198.81
$AlCl_3 \cdot 6H_2O$	213.00	$CdCl_2$	183.32	$FeCl_3$	162.21
$Al(NO_3)_3$	375.13	CdS	144.47	$FeCl_3 \cdot 6H_2O$	270.30

化学式	$M/(\text{g/mol})$	化学式	$M/(\text{g/mol})$	化学式	$M/(\text{g/mol})$
$Al(NO_3)_3 \cdot 9H_2O$	101.96	$Ce(SO_4)_2$	332.24	$FeNH_4(SO_4)_2 \cdot 12H_2O$	482.18
Al_2O_3	78.00	$Ce(SO_4) \cdot 4H_2O$	404.30	$Fe(NO_3)_3$	241.86
$Al(OH)_3$	342.14	$CoCl_2$	129.84	$Fe(NO_3)_3 \cdot 9H_2O$	404.00
$Al_2(SO_4)_3$	666.41	$CoCl_2 \cdot 6H_2O$	237.93	FeO	71.85
$Al_2(SO_4)_3 \cdot 18H_2O$	197.84	$Co(NO_3)_2$	182.94	Fe_2O_3	159.69
As_2O_3	229.84	$Co(NO_3)_2 \cdot 6H_2O$	291.03	Fe_3O_4	231.54
As_2O_5	246.02	CoS	90.99	$Fe(OH)_3$	106.87
$BaCO_3$	197.34	$CoSO_4$	154.99	FeS	87.91
BaC_2O_4	225.35	$CoSO_4 \cdot 7H_2O$	281.10	Fe_2S_3	207.87
$BaCl_2$	208.24	$Co(NH_2)_2$	60.06	$FeSO_4$	151.91
$BaCl_2 \cdot 2H_2O$	244.27	$CrCl_3$	158.36	$FeSO_4 \cdot 7H_2O$	278.01
$BaCrO_4$	253.32	$CrCl_3 \cdot 6H_2O$	266.45	$Fe(NH_4)_2(SO_4)_2 \cdot 6H_2O$	392.13
BaO	153.33	$Cr(NO_3)_3$	238.01	H_3AsO_3	125.94
$Ba(OH)_2$	171.34	Cr_2O_3	151.99	H_3AsO_4	141.94
$BaSO_4$	233.39	$CuCl$	99.00	H_3BO_3	61.83
$BiCl_3$	315.34	$CuCl_2$	134.45	HBr	80.91
$BiOCl$	260.43	$CuCl_2 \cdot 2H_2O$	170.48	HCN	27.03
CO_2	44.01	$CuSCN$	121.62	$HCOOH$	46.03
CH_3COOH	60.05	KCN	65.12	$MnCl_2 \cdot 4H_2O$	197.91
H_2CO_3	62.03	$KSCN$	97.18	$Mn(NO_3)_2 \cdot 6H_2O$	287.04
$H_2C_2O_4 \cdot 2H_2O$	90.04	K_2CO_3	138.21	MnO	70.94
$H_2C_2O_4$	126.07	K_2CrO_4	194.19	MnO_2	86.94
HCl	36.46	$K_2Cr_2O_7$	294.18	MnS	87.00
HF	20.01	$K_3Fe(CN)_6$	329.25	$MnSO_4$	151.00
HI	127.91	$K_4Fe(CN)_6$	368.35	$MnSO_4 \cdot 4H_2O$	223.06
HIO_3	175.91	$K_3Fe(SO_4)_2 \cdot 12H_2O$	503.24	NO	30.01
HNO_3	63.01	$KHC_2O_4 \cdot H_2O$	146.14	NO_2	46.01
HNO_2	47.01	$KHC_4H_4O_6$	254.19	NH_3	17.03
H_2O	18.015	$KHC_8H_4O_4$	188.18	CH_3COONH_4	77.08
H_2O_2	34.02	$KHSO_4$	204.22	NH_4Cl	53.49
H_3PO_4	98.00	KI	136.16	$(NH_4)_2CO_3$	96.09
H_2S	34.08	KIO_3	166.00	$(NH_4)_2C_2O_4$	124.10
H_2SO_3	82.07	$KIO_3 \cdot HIO_3$	214.00	$(NH_4)_2C_2O_4 \cdot H_2O$	142.11
H_2SO_4	98.07	$KMnO_4$	389.91	NH_4SCN	76.12
$Hg(CN)_2$	252.63	$KNaC_4H_4O_6 \cdot 4H_2O$	158.03	NH_4HCO_3	79.06

续表

化学式	$M/(g/mol)$	化学式	$M/(g/mol)$	化学式	$M/(g/mol)$
$HgCl_2$	271.50	KNO_3	282.22	$(NH_4)_2MoO_4$	196.01
Hg_2Cl_2	472.09	KNO_2	101.10	NH_4NO_3	80.04
HgI_2	454.40	KOH	85.10	$(NH_4)_2HPO_4$	132.06
$Hg_2(NO_3)_2$	525.19	K_2SO_4	56.11	$(NH_4)_2S$	68.14
$Hg_2(NO_3)_2 \cdot 2H_2O$	561.22	$MgCO_3$	174.25	$(NH_4)_2SO_4$	132.13
$Hg(NO_3)_2$	324.60	$MgCl_2$	84.31	NH_4VO_3	116.98
HgO	216.59	$MgCl_2 \cdot 6H_2O$	95.21	$NaAsO_3$	191.89
HgS	232.65	MgC_2O_4	203.30	NaB_4O_7	201.22
$HgSO_3$	296.65	$Mg(NO_3)_2 \cdot 6H_2O$	112.33	$NaB_4O_7 \cdot 10H_2O$	381.37
$HgSO_4$	497.24	$MgNH_4 \cdot 6H_2O$	256.41	$NaBiO_3$	279.97
$KAl(SO_4) \cdot 12H_2O$	474.38	$MgNH_4PO_4$	137.32	$NaCN$	49.01
KBr	119.00	MgO	40.30	$NaSCN$	81.07
$KBrO_3$	167.00	$Mg(OH)_2$	58.32	Na_2CO_3	105.99
KCl	74.55	$Mg_2P_2O_7$	222.55	$Na_2CO_3 \cdot 10H_2O$	286.14
$KClO_3$	122.55	$MgSO_4 \cdot 7H_2O$	246.47	$Na_2C_2O_4$	134.00
$KClO_4$	138.55	$MnCO_3$	114.95	CH_3COONa	82.03
$CH_3COONa \cdot 3H_2O$	136.08	P_2O_5	141.95	$SnCl_2 \cdot 2H_2O$	225.63
$NaCl$	58.44	$PbCO_3$	267.21	$SnCl_4$	260.50
$NaClO$	74.44	PbC_2O_4	295.22	$SnCl_4 \cdot 5H_2O$	350.58
$NaHCO_3$	84.01	$PbCl_2$	278.11	SnO_2	150.69
$NaHPO_4 \cdot 12H_2O$	358.14	$PbCrO_4$	323.19	SnS_2	150.75
$Na_2H_2Y \cdot 2H_2O$	372.24	$Pb(CH_3COO)_2$	325.29	$SrCO_3$	147.63
$NaNO_2$	69.00	$Pb(CH_3COO)_2 \cdot 3H_2O$	379.34	SrC_2O_4	175.64
$NaNO_3$	85.00	PbI_2	461.01	$SrCrO_4$	203.61
Na_2O	61.98	$Pb(NO_3)_2$	331.21	$Sr(NO_3)_2$	211.63
Na_2O_2	77.98	PbO	223.20	$Sr(NO_3)_2 \cdot 4H_2O$	283.69
$NaOH$	40.00	PbO_2	239.20	$SrSO_4$	183.69
Na_3PO_4	163.94	$Pb_3(PO_4)_2$	811.54	$UO_2(CH_3COO)_2 \cdot 2H_2O$	424.15
Na_2S	78.04	PbS	239.26	$ZnCO_3$	125.39
$Na_2S \cdot 9H_2O$	240.18	$PbSO_4$	303.26	ZnC_2O_4	153.40
Na_2SO_3	126.04	SO_3	80.06	$ZnCl_2$	136.29
Na_2SO_4	142.04	SO_2	64.06	$Zn(CH_3COO)_2$	183.47
$Na_2S_2O_3$	158.10	$SbCl_3$	228.11	$Zn(CH_3COO)_2 \cdot 2H_2O$	219.50
$Na_2S_2O_3 \cdot 5H_2O$	248.17	$SbCl_5$	299.02	$Zn(NO_3)_2$	189.39
$NiCl_2 \cdot 6H_2O$	237.70	Sb_2O_3	291.50	$Zn(NO_3)_2 \cdot 6H_2O$	297.48
NiO	74.70	Sb_2S_3	339.68	ZnO	81.38
$Ni(NO_3)_2 \cdot 6H_2O$	290.80	SiF_4	104.08	ZnS	97.44
NiS	90.76	SiO_2	60.08	$ZnSO_4$	161.44
$NiSO_4 \cdot 7H_2O$	280.86	$SnCl_2$	189.60	$ZnSO_4 \cdot 7H_2O$	287.55

附录四　常用酸碱试剂的浓度和相对密度

试剂名称	含量/%	c/(mol/L)	相对密度
盐酸	36～38	11.6～12.4	1.18～1.19
硝酸	65～68	14.4～15.2	1.39～1.40
硫酸	95～98	17.8～18.4	1.83～1.84
磷酸	85	14.6	1.69
高氯酸	70～72	11.7～12.0	1.68
冰醋酸	99.8（G.R.） 99.0（A.R.）	17.4	1.05
氢氟酸	40	22.5	1.13
氢溴酸	47	8.6	1.49
氨水	25～28	13.3～14.8	0.88～0.90

附录五　常用的缓冲溶液的配制

pH	配制方法
0	1mol/L HCl*
1	0.1mol/L HCl
2	0.1mol/L HCl
3.6	NaAc·$3H_2O$ 8g，溶于适量水中，加 6mol/L HAc 134mL，稀释至 500mL
4.0	NaAc·$3H_2O$ 20g，溶于适量水中，加 6mol/L HAc 134mL，稀释至 500mL
4.5	NaAc·$3H_2O$ 32g，溶于适量水中，加 6mol/L HAc 68mL，稀释全 500mL
5.0	NaAc·$3H_2O$ 50g，溶于适量水中，加 6mol/L HAc 34mL，稀释至 500mL
5.7	NaAc·$3H_2O$ 100g，溶于适量水中，加 6mol/L HAc13mL，稀释至 500mL
7	NH_4Ac77g，用水溶解后，稀释至 500mL
7.5	NH_4Cl 60g，溶于适量水中，加 15mol/L 氨水 1.4mL，稀释至 500mL
8.0	NH_4Cl 50g，溶于适量水中，加 15mol/L 氨水 3.5mL，稀释至 500mL
8.5	NH_4Cl 40g，溶于适量水中，加 15mol/L 氨水 8.8mL，稀释至 500mL
9.0	NH_4Cl 35g，溶于适量水中，加 15mol/L 氨水 24mL，稀释至 500mL
9.5	NH_4Cl 30g，溶于适量水中，加 15mol/L 氨水 65mL，稀释至 500mL
10.0	NH_4Cl 27g，溶于适量水中，加 15mol/L 氨水 197mL，稀释至 500mL
10.5	NH_4C 19g，溶于适量水中，加 15mol/L 氨水 175mL，稀释至 500mL
11	NH_4Cl 3g，溶于适量水中，加 15mol/L 氨水 207mL，稀释至 500mL
12	0.01mol/L NaOH**
13	0.1mol/L NaOH

注：* Cl^- 对测定有妨碍时，可用 HNO_3；

**Na^+ 对测定有妨碍时，可用 KOH。

主要参考文献

高职高专化学教材编写组. 2000. 分析化学. 北京：高等教育出版社.

胡伟光，张文英. 2008. 定量化学分析实验（第 2 版）. 北京：化学工业出版社.

黄一石，等. 2008. 定量化学分析（第 2 版）. 北京：化学工业出版社.

苗风琴，于世林. 2006. 分析化学实验（第二版）. 北京：化学工业出版社.

苏侯香. 2010. 无机及分析化学实训. 武汉：华中科技大学出版社.

孙彩兰. 2007. 化工分析检测综合实训教程. 北京：北京航空航天大学出版社.

王冬梅. 2007. 分析化学实验. 武汉：华中科技大学出版社.

王明国，侯振鞠. 2008. 分析化学实验. 北京：石油工业出版社.

王玉枝，周毅刚. 2008. 分析技术基础. 北京：中国纺织工业出版社.

王玉枝. 2008. 化学分析. 北京：中国纺织工业出版社.

夏玉宇. 2008. 化验员实用手册. 北京：化学工业出版社.

姚思童. 2008. 现代分析化学实验. 北京：化学工业出版社.